에듀윌과 함께 시작하면,
당신도 합격할 수 있습니다!

식품을 전공하고
실전에도 경력을 쌓고 싶은 대학생

취미로 시작해
요리로 미래를 꿈꾸는 직장인

은퇴 후 제2의 인생을 위해
모두 잠든 시간에 책을 펴는 미래의 사장님

누구나 합격할 수 있습니다.
시작하겠다는 '다짐' 하나면 충분합니다.

마지막 페이지를 덮으면

에듀윌과 함께
합격의 길이 시작됩니다.

에듀윌로 합격한
찐! 합격스토리

이○나 합격생

에듀윌 덕분에, 조리기능사 필기가 쉬워졌어요!

저는 실기는 자신 있었는데, 필기가 너무 힘들었어요. 공부할 시간까지 없어서 더 막막했는데 초단기끝장으로 4일 만에 합격했어요! 우선 이 책은 나오는 부분만, 표 위주로 구성되어 있고 테마가 끝난 후에는 바로 문제가 나와서 공부하기 편했어요. 어려운 테마에는 QR코드를 찍으면 나오는 짧은 토막강의가 있는데, 저에게는 이 강의가 정말 도움이 많이 되었어요. 쉽게 외울 수 있는 방법도 알려주시고, 이해가 안 되는 부분은 원리를 잘 설명해 주셔서 토막강의가 있는 테마는 책으로 따로 공부하지 않고 이동하면서 강의만 반복적으로 들었어요. 시험 당일에는 휴대폰으로 모의고사 3회만 계속 보았는데 여기에서 비슷한 문제가 많이 나왔어요! 덕분에 생각지도 못한 고득점으로 합격했네요! 에듀윌에 정말 감사드려요~

이○민 합격생

제과 · 제빵기능사 합격의 지름길, 에듀윌

한 번에, 일주일이라는 단기간에 합격했어요. 시간 여유가 없는 직장인에게는 단기간 합격이 제일 중요하죠! 생소한 단어들도 많고, 양도 많아서 막막했지만 단원마다 정리되어 있는 '핵심 키워드'와 '합격팁'으로 집중적으로 공부할 수 있었습니다. 이해하기 어려운 부분은 에듀윌에서 무료로 제공해 주는 동영상 강의로 해결했어요. 개념 정리뿐만 아니라 기출문제를 통한 복습, 무료특강 그리고 '핵심집중노트'까지, 그 중에 '핵심집중노트'는 시험 보기 전에 꼭 보세요! 핵심집중노트 딱 3번만 정독하시면 무조건 합격이에요. 여러분도 합격의 지름길, 에듀윌로 시작하세요.

김○정 합격생

에듀윌 필기끝장 한 권으로 단기 합격!

조리학과 전공이 아니라서 관련된 지식이 아예 없는 상태였습니다. 제과·제빵 학원을 다니면서도 이론이 어렵고 막막했는데, 에듀윌 강의를 보면서 개념을 정리하고 기출문제를 풀면서 틀린 문제는 오답정리하면서 이해할 수 있었습니다. 책 안에 중간 중간에 있는 인생명언으로 긍정적인 에너지를 얻어 공부에 더 집중할 수 있었습니다. 간편하게 들고 다니기 편한 핵심집중노트로 시험보기 직전에 머릿속 내용들을 정리할 수 있어서 좋은 결과로 합격을 했던 것 같습니다. 일을 다니면서 공부 시간이 많이 부족하고 짧았지만 에듀윌 책은 초보 입문자들도 쉽게 이해하기 편하게 정리가 잘되어 있어서 제과·제빵기능사 필기를 빠르게 합격할 수 있었습니다. 감사합니다! 제과·제빵을 처음 공부하시는 분들께 에듀윌 문제집 강력 추천입니다.^^

다음 합격의 주인공은 당신입니다!

에너지
ENERGY

에듀윌이
너를
지지할게
ENERGY

처음에는 당신이 원하는 곳으로
갈 수는 없겠지만,
당신이 지금 있는 곳에서
출발할 수는 있을 것이다.

– 작자 미상

에듀윌 양식조리기능사

필기 총정리 문제집

구성과 특징

이것만 봐도 OK!
빈출 족보이론 + 필수문제로 과목별 마스터!

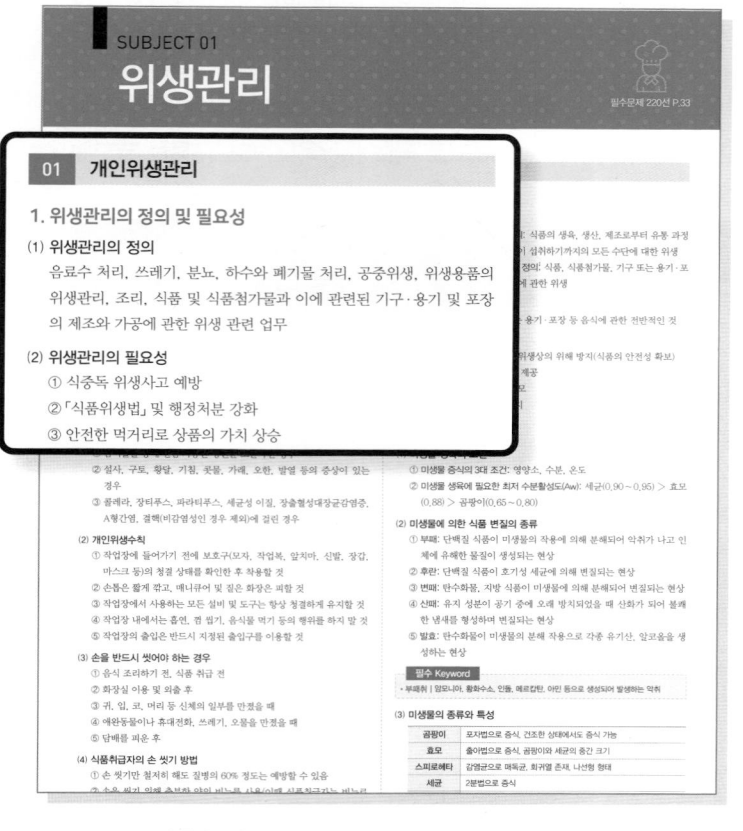

시험에 나오는 개념을 한눈에!

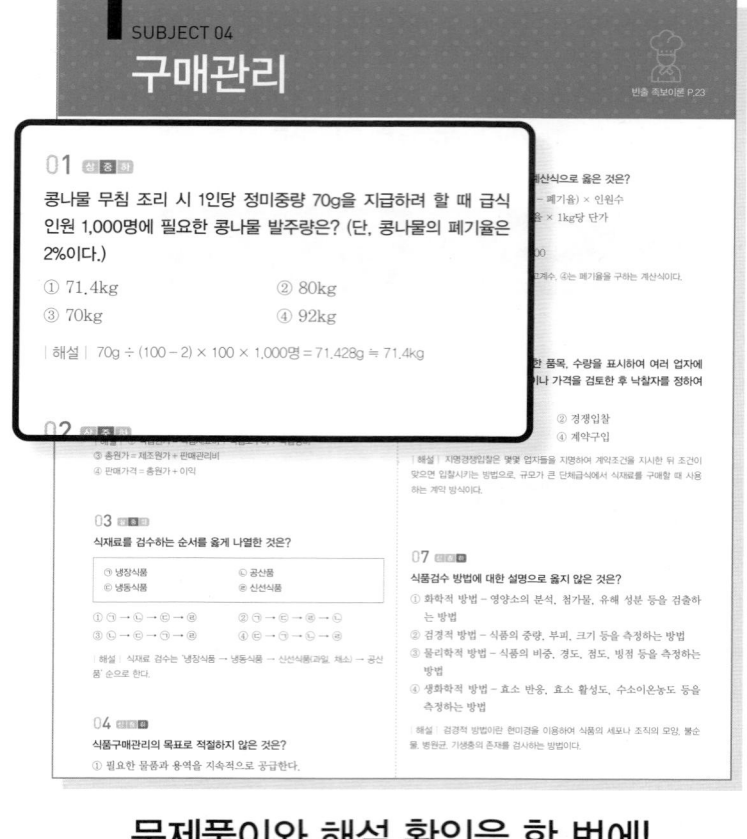

문제풀이와 해설 확인을 한 번에!

10회분 기출복원 모의고사로 회차별 마스터!

오답노트가 되는 **정답 및 해설**

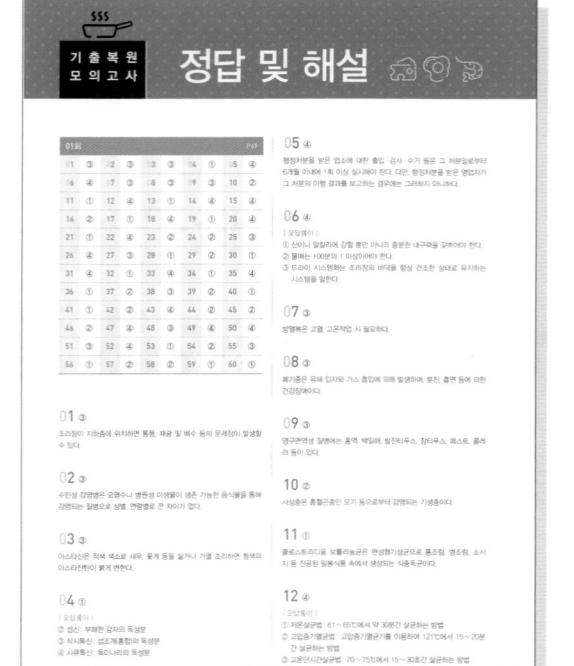

CBT 교재풀이
7회분 제공

교재 내 QR코드를 활용하여, 쉽고 빠른 '문제풀이 & 채점 & 분석' 경험을 제공합니다.

STEP 1 QR코드 스캔

STEP 2 로그인 & 회원가입

STEP 3 문제풀이 & 채점 & 분석

＊한식/양식/중식/일식/복어 공통 출제범위에 해당하는 문제만 제공됩니다.

정답만 입력하면
채점에서 성적 분석까지 한번에 쫙!

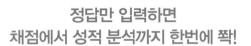

❶ 네이버앱 → 그린닷 → 렌즈
❷ 카카오톡 → 더보기 → 코드스캔
❸ 기타 스마트폰 내장 카메라 또는 Google play 또는
APP STORE에서 QR코드 스캔 앱 검색하여 설치

QR코드

http://eduwill.kr/4fff

http://eduwill.kr/Qfff

http://eduwill.kr/Tfff

http://eduwill.kr/Yfff

http://eduwill.kr/Dfff

http://eduwill.kr/feff

http://eduwill.kr/Mfff

필기

☑ **검정방법**
- 객관식 4지 택일형, 60문항 / 60분

☑ **합격기준**
- 100점 만점에 60점 이상 취득 시(60문항 중 36문항 이상)

☑ **원서접수 및 시행**
- 접수방법: 인터넷 접수(http://q-net.or.kr)
- 접수시간: 회별 원서접수 첫날 10:00부터 마지막 날 18:00까지
- 정해진 회별 접수기간 동안 접수하며 연간 시행계획을 기준으로 자체 실정에 맞게 시행
- ※ 상시시험 원서접수는 정기시험과 같이 공고한 기간에만 접수 가능하며, 선착순 방식이므로 회별 접수기간 종료 전에 마감될 수도 있음
- 합격자 발표: 시험 종료 즉시(CBT 필기시험은 시험 종료 즉시 합격 여부 확인 가능)

☑ **응시료**
- 14,500원

실기

☑ **검정방법**
- 작업형 / 70분 정도

☑ **원서접수 및 시행**
- 접수방법: 인터넷 접수(http://q-net.or.kr)

☑ **응시료**
- 29,600원

☑ **출제경향**
- 요구작업: 지급된 재료를 갖고 요구하는 작품 1인분을 시험시간 내에 만들어 내는 작업
- 주요 평가내용
  - 위생상태(개인 및 조리과정)
  - 조리의 기술(기구 취급, 동작, 순서, 재료 다듬기 방법)
  - 작품의 평가
  - 정리정돈 및 청소

자주 묻는 Q&A

Q 응시한 필기시험 문제를 알 수 있나요?

A 현재 국가기술자격시험은 문제은행식 출제방식을 택하고 있습니다. 문제 및 답안이 공개될 경우, 문제에 대한 이해력과 응용력에 바탕을 둔 학습보다 주입식, 단순 암기 등 합격 요령으로 자격증을 취득하게 될 가능성이 높으므로 공개가 불가능합니다.

Q 채점 결과가 이상합니다. 재채점 가능한가요?

A 채점 결과 이의신청에 대해서는 한국산업인력공단 직원이 해당 답안지를 재검토하지만 개별 수험자의 민원에 따라 재채점을 하지는 않습니다. 재채점은 출제오류 및 사법기관의 판단에 의하여 채점에 중대한 오류가 있는 경우 해당 종목의 전체 응시자에 대해 다시 채점위원을 위촉하여 실시합니다.

Q CBT 방식이 무엇인가요?

A 컴퓨터를 이용하여 시험을 시행하는 방식으로 기존의 PBT 방식보다 답안 수정이 용이하고, 시험 종료 후 즉시 합격 여부를 알 수 있습니다.

차례

빈출 족보이론

			STEP 1 과목별 마스터
SUBJECT 01	위생관리	11	
SUBJECT 02	안전관리	18	◯ 1DAY
SUBJECT 03	재료관리	19	
SUBJECT 04	구매관리	23	◯ 2DAY
SUBJECT 05	기초조리실무	24	
SUBJECT 06	양식	26	◯ 3DAY

필수문제 220선

SUBJECT 01	위생관리	33	◯ 4DAY
SUBJECT 02	안전관리	45	
SUBJECT 03	재료관리	47	
SUBJECT 04	구매관리	52	
SUBJECT 05	기초조리실무	54	◯ 5DAY
SUBJECT 06	양식	60	

기출복원 모의고사

		문제	정답 및 해설	STEP 2 회차별 마스터
01회	기출복원 모의고사	69	2	◯ 6DAY
02회	기출복원 모의고사	75	6	
03회	기출복원 모의고사	81	9	◯ 7DAY
04회	기출복원 모의고사	87	13	
05회	기출복원 모의고사	93	18	◯ 8DAY
06회	기출복원 모의고사	99	22	
07회	기출복원 모의고사	104	25	◯ 9DAY
08회	기출복원 모의고사	109	29	
09회	기출복원 모의고사	115	34	
10회	기출복원 모의고사	121	37	◯ 10DAY

10일 합격

빈출
족보이론

SUBJECT 01 위생관리   11

SUBJECT 02 안전관리   18

SUBJECT 03 재료관리   19

SUBJECT 04 구매관리   23

SUBJECT 05 기초조리실무   24

SUBJECT 06 양식   26

01 개인위생관리

1. 위생관리의 정의 및 필요성

(1) 위생관리의 정의
음료수 처리, 쓰레기, 분뇨, 하수와 폐기물 처리, 공중위생, 위생용품의 위생관리, 조리, 식품 및 식품첨가물과 이에 관련된 기구·용기 및 포장의 제조와 가공에 관한 위생 관련 업무

(2) 위생관리의 필요성
① 식중독 위생사고 예방
②「식품위생법」및 행정처분 강화
③ 안전한 먹거리로 상품의 가치 상승
④ 점포의 이미지 개선(청결한 이미지)
⑤ 고객 만족과 대외적 브랜드 이미지 관리
⑥ 매출 증진

2. 개인위생관리

(1) 일을 하면 안 되는 경우
① 음식물을 통해 전염 가능한 병원균 보균자인 경우
② 설사, 구토, 황달, 기침, 콧물, 가래, 오한, 발열 등의 증상이 있는 경우
③ 콜레라, 장티푸스, 파라티푸스, 세균성 이질, 장출혈성대장균감염증, A형간염, 결핵(비감염성인 경우 제외)에 걸린 경우

(2) 개인위생수칙
① 작업장에 들어가기 전에 보호구(모자, 작업복, 앞치마, 신발, 장갑, 마스크 등)의 청결 상태를 확인한 후 착용할 것
② 손톱은 짧게 깎고, 매니큐어 및 짙은 화장은 피할 것
③ 작업장에서 사용하는 모든 설비 및 도구는 항상 청결하게 유지할 것
④ 작업장 내에서는 흡연, 껌 씹기, 음식물 먹기 등의 행위를 하지 말 것
⑤ 작업장의 출입은 반드시 지정된 출입구를 이용할 것

(3) 손을 반드시 씻어야 하는 경우
① 음식 조리하기 전, 식품 취급 전
② 화장실 이용 및 외출 후
③ 귀, 입, 코, 머리 등 신체의 일부를 만졌을 때
④ 애완동물이나 휴대전화, 쓰레기, 오물을 만졌을 때
⑤ 담배를 피운 후

(4) 식품취급자의 손 씻기 방법
① 손 씻기만 철저히 해도 질병의 60% 정도는 예방할 수 있음
② 손을 씻기 위해 충분한 양의 비누를 사용(이때 식품취급자는 비누로 세척한 후 역성비누를 사용)

> **필수 Keyword**
> • 비누 | 살균이 아닌 물에 씻어 흘려 없애고, 더러운 먼지와 같은 것을 제거하는 작용을 함
> • 역성비누 | 약한 살균 작용이 있으며, 냄새가 없고 독성이 적으나 세척력이 약함

02 식품위생관리

1. 식품위생의 의의

(1) 식품위생의 정의
① 세계보건기구(WHO)의 정의: 식품의 생육, 생산, 제조로부터 유통 과정을 거쳐 최종적으로 사람이 섭취하기까지의 모든 수단에 대한 위생
② 우리나라「식품위생법」상의 정의: 식품, 식품첨가물, 기구 또는 용기·포장을 대상으로 하는 음식에 관한 위생

(2) 식품위생의 대상
식품, 식품첨가물, 기구 또는 용기·포장 등 음식에 관한 전반적인 것

(3) 식품위생의 목적
① 식품으로 인하여 생기는 위생상의 위해 방지(식품의 안전성 확보)
② 식품에 관한 올바른 정보 제공
③ 식품영양의 질적 향상 도모
④ 국민보건의 증진에 이바지

2. 미생물의 종류와 특성

(1) 미생물 생육의 조건
① 미생물 증식의 3대 조건: 영양소, 수분, 온도
② 미생물 생육에 필요한 최저 수분활성도(Aw): 세균$(0.90 \sim 0.95)$ > 효모 (0.88) > 곰팡이$(0.65 \sim 0.80)$

(2) 미생물에 의한 식품 변질의 종류
① 부패: 단백질 식품이 미생물의 작용에 의해 분해되어 악취가 나고 인체에 유해한 물질이 생성되는 현상
② 후란: 단백질 식품이 호기성 세균에 의해 변질되는 현상
③ 변패: 탄수화물, 지방 식품이 미생물에 의해 분해되어 변질되는 현상
④ 산패: 유지 성분이 공기 중에 오래 방치되었을 때 산화가 되어 불쾌한 냄새를 형성하며 변질되는 현상
⑤ 발효: 탄수화물이 미생물의 분해 작용으로 각종 유기산, 알코올을 생성하는 현상

> **필수 Keyword**
> • 부패취 | 암모니아, 황화수소, 인돌, 메르캅탄, 아민 등으로 생성되어 발생하는 악취

(3) 미생물의 종류와 특성

곰팡이	포자법으로 증식, 건조한 상태에서도 증식 가능
효모	출아법으로 증식, 곰팡이와 세균의 중간 크기
스피로헤타	감염균으로 매독균, 회귀열 존재, 나선형 형태
세균	2분법으로 증식
리케차	세균과 바이러스의 중간 크기, 살아있는 세포 속에서만 증식
바이러스	미생물 중 가장 크기가 작음, 살아있는 세포에만 증식

> **필수 Keyword**
> • 미생물의 크기 | 곰팡이 > 효모 > 스피로헤타 > 세균 > 리케차 > 바이러스

(4) 위생지표 세균 – 대장균

 ① 식품이나 수질의 분변오염지표

 ② 그람음성의 무포자 간균

 ③ 유당을 분해하여 산과 가스 생산

 ④ 병원성 대장균의 경우 식중독을 일으킴

3. 식품과 기생충병

(1) 채소류에서 감염되는 기생충: 중간숙주 없이 채소류가 매개체

 ① 회충: 우리나라에서 감염률이 가장 높음(경구감염)

 ② 요충: 항문 주위에 산란(경구감염, 집단감염)

 ③ 구충(십이지장충): 회충보다 건강장애가 심함(경피감염, 경구감염)

 ④ 편충, 동양모양선충: 자각 증상 없음(경구감염)

(2) 어패류에서 감염되는 기생충: 중간숙주 2개(제1중간숙주 → 제2중간숙주 → 종말숙주 순)

 ① 간흡충(간디스토마): 왜우렁이 → 민물고기(붕어, 잉어, 모래무지) → 사람, 개, 고양이

 ② 폐흡충(폐디스토마): 다슬기류 → 가재, 민물게 → 사람, 개, 고양이

 ③ 고래회충(아니사키스증): 해산갑각류(크릴새우) → 해산어류, 오징어, 문어 → 해산포유류(고래, 돌고래, 바다표범)

 ④ 요코가와흡충(횡천흡충): 다슬기류 → 민물고기(은어, 붕어, 잉어) → 사람, 개, 고양이, 돼지

 ⑤ 광절열두조충(긴촌충): 물벼룩 → 민물고기(송어, 연어, 숭어, 농어) → 사람, 개, 고양이, 여우

 ⑥ 유극악구충: 물벼룩 → 가물치, 메기, 뱀장어, 양서류, 파충류, 조류, 갑각류, 포유동물 → 돼지, 고양이, 개, 야생동물

(3) 육류에서 감염되는 기생충: 중간숙주 1개

기생충명	중간숙주
무구조충(민촌충)	소
유구조충(갈고리촌충)	돼지
선모충	돼지, 개
톡소플라즈마	돼지, 개, 고양이

4. 식품과 위생동물

(1) 위생동물별 질병

위생동물	질병
파리, 바퀴벌레	세균성 소화기계 감염증(장티푸스, 파라티푸스, 세균성 이질, 세균성 식중독, 소아마비, 결핵, 콜레라)
쥐	세균성 식중독, 페스트, 유행성 출혈열, 쯔쯔가무시증, 와일씨병
진드기	유행성 출혈열, 재귀열, 양충병
벼룩	페스트, 발진열, 재귀열
모기	말라리아, 일본뇌염, 황열, 사상충증(토고숲모기), 뎅기열

(2) 위생동물의 예방 대책

 ① 서식처 및 발생 원인 제거(가장 효과적인 대책)

 ② 발생 초기에 구충, 구서하여 개체의 확산 방지

 ③ 위생동물과 해충의 서식 습성에 따라 동시에 광범위하게 구제법 실시

5. 경구감염병(소화기계 감염병)

(1) 경구감염병의 의의: 손, 음료수, 식기 등에 의해 입, 호흡기, 피부 등을 통해 감염되는 전염병

(2) 경구감염병의 발생 요인

 ① 감염원

  • 병원체: 세균, 스피로헤타, 바이러스, 리케차, 진균(곰팡이), 기생충 등

  • 병원소: 환자, 보균자, 매개 동물이나 곤충, 오염 토양, 오염 식품, 식기구, 생활용구 등

 ② 감염 경로

  • 환자·보균자의 손, 배설물, 침구, 식품, 옷 등이 병원균에 오염되는 경우: 가족, 간호인에게 이행(직접감염)됨

  • 환자·보균자의 배설물 처리가 철저하지 못한 경우: 병원균이 침입한 하천이나 우물물을 먹을 때 수인성 전염병이 발생(간접감염)함

 ③ 감수성 숙주: 숙주가 병원체를 받아들이는 감수성에 따라 전염병이 발생함

6. 법정감염병의 종류

(1) 제1급 감염병(16종): 에볼라바이러스병, 마버그열, 라싸열, 크리미안콩고출혈열, 남아메리카출혈열, 리프트밸리열, 두창, 페스트, 탄저, 보툴리눔독소증, 야토병, 중증급성호흡기증후군(SARS), 중동호흡기증후군(MERS), 동물인플루엔자인체감염증, 신종인플루엔자, 디프테리아

(2) 제2급 감염병(24종): 결핵, 수두, 홍역, 콜레라, 장티푸스, 파라티푸스, 세균성 이질, 장출혈성 대장균감염증, A형간염, 백일해, 유행성 이하선염, 풍진(선천성, 후천성), 폴리오, 수막구균감염증, b형헤모필루스인플루엔자, 폐렴구균감염증, 한센병, 성홍열, 반코마이신내성황색포도알균(VRSA)감염증, 카바페넴내성장내세균속균종(CRE)감염증, E형간염, 코로나바이러스감염증-19, 엠폭스(원숭이두창)

(3) 제3급 감염병(26종): 파상풍, B형간염, 일본뇌염, C형간염, 말라리아, 레지오넬라증, 비브리오패혈증, 발진티푸스, 발진열, 쯔쯔가무시증, 렙토스피라증, 브루셀라증, 공수병, 신증후군출혈열, 후천성 면역결핍증(AIDS), 크로이츠펠트-야콥병(CJD) 및 변종크로이츠펠트-야콥병(vCJD), 황열, 뎅기열, 큐열, 웨스트나일열, 라임병, 진드기매개뇌염, 유비저, 치쿤구니야열, 중증열성혈소판감소증후군(SFTS), 지카바이러스감염증

(4) 제4급 감염병(23종): 인플루엔자, 매독(1기, 2기, 선천성), 회충증, 편충증, 요충증, 간흡충증, 폐흡충증, 장흡충증, 수족구병, 임질, 클라미디아감염증, 연성하감, 성기단순포진, 첨규콘딜롬, 반코마이신내성장알균(VRE)감염증, 메티실린내성황색포도알균(MRSA)감염증, 다제내성녹농균(MRPA)감염증, 다제내성아시네토박터바우마니균(MRAB)감염증, 장관감염증, 해외유입기생충감염증, 엔테로바이러스감염증, 사람유두종바이러스감염증

7. 감염병의 분류(병원체에 따른)

구분	바이러스	세균
호흡기계 침입	홍역, 유행성 이하선염, 인플루엔자	디프테리아, 백일해, 결핵, 한센병(나병), 성홍열, 폐렴
소화기계 침입	유행성 간염, 폴리오(소아마비)	콜레라, 장티푸스, 파라티푸스, 세균성 이질
피부점막 침입	일본뇌염, 광견병(공수병), 후천성 면역결핍증(AIDS)	파상풍, 페스트

8. 인수공통감염병

(1) 인수공통감염병의 분류(병원체의 종류에 따른)

세균	탄저, 브루셀라증, 결핵, 돈단독
바이러스	일본뇌염, 광견병, 동물인플루엔자, 후천성 면역결핍증(AIDS)

(2) 주요 인수공통감염병의 종류와 이환가축

종류	이환가축
탄저	소, 말, 양, 염소, 낙타
결핵	소, 산양
야토병	산토끼, 쥐, 다람쥐
브루셀라증	소, 돼지, 양, 말, 산토끼, 개, 닭
돈단독(돼지단독)	돼지가 대표적
렙토스피라증	쥐
큐열	쥐, 소, 양
구제역	소, 돼지, 양, 염소
조류인플루엔자	닭, 칠면조, 야생조류
광우병	소

9. 면역 및 질병의 대책

(1) 면역의 종류

선천적 면역		• 체내에 자연적으로 형성된 면역 • 종속면역, 인종면역, 개인면역 등
후천적 면역	능동면역	• 자연능동(자연감염): 질병 감염 후 획득한 면역 • 인공능동: 사람이 백신(예방접종)으로 획득한 면역
	수동면역	• 자연수동: 모체로부터 항체를 받은 면역 • 인공수동: 면역이 생긴 혈청 등을 접종하여 면역성을 부여

(2) 예방접종(인공능동면역)

구분	시기	종류
기본접종	생후 4주 이내	B. C. G.(결핵 예방접종)
	생후 2, 4, 6개월	경구용 소아마비, D. P. T.
	15개월	M. M. R.(홍역, 볼거리, 풍진), 수두
	3~15세	일본뇌염
추가접종	18개월, 4~6세, 11~13세	경구용 소아마비, D. P. T.(디프테리아, 백일해, 파상풍)
	매년	유행 전 접종(독감)

• M.M.R. | 홍역(Measles), 볼거리(Mumps), 풍진(Rubella)을 예방하기 위한 백신
• D.P.T. | 디프테리아(Diphtheria), 백일해(Pertussis), 파상풍(Tetanus)을 예방하기 위한 백신

10. 살균·소독

(1) 살균·소독 등의 정의

살균	미생물(세균, 효모, 곰팡이)에 물리적·화학적 자극을 가하여 미생물의 세포를 사멸시키는 것
소독	병원성 미생물의 생활을 파괴하여 감염력을 약화시키는 것
방부	미생물의 증식을 억제하고 식품의 부패나 발효를 방지하는 것
멸균	비병원균, 병원균 등의 미생물을 아포까지 사멸시켜 무균 상태로 만드는 것

• 소독력의 크기 | 멸균 > 살균 > 소독 > 방부

(2) 물리적 살균·소독법

① 비열 처리법(무가열 처리법)

자외선멸균법 (자외선조사)	• 일광소독(실외소독)이자 자외선소독(실내소독) 방법 • 파장 2,500~2,800Å에서 살균력이 높음
방사선살균법 (방사선조사)	^{60}Co(코발트 60), ^{137}Cs(세슘 137) 등에서 발생하는 방사선을 방출하여 살균하는 방법

② 가열 처리법

자비소독법 (열탕소독법)	• 끓는 물(100℃)에서 15~30분간 처리하는 방법 • 식기류와 행주 등의 소독에 이용 • 포자는 완전사멸되지 않음
저온살균법 (LTLT법)	• 61~65℃에서 30분간 가열하는 방법 • 영양소 손실이 적고 고온처리가 부적합한 유제품·건조과실 등의 소독에 사용
고온단시간살균법 (HTST법)	• 70~75℃에서 15~30초간 살균하는 방법 • 우유 등의 소독에 이용
초고온순간살균법 (UHT법)	• 130~140℃에서 1~2초간 살균하는 방법 • 영양 손실이 적고 거의 완전멸균이 가능한 방법 • 우유의 소독에 이용

(3) 화학적 소독법

① 석탄산(3%)
- 변소(분뇨), 하수도, 진개 등의 오물 소독에 사용
- 살균력이 안전하고 유기물에도 소독력이 약화되지 않음
- 독성이 강하고 냄새가 독함
- 금속 부식성이 있으며, 피부 점막에 강한 자극을 줌
- 석탄산 계수: 소독약의 살균력을 나타내는 지표(소독제의 희석배수 ÷ 석탄산의 희석배수)

② 염소, 차아염소산나트륨: 채소, 과일, 음료수, 식기 등의 소독에 사용

③ 역성비누(양성비누)
- 과일, 야채는 0.01~0.1%, 식기 및 손 소독은 10%로 사용
- 보통비누와 동시에 사용하거나 유기물 존재 시 살균 효과가 감소되므로 세제로 씻은 후 사용

④ 크레졸비누액(3%)
- 변소, 하수도 등의 오물 소독, 손 소독에 사용
- 석탄산보다 피부 자극은 약하지만 소독력이 2배 강함

⑤ 생석회: 습기가 있는 변소(분변), 하수도, 진개 등의 오물 소독과 우물의 소독에 사용

⑥ 에탄올(70%): 손, 금속 등 광범위한 소독에 이용, 유기물과 공존 시 살균력 감소

11. 식품첨가물의 종류

(1) 식품의 변질 및 부패를 방지하는 식품첨가물

① 보존료(방부제): 미생물 증식을 억제하여 식품의 영양가와 신선도를 보존하기 위해 사용

② 살균제(소독제): 식품 내 부패 원인균을 단시간에 사멸시키기 위해 사용

③ 산화방지제(항산화제): 식품 속의 지방 성분과 산소가 결합되어 생기는 변색, 이미, 이취, 퇴색의 방지와 지연의 목적으로 사용

(2) 기호성 향상과 관능을 만족시키는 식품첨가물

① 조미료: 식품 본래의 맛을 더욱 강화하거나 개인의 기호도에 맞게 조절하는 용도로 식품첨가물 중 가장 많이 사용

② 산미료: 식품에 신맛(산미)을 부여하기 위해 사용

③ 감미료: 식품에 단맛(감미)을 부여하기 위해 사용

④ 발색제: 발색제 자체에는 색이 없으나 식품 중의 색소 단백질과 반응하여 식품의 색을 안정시키고 선명하게 함

⑤ 표백제: 식품 제조 중 식품의 갈변, 착색의 변화를 억제하기 위해 사용

⑥ 착향료: 식품에 향을 부여하거나 식품 본래의 냄새 강화, 제거 등 변화를 부여하기 위해 사용

필수 Keyword

• **사용이 허가된 발색제** | 아질산나트륨, 질산나트륨, 질산칼륨, 황산제1철

(3) 식품 제조 및 가공을 위한 식품첨가물

① 팽창제: 빵, 과자 제조 시 식품을 부풀게 하여 조직을 연하게 하고 기호성을 향상시키기 위해 사용

② 소포제: 식품 제조 시 거품 생성을 방지하기(감소시키기) 위해 사용

③ 껌 기초제: 껌의 탄력성과 점성을 부여

12. 중금속유해물질

(1) 납(Pb)

① 중독 경로: 도료, 제련, 납땜(통조림), 도자기나 법랑 용기의 유약, 낡은 수도관

② 중독 증상: 빈혈, 안면창백, 구토, 구역질, 복통, 사지마비, 피로, 지각상실, 시력장애, 연연(鉛緣), 말초신경염

(2) 수은(Hg)

① 중독 경로: 공장폐수에 오염된 어패류, 농약, 보존료 등으로 처리한 음식의 섭취

② 중독 증상: 미나마타병(지각이상, 언어장애, 보행곤란)

(3) 카드뮴(Cd)

① 중독 경로: 광산·공장폐수의 오염에 중독된 어패류 및 농작물의 섭취, 도자기나 법랑 용기의 유약

② 중독 증상: 이타이이타이병(골연화증, 골다공증, 단백뇨)

(4) 비소(As)

① 중독 경로: 농약(비소제), 도자기나 법랑 용기의 유약, 순도 낮은 식품첨가물에 혼입된 불순물

② 중독 증상: 위장장애, 설사, 구토, 피부 이상, 신경계통마비, 전신경련

(5) 주석(Sn)

① 중독 경로: 통조림관의 도금재료

② 중독 증상: 구토, 설사, 복통, 메스꺼움

(6) 구리(Cu)

① 중독 경로: 구리로 만든 조리기구의 부식, 식기에 생긴 녹청의 유출, 구리합금에 의해 산성에서 쉽게 용출, 착색제 및 농약에 함유

② 중독 증상: 위통, 오심, 구토, 현기증, 호흡곤란, 잔열감

(7) 크롬(Cr)

① 중독 경로: 작업장 등에서의 분진

② 중독 증상: 궤양, 피부염, 알레르기성 습진, 비염

13. 조리 및 가공에서 생기는 유해물질

메탄올(메틸알코올)	주류(포도주, 사과주)의 발효 과정 중에 생성되는 물질
엔–니트로사민	육가공품의 발색제 사용으로 인한 아질산과 아민의 결합 반응 생성물
다환방향족 탄화수소	유기물을 고온으로 가열할 때 생성되는 단백질이나 지방의 분해 생성물
아크릴아미드	전분 식품을 가열할 때 아미노산과 당의 열에 의한 결합 반응 생성물
헤테로고리아민	육류나 생선을 고온으로 조리할 때 육류나 생선에 존재하는 아미노산과 크레아틴이라는 물질이 반응하여 고리 형태로 생성되는 물질

03 　주방위생관리

1. 방충·방서 및 소독

물리적 방역	• 해충의 서식지를 제거하거나 해충이 발생하지 않도록 물리적 환경을 조성함 • 배수구, 출입구, 화장실 등에 방서 설비를 함
화학적 방역	• 약제를 살포하여 해충을 구제하는 방법으로 단시간에 효과적이고 경제적임 • 독성이 강하기 때문에 관리에 주의해야 함
생물학적 방역	천적생물을 이용하는 방법으로 해충의 서식지를 제거함

2. HACCP의 7원칙 12절차

(1) 준비단계 5절차: HACCP 팀 구성 → 제품설명서 작성 → 제품의 용도 확인 → 공정 흐름도 작성 → 공정 흐름도 현장 확인

(2) 기본단계 7원칙: 위해 요소 분석 → 중요관리점(CCP) 결정 → 중요관리점에 대한 한계 기준 설정 → 중요관리점 모니터링 체계 확립 → 개선조치 방법 수립 → 검증 절차 및 방법 수립 → 문서화, 기록 유지 방법 설정

04 식중독관리

1. 감염형 세균성 식중독

(1) 살모넬라(Salmonella) 식중독
① 잠복기: 12~24시간(평균 18시간)
② 원인 식품: 육류·조육·난류·어패류 및 그 가공품, 우유 및 유제품, 채소 샐러드 등
③ 예방 대책: 쥐, 바퀴벌레, 파리, 가축, 조류에 의한 식품의 오염 방지, 냉장·냉동 보관(10℃ 이하에서는 발육하지 않으므로 저온 보관), 가열 조리 후 섭취(60℃에서 20~30분간 처리 시 사멸) 등

(2) 장염비브리오(Vibrio) 식중독
① 잠복기: 10~18시간(평균 12시간)
② 원인 식품: 어패류(주로 하절기), 해조류 및 그 가공품
③ 예방 대책: 생식 금지, 가열 조리 후 섭취(60℃에서 5분간 처리 시 사멸), 2차 오염 방지를 위한 조리도구의 소독 및 살균, 냉장 보관 등

(3) 병원성 대장균 식중독
① 잠복기: 10~30시간(평균 13시간)
② 원인 식품: 우유, 햄, 치즈, 소시지, 가정에서 제조한 마요네즈
③ 예방 대책: 분변의 오염 방지, 분변의 비료화 억제 등 청결한 위생상태 유지

(4) 클로스트리디움 퍼프리젠스 식중독[이전에는 웰치균(Welchii) 식중독이라 불림]
① 잠복기: 8~22시간(평균 12시간)
② 원인 식품: 육류, 어패류 및 그 가공품, 튀김두부
③ 예방 대책: 분변의 오염 방지, 조리된 식품은 저온·냉동 보관, 재가열 섭취

2. 독소형 세균성 식중독

(1) (황색)포도상구균 식중독
① 원인 독소: 엔테로톡신(Enterotoxin, 장독소)
② 잠복기: 1~6시간(평균 3시간, 잠복기가 가장 짧음)
③ 감염 경로: 식품취급자의 화농성 질환
④ 원인 식품: 균에 오염된 유가공품(우유, 버터, 치즈, 크림, 과자), 김밥, 전분질 식품(도시락, 떡, 빵)
⑤ 예방 대책: 식기, 식품의 멸균과 오염 방지, 식품의 저온·냉장 보관, 화농소가 있는 사람의 식품 취급 금지

> **필수 Keyword**
> • 엔테로톡신(장독소) | 100℃에서 30분간 처리해도 파괴되지 않으므로 균이 발생하는 것을 사전에 예방하는 것이 중요함

(2) 클로스트리디움 보툴리눔(Clostridium Botulinum) 식중독
① 원인 독소: 뉴로톡신(Neurotoxin)
② 잠복기: 12~36시간(잠복기가 가장 긺)
③ 증상: 신경마비 증상(사시, 동공확대), 운동장애, 언어장애, 세균성 식중독 중 가장 높은 치사율(40%)
④ 원인 식품: 살균이 불충분한 통조림, 병조림, 부패된 햄, 소시지

⑤ 예방 대책: 음식물의 가열처리(80℃에서 30분간 처리 시 사멸), 통조림 및 소시지 등의 위생적 가공 및 저온 보관 등

3. 자연독 식중독

(1) 동물성 식중독
① 복어: 테트로도톡신
② 조개류
　• 모시조개, 바지락, 굴: 베네루핀
　• 섭조개(홍합), 대합: 삭시톡신(신경마비 증상)

(2) 식물성 식중독
① 독버섯: 무스카린, 뉴린, 콜린, 무스카리딘, 팔린, 아마니타톡신
② 감자: 솔라닌(녹색 및 발아 부위), 셉신(썩은 감자에서 생성)
③ 청매(덜 익은 매실), 살구씨, 복숭아씨: 아미그달린
④ 독미나리: 시큐톡신
⑤ 피마자: 리신
⑥ 독보리(독맥): 테무린
⑦ 목화씨: 고시폴
⑧ 미치광이풀: 아트로핀
⑨ 대두: 사포닌
⑩ 시금치: 옥살산

4. 화학적 식중독

(1) 알레르기성 식중독
① 원인 독소: 히스타민(Histamine)
② 원인균: 프로테우스 모르가니(모르가넬라 모르가니)
③ 원인 식품: 꽁치, 고등어와 같은 붉은살 어류 및 그 가공품

(2) 기타 유해물질
① 메탄올: 에탄올과 냄새·맛이 같은 액체로, 인체에 흡수 시 포름알데히드로 변환되어 치명적인 영향을 미침
② 벤조에이피렌: 석탄, 목재, 식품(훈제육이나 태운 고기) 등을 태울 때 불완전 연소로 생성되며 발암성이 매우 강함

5. 곰팡이독

(1) 간장독
① 종류: 아플라톡신, 루브라톡신, 오크라톡신, 이슬란디톡신, 에르고톡신
② 증상: 간세포의 괴사, 간경변, 간암 유발

(2) 신장독
① 종류: 시트리닌
② 증상: 신장에 급성, 만성 장애 유발

(3) 신경독
① 종류: 파툴린, 시트레오비리딘, 말토리진
② 증상: 뇌와 중추신경 장애 유발

(4) 피부염물질
① 종류: 스포리데스민
② 증상: 햇빛에 노출 시 과민하게 피부염 유발

05 식품위생법 및 관계법규

1. 「식품위생법」상의 용어 정의(법 제2조)

식품	모든 음식물(의약으로 섭취하는 것은 제외)
식품첨가물	식품을 제조·가공·조리 또는 보존하는 과정에서 감미, 착색, 표백 또는 산화 방지 등을 목적으로 식품에 사용되는 물질(기구·용기·포장을 살균·소독하는 데 사용되어 간접적으로 식품으로 옮겨갈 수 있는 물질을 포함)
공유주방	식품의 제조·가공·조리·저장·소분·운반에 필요한 시설 또는 기계·기구 등을 여러 영업자가 함께 사용하거나 동일한 영업자가 여러 종류의 영업에 사용할 수 있는 시설 또는 기계·기구 등이 갖춰진 장소
식품위생	식품, 식품첨가물, 기구 또는 용기·포장을 대상으로 하는 음식에 관한 위생
식중독	식품 섭취로 인하여 인체에 유해한 미생물 또는 유독물질에 의하여 발생하였거나 발생한 것으로 판단되는 감염성 질환 또는 독소형 질환

2. 위해식품 등의 판매 등 금지(법 제4조)

누구든지 다음에 해당하는 식품 등을 판매하거나 판매할 목적으로 채취·제조·수입·가공·사용·조리·저장·소분·운반 또는 진열하여서는 아니 된다.

① 썩거나 상하거나 설익어서 인체의 건강을 해칠 우려가 있는 것
② 유독·유해물질이 들어 있거나 묻어 있는 것 또는 그러할 염려가 있는 것(다만, 식품의약품안전처장이 인체의 건강을 해칠 우려가 없다고 인정하는 것은 제외)
③ 병을 일으키는 미생물에 오염되었거나 그러할 염려가 있어 인체의 건강을 해칠 우려가 있는 것
④ 불결하거나 다른 물질이 섞이거나 첨가된 것 또는 그 밖의 사유로 인체의 건강을 해칠 우려가 있는 것
⑤ 안전성 심사 대상인 농·축·수산물 등 가운데 안전성 심사를 받지 아니하였거나 안전성 심사에서 식용으로 부적합하다고 인정된 것
⑥ 수입이 금지된 것 또는 「수입식품안전관리 특별법」 제20조 제1항에 따른 수입신고를 하지 아니하고 수입한 것
⑦ 영업자가 아닌 자가 제조·가공·소분한 것

3. 건강진단(법 제40조)

영업자 및 그 종업원은 건강진단을 받아야 한다. 다만, 다른 법령에 따라 같은 내용의 건강진단을 받은 경우에는 이 법에 따른 건강진단을 받은 것으로 본다.

4. 식품위생교육 시간(법 제41조, 시행규칙 제52조 제2항)

구분	교육 시간
식품제조·가공업, 식품첨가물제조업, 공유주방 운영업	8시간
식품운반업, 식품소분·판매업, 식품보존업, 용기·포장류제조업	4시간
즉석판매제조·가공업, 식품접객업	6시간

5. 위생등급(법 제47조, 시행규칙 제61조)

(1) **우수업소와 모범업소의 구분**
① 식품제조·가공업 및 식품첨가물제조업은 우수업소와 일반업소로 구분
② 집단급식소 및 일반음식점 영업은 모범업소와 일반업소로 구분

(2) **우수업소와 모범업소의 지정**

우수업소의 지정	식품의약품안전처장 또는 특별자치시장, 특별자치도지사, 시장, 군수, 구청장
모범업소의 지정	특별자치시장, 특별자치도지사, 시장, 군수, 구청장

6. 벌칙

(1) **조리사의 행정처분(법 제80조)**
① 정신질환자(전문의가 조리사로서 적합하다고 인정하는 자는 제외), 감염병환자(B형간염환자 제외), 마약이나 그 밖의 약물 중독자, 조리사 면허의 취소처분을 받고 그 취소된 날부터 1년이 지나지 아니한 경우: 1차 위반 시 면허취소
② 조리사와 영양사가 법 규정에 따른 교육(식품위생 수준 및 자질의 향상을 위함)을 받지 아니한 경우
  • 1차 위반: 시정명령
  • 2차 위반: 업무정지 15일
  • 3차 위반: 업무정지 1개월
③ 식중독이나 그 밖에 위생과 관련한 중대한 사고 발생에 직무상의 책임이 있는 경우
  • 1차 위반: 업무정지 1개월
  • 2차 위반: 업무정지 2개월
  • 3차 위반: 면허취소
④ 면허를 타인에게 대여하여 사용하게 한 경우
  • 1차 위반: 업무정지 2개월
  • 2차 위반: 업무정지 3개월
  • 3차 위반: 면허취소
⑤ 업무정지기간 중에 조리사의 업무를 하는 경우: 1차 위반 시 면허취소

(2) **3년 이상의 징역(법 제93조)**
소해면상뇌증(狂牛病, 광우병), 탄저병, 가금 인플루엔자 중 어느 하나에 해당하는 질병에 걸린 동물을 사용하여 판매할 목적으로 식품 또는 식품첨가물을 제조·가공·수입 또는 조리한 자

06 공중보건

1. 공중보건의 개념

(1) **건강의 정의**: 단순히 질병이나 신체장애가 없을 뿐 아니라, 육체적·정신적·사회적으로 완전히 안녕한 상태(1948년 세계보건기구의 헌장)

(2) **윈슬로우(C.E.A Winslow)의 공중보건학 정의**: 조직적인 지역사회의 공동 노력을 통하여 질병을 예방하고 생명을 연장시키며 신체적·정신적 효율을 증진시키는 기술이자 과학

> **필수 Keyword**
> • 공중보건의 3대 목적 | 질병 예방, 수명 연장, 건강 증진

2. 공중보건 수준의 평가지표

(1) 평균수명(기대수명): 인간의 생존 기대 기간

(2) 조사망률(보통사망률): 연간 사망자 수 ÷ 그해 인구 수 × 1,000

(3) 비례사망지수
① 연간 전체 사망자 수에 대한 50세 이상의 사망자 수의 구성비
② 지수가 낮으면 건강 수준이 낮음을 의미함
③ 비례사망지수 = 50세 이상의 사망자 수 ÷ 연간 총 사망자 수 × 100

(4) 영아사망률
① 생후 1년 미만인 영아의 사망률
② 한 국가의 보건 수준을 나타내는 대표적인 지표
③ 영아사망률 = 연간 영아 사망 수 ÷ 연간 출생아 수 × 1,000

(5) 모성사망비
① 임신·분만·산욕(분만 후 자궁 등이 임신 전의 상태로 돌아가는 기간)과 연관된 질병 또는 이로 인한 합병증 때문에 발생하는 사망률
② 모성사망비 = 연간 모성 사망 수 ÷ 연간 출생아 수 × 100,000

3. 환경위생 및 환경오염 관리

(1) 일광

자외선	• 1,000~4,000Å 사이의 파장 • 2,500~2,800Å 범위의 파장은 살균력이 가장 강해 소독에 이용됨 • 도르노선(생명선, 2,800~3,200Å)은 건강선이라고도 함
가시광선	• 3,800~7,800Å 사이의 파장 • 사람의 눈에 보이는 범위의 파장 • 눈의 망막을 자극하여 색채와 명암을 구분하게 함
적외선(열선)	• 7,800Å(= 780nm) 이상의 파장 • 온실효과 유발

필수 Keyword
• 파장의 단파순 | 자외선 → 가시광선 → 적외선

(2) 온열 요인
① 감각온도 3요소: 기온(온도), 기습(습도), 기류(공기의 흐름)
② 기온역전현상: 대기권에서 고도가 상승할수록 기온도 상승하여 상부 기온이 하부기온보다 높아지는 때에 대기가 안정화되고 공기의 수직 확산이 일어나지 않게 되는 현상

(3) 공기 및 대기오염
① 정상 공기의 화학적 조성(0℃, 1기압, 건조상태): 질소(N_2) 78% > 산소(O_2) 21% > 아르곤(Ar) 0.9% > 기타 원소 0.07% > 이산화탄소(CO_2) 0.03%
② 대기오염 물질
• 가스상 물질: 일산화탄소(CO), 아황산가스(SO_2), 황화수소, 불화수소 등
• 1·2차 오염물질

1차 오염물질	분진, 매연, 검댕, 황산화물, 질소산화물 등
2차 오염물질	오존, PAN, 알데히드, 스모그 등

(4) 군집독
① 정의: 많은 사람이 밀집된 실내에서 공기가 물리적·화학적 조성의 변화를 일으키는 현상
② 원인: 산소(O_2) 감소, 이산화탄소(CO_2) 증가, 고온·고습의 상태에서 유해가스 및 취기·구취·체취 등으로 인하여 공기의 조성이 변하기 때문에 발생함

4. 수인성 감염병

(1) 종류: 장티푸스, 파라티푸스, 세균성 이질, 콜레라, 아메바성 이질, 유행성 간염

(2) 특징
① 음료수 사용 지역과 유행 지역이 동일함
② 비교적 잠복기가 짧고 치사율이 낮으며, 2차 감염환자의 발생이 거의 없음
③ 환자가 집단적, 폭발적으로 발생함
④ 계절에 관계없이 발생하며 주로 여름에 많이 발생함
⑤ 성별, 연령, 직업의 차이가 없이 발생함

(3) 증상: 우치(충치)/반상치, 청색증, 설사 등

5. 역학 및 산업보건

(1) 역학의 목적
① 질병의 예방을 위하여 질병 발생의 병인 또는 그 발생을 결정하는 요인 규명
② 질병의 측정과 유행 발생의 감시 역할
③ 질병의 자연사 연구
④ 보건의료의 기획과 평가를 위한 자료 제공
⑤ 임상 연구에서의 활용

(2) 원인별 직업병

이상온도	• 고열환경(이상고온): 열중증(열경련, 열허탈증, 열사병) • 저온환경(이상저온): 참호족염, 동상, 동창
이상기압	• 고압환경(이상고기압): 잠함병(잠수병) • 저압환경(이상저기압): 고산병
분진	진폐증(먼지), 규폐증(유리규산), 석면폐증(석면), 활석폐증(활석)
소음	직업성 난청(방지 방법: 귀마개 사용, 방음벽 설치, 작업 방법 개선), 두통, 불면증
조명 불량	안정피로, 근시, 안구진탕증
진동	레이노드병(손가락의 말초혈관 운동장애)
방사선	조혈기능장애, 백혈병, 피부점막의 궤양과 암 형성, 생식기 장애, 백내장
자외선 및 적외선	피부 및 눈의 장애, 시력 저하
금속 중독	• 납(Pb) 중독: 연연(鉛緣), 권태, 체중 감소, 염기성 과립 적혈구 수의 증가, 요독증 증세 • 수은(Hg, 미나마타병의 원인 물질) 중독: 피로감, 언어장애, 기억력 감퇴, 지각이상, 보행곤란 증세 • 크롬(Cr) 중독: 비염, 인두염, 기관지염, 비중격천공 • 카드뮴(Cd, 이타이이타이병의 원인 물질) 중독: 폐기종, 신장기능장애, 골연화, 단백뇨의 증세

01 개인안전관리

1. 개인안전사고 예방 및 사후조치

(1) 위험도 경감의 원칙

① 목적: 사고 발생의 예방, 피해 심각도 억제

② 핵심 요소: 위험 요인 제거, 위험 발생 경감, 사고 피해 경감

③ 고려 사항: 사람, 절차, 장비의 3가지 시스템 구성 요소

(2) 재난 원인별 점검 내용

① 사람(Man)

심리적 원인	망각, 걱정, 무의식적인 행동, 위험감각, 생략행위 등
생리적 원인	피로, 수면 부족, 신체기능, 알코올, 질병, 노화 등
작업환경적 원인	직장 내 인간관계, 리더십, 팀워크, 커뮤니케이션 등

② 기계(Machine): 기계설비의 설계상 결함, 방호장치의 불량, 안전의식의 부족(인간공학적 배려에 대한 이해 부족), 표준화의 부족, 점검 장비의 부족

③ 매체(Media): 작업 자세, 작업 동작의 결함, 부적절한 작업 정보 및 방법, 작업 공간 및 환경의 불량

④ 관리(Management): 관리 조직의 결함, 불명확 또는 불철저한 규정·매뉴얼, 안전관리 계획의 불량, 교육 훈련의 부족, 부하에 대한 지도 및 감독 부족, 불충분한 적성 배치, 건강 관리 불량

2. 작업안전관리

(1) 주방 내 재해 유형

① 절단, 찔림과 베임(가장 많이 발생함)

② 화상과 데임

③ 미끄러짐

④ 끼임

⑤ 전기감전 및 누전

⑥ 유해화합물로 인한 피부질환

(2) 주방 내 안전사고 요인

① 인적 요인

정서적 요인	과격한 기질 및 신경질, 시력 또는 청력의 결함, 근골박약, 지식 및 기능의 부족, 중독증 등 각종 질환
행동적 요인	독단적 행동, 불완전한 동작과 자세, 미숙한 작업 방법, 안전장치 등의 소홀한 점검, 결함이 있는 기계 및 기구의 사용
생리적 요인	피로로 인한 심적 태도의 교란, 신체 동작의 통제 불능

② 물적 요인: 자재의 불량·결함, 안정장치 또는 시설의 미비, 시설물의 노후화 등

③ 환경적 요인: 건축물·공작물의 부적절한 설계, 협소한 통로, 불안전한 복장 등

02 장비·도구 안전작업

1. 조리장비·도구의 안전점검

(1) 일상점검

① 주방관리자가 매일 육안으로 점검함

② 주방 내 조리기구, 전기, 가스 등의 이상 여부를 확인하고 그 결과를 기록·유지함

(2) 정기점검

① 안전관리책임자가 매년 1회 이상 정기적으로 점검함

② 주방 내 조리기구, 전기, 가스 등의 성능 유지 여부를 확인하고 그 결과를 기록·유지함

(3) 긴급점검: 관리 주체가 필요하다고 판단될 때 실시(손상점검, 특별점검)

03 작업환경 안전관리

1. 작업장 환경관리

(1) 작업장 안전교육의 필요성

① 안전교육은 위험에 관한 인식을 넓혀줌

② 직업병과 산업재해의 원인에 대한 지식을 확산시킴

③ 효과적인 예방책을 증진함

(2) 작업환경관리

적정 온도	• 겨울: 18~21℃ • 여름: 25~26℃
적정 습도	50%
권장 조도	• 조리실: 50Lux 이상 • 전처리실 및 조리작업대: 220Lux 이상 • 식재료 및 물품 검수 장소: 540Lux 이상

2. 작업장 내 안전수칙

(1) 조리장비 사용 시 안전수칙

① 전기장비 사용 시 조리작업자의 손에 물기가 없을 것

② 가스레인지 및 오븐은 사용 전후 전원 상태를 확인할 것

③ 냉장, 냉동시설의 잠금장치를 확인할 것

④ 조리장비의 사용 방법을 철저히 익힐 것

(2) 조리작업자의 안전수칙

① 안전한 자세로 조리할 것

② 규정된 조리복장을 착용할 것

③ 짐을 옮길 때 너무 무리하지 않으며 주변의 충돌을 감지할 것

④ 뜨거운 것을 만질 때는 장갑을 착용할 것

재료관리

필수문제 220선 P.47

01 식품재료의 성분

1. 수분(물)

(1) 수분의 종류

① 자유수(유리수)
- 식품 중에 유리 상태로 존재하는 물(보통의 물)
- 용매로 작용, 미생물 번식에 이용 가능함
- 유기물로부터 간단하게 분리됨
- 0℃ 이하에서 얼음으로 동결, 100℃ 이상에서 증발함
- 4℃에서 비중이 가장 큼
- 표면 장력이 큼

② 결합수
- 식품 중의 탄수화물이나 단백질 분자의 일부분을 형성하는 물
- 용매로 작용 불가능, 미생물 번식에 이용 불가능
- 유기물로부터 분리 불가능
- 0℃ 이하에서 얼음으로 동결되지 않음
- 자유수보다 밀도가 큼

(2) 수분활성도(Aw)

① 정의

$$식품의\ 수분활성도(Aw) = \frac{식품이\ 나타내는\ 수증기압(P)}{순수한\ 물의\ 최대\ 수증기압(P_0)}$$

② 식품별 수분활성도(Aw)

건조식품	0.20 이하
곡류, 콩류	0.60~0.64
어패류, 과일, 채소류	0.90~0.98
육류, 생선	0.98

③ 미생물 생육에 필요한 수분활성도(Aw): 보통 세균(0.91 이상) > 보통 효모(0.88 이상) > 보통 곰팡이(0.80 이상) > 내건성 곰팡이(0.65 이상) > 내삼투압성 효모(0.60 이상)

2. 탄수화물의 분류(결합한 당의 수에 따른)

(1) 단당류: 탄수화물의 가장 작은 구성 단위, 물에 녹고 단맛이 남

오탄당	아라비노스, 리보스, 자일로스
육탄당	포도당, 과당, 갈락토오스, 만노오스

(2) 이당류: 수용성이고 단맛이 나는 단당류 2개가 결합된 당

자당(설탕, 서당: Sucrose)	포도당과 과당이 결합된 당으로 단맛이 강한 표준 감미료이며 사탕수수나 사탕무에 함유되어 있음
맥아당(엿당: Maltose)	포도당 두 분자가 결합된 당으로 물엿의 주성분이며 소화·흡수가 빠름
젖당(유당: Lactose)	포도당과 갈락토오스가 결합된 당으로 칼슘과 인의 흡수를 도움

필수 Keyword
- 당질의 감미도 | 과당(120~180) > 전화당(85~130) > 설탕(서당)(100) > 포도당(70~74) > 맥아당(엿당)(60) > 갈락토오스(33) > 젖당(유당)(16)

(3) 다당류: 여러 종류의 단당류가 결합된 당으로 단맛이 없고 물에 잘 녹지 않음

전분(녹말, Starch)	포도당의 결합 형태로 아밀로오스(Amylose)와 아밀로펙틴(Amylopectin)으로 구성됨, 단맛이 거의 없고 식물의 뿌리·줄기·잎 등에 존재하며 곡류의 25~80%를 차지함
글리코젠(Glycogen)	동물체의 저장 탄수화물로, 간, 근육에 많이 함유되어 있음
섬유소(Cellulose)	소화되지 않는 전분으로, 배변 운동을 돕고 비타민 B군의 합성을 촉진함
펙틴(Pectin)	세포벽 또는 세포 사이의 중층에 존재하며 겔화하는 성질 때문에 잼이나 젤리를 만드는 데 이용됨
키틴(Chitin)	새우, 게 껍데기에 함유되어 있음
이눌린(Inulin)	과당의 결합체로 우엉, 돼지감자에 많이 함유되어 있음

필수 Keyword
- 찹쌀 | 아밀로펙틴 100%
- 멥쌀 | 아밀로오스 20%, 아밀로펙틴 80%

3. 지질

(1) 지질의 분류(구성 성분에 따른)

단순 지질 (중성지방)	지방	3분자의 지방산과 1분자의 글리세롤의 에스테르 결합물
	왁스	고급 알코올과 고급 지방산의 에스테르 결합물
복합 지질	인지질 (단순 지질+인)	레시틴, 세파린, 스핑고미엘린
	당지질 (단순 지질+당)	세레브로시드, 강글리오시드
유도 지질	콜레스테롤 (동물스테롤)	프로비타민 D로 생체 내에서 자외선에 의해 비타민 D_3로 변환
	에르고스테롤 (식물스테롤)	프로비타민 D로 자외선에 의해 비타민 D_2로 변환

(2) 지방산의 분류

① 포화지방산: 융점이 높아 상온에서 고체로 존재하며, 탄소와 탄소 사이에 이중결합이 없는 지방산으로 동물성 지방에 존재함

② 불포화지방산: 융점이 낮아 상온에서 액체로 존재하며 탄소와 탄소 사이에 이중결합이 있는 지방산으로 식물성 지방 또는 어류에 존재함
- 필수지방산: 체내의 대사과정에 중요한 역할을 하는 지방산으로, 비타민 F라고도 하며 체내에서 합성 불가하여 식사를 통한 공급이 필요함(리놀레산, 리놀렌산, 아라키돈산 등)
- 트랜스지방산: 불포화지방산인 식물성 기름을 가공식품으로 만들 때 산패를 억제하기 위해 수소를 첨가하는 과정에서 생기는 지방산

(3) 지질의 기능적 성질

① 유화(에멀전화)

수중유적형(O/W)	물에 기름이 분산된 형태(우유, 생크림, 마요네즈 등)
유중수적형(W/O)	기름에 물이 분산된 형태(버터, 마가린 등)

② 수소화(경화): 액체 상태의 기름에 수소(H_2)를 첨가하고 니켈(Ni)과 백금(Pt)을 넣어 고체형의 기름으로 만든 것(마가린, 쇼트닝 등)

③ 연화 작용: 밀가루 반죽에 유지를 첨가하면 반죽 내에서 지방을 형성하여 전분과 글루텐의 결합을 방해하는 것

④ 가소성: 외부 조건에 의해 유지의 상태가 변했다가 외부 조건을 복구해도 유지의 변형 상태가 유지되는 성질

(4) 지질의 이화학적 성질

① 검화가(비누화가): 유지 1g을 검화(비누화)하는 데 소요되는 수산화칼륨(KOH)의 mg 수로 저급 지방산이 많을수록 비누화가 잘 됨

② 산가: 유지 1g에 함유되어 있는 유리지방산을 중화하는 데 필요한 수산화칼륨(KOH)의 mg 수로, 유지의 산패도를 알아내는 방법

③ 과산화물가: 유지의 자동산화에 의하여 생성되는 하이드로퍼옥시드 등의 과산화물 함유량을 나타내며 유지의 산패 진행을 판정하는 척도임

④ 아이오딘가(요오드가): 유지 100g 중에 첨가되는 아이오딘의 g 수로, 아이오딘가가 높다는 것은 유지를 구성하는 지방산 중 불포화지방산이 많다는 것을 의미함

4. 단백질의 분류(필수아미노산 함량에 따른 영양학적 분류)

(1) 필수아미노산: 체내에서 합성이 불가능하여 반드시 식사를 통해 공급받아야 하는 아미노산

① 성인에게 필요한 필수아미노산 8가지: 트레오닌, 발린, 트립토판, 아이소류신, 류신, 라이신, 페닐알라닌, 메티오닌

② 성장기 어린이나 회복기 환자 등에게 필요한 필수아미노산 10가지: 성인에게 필요한 필수아미노산 8가지 + 아르기닌 + 히스티딘

(2) 완전 단백질: 필수아미노산이 골고루 들어 있는 단백질(달걀 흰자 – 알부민, 우유 – 카세인)

(3) 부분적 불완전 단백질: 필수아미노산을 모두 함유하고 있으나 그중 하나 또는 그 이상의 아미노산 함량이 부족한 단백질(쌀 – 오리제닌, 보리 – 호르데인), 부족한 아미노산을 다른 식품을 통해 보충함으로써 완전 단백질로 영양가를 높일 수 있음(콩밥 – 리신이 부족한 쌀에 콩을 넣어 밥을 함으로써 완전한 단백질을 공급)

(4) 불완전 단백질: 하나 또는 그 이상의 필수아미노산이 결여된 단백질로, 불완전 단백질 섭취만으로는 동물의 성장과 생명 유지가 어려움(젤라틴, 옥수수 – 제인)

5. 무기질

(1) 특성

① 우리 몸을 구성하는 중요 성분으로 인체의 약 4~5%를 차지함

② 체내에서 필요로 하는 양에 따라 다량원소와 미량원소로 구분함

③ 체내에서 체액의 pH와 삼투압을 조절함

④ 신경의 자극 전달, 근육 수축, 혈액 응고 등에 관여함

---

(2) 종류별 결핍증

칼슘(Ca)	골다공증, 구루병, 골격·치아의 발육 불량, 골연화증, 혈액 응고 불량, 근육의 경련
인(P)	골격·치아의 발육 불량, 성장 정지, 골연화증, 구루병
철분(Fe)	철분 결핍성 빈혈(영양 결핍성 빈혈), 식욕 부진
마그네슘(Mg)	신경 및 근육 경련, 간의 장애, 골연화증, 구토, 설사
나트륨(Na)·칼륨(K)·염소(Cl)	근육 경련, 식욕 감퇴, 저혈압
황(S)	손톱·발톱·모발의 발육 부진
불소(플루오린, F)	우치(충치)
아이오딘(요오드, I)	갑상선종, 크레틴병(발육 정지)
코발트(Co)	악성 빈혈
아연(Zn)	면역 기능 저하, 상처 회복 지연, 성장 부진
구리(Cu)	빈혈

6. 비타민

(1) 비타민의 기능 및 특성

① 대사 작용 조절 물질로 보조 효소의 역할을 함

② 에너지원이나 신체 구성 물질로 사용되지 않음

③ 인체에 반드시 필요한 물질이지만 미량만 필요로 함

④ 대부분 체내에서 합성되지 않아 음식물을 통해서 공급해야 함

(2) 비타민의 종류별 결핍증

① 지용성 비타민

비타민 A(레티놀)	야맹증, 점막장애, 안구건조증
비타민 D(칼시페롤)	구루병, 골다공증
비타민 E(토코페롤)	용혈 작용, 노화 촉진, 불임증, 근육위축증
비타민 K(필로퀴논)	혈액 응고 지연, 잦은 출혈
비타민 F(필수지방산)	피부건조증, 피부염

② 수용성 비타민

비타민 B_1(티아민)	각기병, 다발성 신경염
비타민 B_2(리보플라빈)	피부염, 구순구각염, 설염, 야맹증
비타민 B_3(나이아신 / 니코틴산)	펠라그라(설사, 피부병, 우울증)
비타민 B_6(피리독신)	피부염
비타민 B_9(엽산)	빈혈
비타민 B_{12}(코발라민)	악성 빈혈
비타민 C(아스코르브산)	괴혈병, 간염
비타민 P	피하 출혈

7. 식품의 냄새 - 헤닝(Henning)의 냄새 프리즘

구분	종류
과일향(Ethereal)	사과, 레몬 등
꽃향기(Fragrant)	장미, 매화, 백합 등
수지향(Resinous)	테르펜유, 송정유 등
매운향(Spicy)	마늘, 생강, 후추 등
부패한 냄새(Putrid)	부패육 등
탄 냄새(Burnt)	캐러멜류, 커피, 타르 등

> **필수 Keyword**
> • 어류 비린내와 관련된 냄새 성분 | 트리메틸아민, 암모니아, 피페리딘

8. 식품의 갈변

(1) 효소에 의한 갈변

① 폴리페놀 옥시다아제: 채소류나 과일류를 자르거나 껍질을 벗길 때, 홍차 갈변

② 티로시나아제: 감자 갈변

③ 효소에 의한 갈변 방지법: 효소의 활성 억제(산 이용, 온도 조절, 당 또는 염류 추가), 산소 제거, 기질 제거

(2) 비효소에 의한 갈변

① 마이야르 반응(아미노카르보닐 반응)
   • 아미노기(단백질)와 카르보닐기(당류)가 공존할 때 일어나는 반응으로 멜라노이딘을 생성함
   • 에너지 공급 없이도 자연적으로 발생함

② 캐러멜화 반응: 당류를 고온(180~200℃)으로 가열할 때 산화 및 분해 산물에 의한 중합, 축합으로 갈색 물질을 생성함

③ 아스코르브산의 산화 반응: 비가역적으로 산화된 아스코르브산이 항산화제로의 기능을 상실하고 갈색화 반응을 수반함

9. 식품의 맛

(1) 기본적인 맛(헤닝의 4원미 + 감칠맛)

① 단맛: 소량의 소금으로 단맛이 증가되고, 쓴맛, 신맛으로 단맛이 감소됨

② 짠맛: 신맛이 더해지면 강해지고 단맛이 더해지면 약해짐

③ 신맛
   • 산이 해리되어 만들어진 수소이온에 의한 맛으로 식욕 증진, 방부 효과 및 살균 효과가 있음
   • 유기산이 포함된 식품: 젖산(요구르트, 김치류), 사과산(사과, 배), 초산(식초, 김치류), 구연산(감귤류, 딸기, 살구), 호박산(청주, 조개류, 김치류), 주석산(포도)

④ 쓴맛
   • 소량의 쓴맛은 식욕을 촉진시키고 맛에 변화와 힘을 줄 수 있음
   • 종류: 후물론(맥주), 나린진(밀감, 자몽), 테오브로민(코코아, 초콜릿), 카페인(커피, 초콜릿), 쿠쿠르비타신(오이의 꼭지 부분), 테인(차류), 케르세틴(양파 껍질)

⑤ 감칠맛(맛난맛)
   • 음식물이 입에 당기는 맛

   • 종류: 글루타민산(김, 된장, 간장, 다시마), 아미노산(소고기), 이노신산(가다랑어 말린 것, 멸치), 타우린(오징어, 문어, 조개류), 구아닐산(표고버섯, 송이버섯, 느타리버섯), 베타인(새우, 오징어)

> **필수 Keyword**
> • 맛을 느끼는 속도 | 짠맛 → 단맛 → 신맛 → 쓴맛
> • 미맹 | 정상적인 사람이 느낄 수 있는 맛을 다르게 느끼거나 전혀 느끼지 못하는 현상으로, 미맹인 사람은 0.13%의 PTC 용액에 대하여 쓴맛을 느끼지 못함

(2) 기타 보조적인 맛

① 매운맛: 캡사이신(고추), 피페린·차비신(후추), 쇼가올·진저론·진저롤(생강), 시니그린(겨자), 알리신(마늘, 양파), 커큐민(강황), 신남알데히드(계피), 유황화합물(양파)

② 떫은맛: 탄닌(미숙한 과일에 포함된 떫은맛의 폴리페놀 성분)

③ 아린맛: 떫은맛과 쓴맛이 섞인 것 같은 맛, 죽순, 토란, 가지 등에 들어 있으며 사용하기 하루 전에 물에 담가 아린맛 제거 가능

(3) 맛의 변화

① 온도에 따른 맛의 변화
   • 혀의 미각은 30℃ 전후에서 가장 예민함
   • 단맛, 짠맛, 쓴맛은 온도가 낮을수록, 매운맛은 온도가 높을수록 맛이 증가하며 신맛은 온도에 크게 영향을 받지 않음

② 기타 맛의 변화

맛의 대비 현상(강화)	주된 맛 성분에 소량의 다른 맛 성분을 넣어 주된 맛이 강해지는 현상
맛의 상승 현상	같은 맛 성분을 혼합하여 원래의 맛보다 더 강한 맛이 나게 되는 현상
맛의 억제 현상(손실)	서로 다른 맛 성분의 혼합 시 주된 맛이 약화되는 현상
맛의 변조 현상	한 가지 맛 성분을 먹은 직후 다른 맛 성분을 먹으면 원래 식품의 맛이 다르게 느껴지는 현상
맛의 상쇄 현상	서로 다른 맛 성분이 혼합되었을 때 각각의 고유한 맛을 내지 못하고 약해지거나 없어지는 현상
맛의 피로 현상	같은 맛을 계속 섭취하면 미각이 둔해져 그 맛을 알 수 없게 되거나 다르게 느끼는 현상

02 효소

1. 효소 반응에 영향을 미치는 인자

(1) **온도**: 효소의 최적 온도는 30~40℃이고, 일부 내열성 효소는 70℃에서 활성이 유지됨

(2) **수소이온농도(pH)**: 효소의 최적 pH는 완충액의 종류, 기질 및 효소의 농도, 작용 온도 등에 따라 변함

효소	최적 pH
펩신	pH 1~2
트립신	pH 7~8

(3) **효소 농도**: 효소 농도가 낮을 경우 반응 속도와 효소 농도가 직선적으로 비례하며, 기질이 증가하지 않으면 반응 속도는 증가하지 않음

(4) 기질 농도: 효소 농도가 일정할 때 기질 농도가 낮으면 기질 농도와 반응 속도는 정비례하고, 기질 농도가 일정치를 넘으면 반응 속도는 일정해짐

(5) 저해제: 은(Ag), 수은(Hg), 납(Pb)과 같은 중금속 이온이나, 황화물, 시안화물, 계면활성제 및 금속 이온을 요구하는 효소에 대한 킬레이트 시약 등이 있음

2. 에너지원별 소화 효소

(1) 탄수화물
① 구성 성분: 탄소(C), 수소(H), 산소(O)
② 1g당 열량: 4kcal
③ 에너지 적정 비율: 65%
④ 소화 효소: 아밀레이스(아밀라아제), 말테이스(말타아제), 락테이스(락타아제), 수크레이스(수크라아제)
⑤ 분해 산물: 포도당

(2) 지질
① 구성 성분: 탄소(C), 수소(H), 산소(O)
② 1g당 열량: 9kcal
③ 에너지 적정 비율: 20%
④ 소화 효소: 라이페이스(리파아제), 스테압신
⑤ 분해 산물: 지방산, 글리세롤

(3) 단백질
① 구성 성분: 탄소(C), 수소(H), 산소(O), 질소(N)
② 1g당 열량: 4kcal
③ 에너지 적정 비율: 15%
④ 소화 효소: 펩신, 트립신, 에렙신
⑤ 분해 산물: 아미노산

03 **식품과 영양**

1. 영양소의 기능에 따른 분류

3대 열량 영양소	• 생명 유지와 활동에 필요한 에너지를 공급 • 탄수화물(4kcal), 지질(9kcal), 단백질(4kcal)
구성 영양소	• 인체를 구성하는 영양소 • 단백질, 무기질, 물
조절 영양소	• 생리 기능을 조절하는 영양소 • 단백질, 비타민, 무기질, 물

2. 기초 식품군

곡류 및 전분류	탄수화물의 급원식품
채소 및 과일류	비타민 및 무기질의 급원식품
고기, 생선, 계란, 콩류	단백질의 급원식품
우유 및 유제품	칼슘과 각종 무기질, 단백질의 급원식품
유지 및 당류	지방과 당질의 급원식품

3. 영양 섭취 기준

(1) 정의: 질병이 없는 대다수의 사람들이 최적의 건강 상태를 유지하고, 질병을 예방하는 데 필요한 영양소의 섭취 기준

(2) 한국인 영양 섭취 기준

평균 필요량	집단을 구성하는 건강한 사람들의 절반에 해당되는 사람들의 일일 필요량을 충족하는 섭취 수준
권장 섭취량	대부분의 사람들(97~98%)의 필요량을 충족시키는 수준
충분 섭취량	영양소 필요량에 대한 자료가 부족한 경우 건강한 사람들에게 부족할 확률이 낮은 영양소의 섭취 수준
상한 섭취량	건강에 유해한 영향이 나타나지 않는 최대 영양소 섭취 수준

04 **저장관리**

1. 냉동·냉장 저장

(1) 냉동 저장: 미생물의 번식을 억제하고 품질의 저하를 방지할 수 있도록 식품의 종류와 특성에 따라 −23~−18℃ 범위 내의 온도로 저장

(2) 냉장 저장: 냉장(0~10℃) 보관이 가능한 식품을 단기간 보관

2. 창고 저장

(1) 창고 저장이 가능한 식품: 대부분 실온(20±5℃)에서 보관 가능한 곡류, 근채류, 건조식품류와 캔류

(2) 저장 환경
① 직사광선이 없고 통풍이 잘 되어야 하며, 온도(15~25℃)와 습도(50~60%) 관리가 중요함
② 벽 상단과 창고 하단에 환기구 설치가 필요함
③ 물품은 통풍이 잘 되는 그물형 선반에 적재하는 것이 좋음
④ 창고는 업체의 상황에 따라 일반 창고, 식재료 창고, 음료 창고 등으로 구분함

3. 품질관리

(1) 선입선출관리
① 선입선출법: 출고관리 방법 중 하나로 먼저 입고되었던 식재료부터 순서대로 출고하는 방법
② 자재분류 – 자재분류의 원칙: 데이터 코드화, 분류 집계의 체계화, 해독성과 편이성, 전산 처리화

(2) 바코드: 제품의 가격·종류·제조회사를 알 수 있고, 제조업체나 유통회사에서는 판매량과 재고량까지도 확인 가능함

구매관리

01 시장조사 및 구매관리

1. 시장조사

(1) **시장조사 내용**: 품목, 품질, 수량, 가격, 구매 시기, 구매 거래처, 거래 조건

(2) **시장조사의 원칙**: 비용 경제성의 원칙, 조사 적시성의 원칙, 조사 탄력성의 원칙, 조사 계획성의 원칙, 조사 정확성의 원칙

2. 식품구매의 절차

품목의 종류 및 수량 결정 → 용도에 맞는 제품 선택 → 식품명세서 작성 → 공급자 선정 및 가격 결정 → 발주 → 납품 → 검수 → 대금 지불 및 물품 입고 → 보관

3. 재고관리

(1) **목적**: 물품의 수요가 발생했을 때 신속히 대처하여 경제적으로 대응할 수 있도록 재고의 수준을 최적 상태로 유지·관리하는 것

(2) **적정 재고 수준의 원칙(계속 공급의 원칙, 경제성 확보의 원칙)**
  ① 일정 기간 동안 사용된 평균 수요량 산정
  ② 품목에 따라 발주 및 배송 기간 등 유동적인 부분 고려
  ③ 저장 시설의 용량, 재고회전율과 재고의 균형을 유지

4. 재고자산 평가 방법

(1) **선입선출법(FIFO)**: 먼저 구입한 재료부터 먼저 소비하는 것

(2) **후입선출법(LIFO)**: 나중에 구입한 재료부터 먼저 사용하는 것

(3) **개별법**: 구입 단가별로 재료에 가격표를 붙여서 보관하다가 출고할 때 그 가격표에 붙어 있는 구입 단가를 재료의 소비 가격으로 하는 방법

(4) **평균법**
  ① 단순평균법: 일정 기간 동안 구입 단가를 구입 횟수로 나눈 구입 단가의 평균을 재료의 소비 단가로 하는 방법
  ② 이동평균법: 구입 단가가 다른 재료를 구입할 때마다 재고량과의 가중 평균가를 산출하여 이를 소비 재료의 가격으로 하는 방법

02 검수관리

1. 식품검수관리

(1) **검수 절차**: 납품 물품과 발주처·납품서 대조 → 품질 검사 → 물품의 인수 또는 반품 → 인수 물품 입고 → 검수 기록 및 문서 정리

(2) **식품 종류별 검수 순서**: 냉장식품 → 냉동식품 → 신선식품(과일, 채소) → 공산품

필수 Keyword

• 전수 검사법 | 납품된 물품(식자재)을 하나하나 전부 검사하는 방법으로 품목이 다양하거나 고가의 품목에 사용하는 방법
• 발췌 검수법(샘플링법) | 납품된 물품(식자재) 중에서 일부 품목을 뽑아 검사하고 그 결과를 판정기준과 대조하여 적합 여부를 결정하는 방법

2. 검수용 온도계

(1) **적외선 온도계**: 식품검수 시 가장 많이 사용하며, 비접촉식이므로 제품이 손상되지 않는다는 장점이 있지만, 표면 온도만 측정이 가능함

(2) **탐침 심부 온도계**: 식품 내부 온도 측정이 가능함

03 원가

1. 원가의 종류 및 원가 계산

(1) **원가 계산의 목적**: 가격 결정, 원가 관리, 예산 편성, 재무제표 작성

(2) **원가의 종류**
  ① 원가의 3요소: 재료비, 노무비, 경비
  ② 원가의 분류(제품 생산 관련성에 따른)
    • 직접비: 특정 제품에 직접 부담시킬 수 있는 비용
    • 간접비: 여러 제품에 공통 또는 간접적으로 소비되는 비용

(3) **원가 계산식**
  ① 직접원가 = 직접재료비 + 직접노무비 + 직접경비
  ② 제조간접비 = 간접재료비 + 간접노무비 + 간접경비
  ③ 제조원가 = 직접원가 + 제조간접비
  ④ 총원가 = 제조원가 + 판매관리비
  ⑤ 판매가격 = 총원가 + 이익

(4) **원가 계산의 원칙**
  ① 진실성의 원칙
  ② 발생기준의 원칙
  ③ 계산 경제성(중요성)의 원칙
  ④ 확실성의 원칙
  ⑤ 정상성의 원칙
  ⑥ 비교성의 원칙
  ⑦ 상호관리의 원칙
  ⑧ 객관성의 원칙
  ⑨ 일관성의 원칙

(5) **손익분기점**: 이익도 손실도 발생하지 않으며, 한 기간의 매출액이 당해 기간의 총비용(고정비+변동비)과 일치하는 기점

(6) **감가상각**: 시간이 지나면서 감소하는 자산의 가치를 내용연수에 따라 일정한 비율로 할당하여 비용화하는 것을 말하며, 이때 감가된 비용을 감가상각비라고 함

기초조리실무

필수문제 220선 P.54

01 조리 준비

1. 조리의 정의 및 기본 조리 조작

(1) 조리의 목적: 영양성, 기호성, 안전성, 저장성

(2) 조리 방법

물리적 조리	저울에 달기, 씻기, 담그기, 썰기, 갈기, 다지기, 치대기, 무치기, 담기
생식 조리	가열하지 않고 생으로 먹는 방법
가열 조리	• 습열 조리: 데치기, 끓이기, 은근히 끓이기, 찌기, 삶기 • 건열 조리: 굽기, 볶기, 튀기기, 지지기 • 복합 조리: 습열 조리 + 건열 조리 • 초단파 조리: 전자레인지에 의한 조리
화학적 조리	효소(분해 작용), 알칼리(연화·표백 작용), 알코올(탈취·방부 작용), 금속염(응고 작용) 등

2. 식재료 계량 방법

액체 식품(물, 우유 등)	투명한 계량컵이나 스푼에 흘러넘치지 않을 정도로 담고, 눈높이를 비켜 눈금의 밑선과 동일하게 하여 계량
입상 식품(쌀, 소금, 백설탕 등)	덩어리가 없는 상태에서 가볍게 수북이 담은 후 평면으로 깎아 계량
분상 식품(밀가루, 설탕 파우더 등)	체를 쳐서 계량컵이나 계량스푼에 가볍게 수북이 담은 후 (담으면서 흔들어서는 안 됨) 평면으로 깎아 계량
지방(버터, 마가린, 쇼트닝)	저울로 계량하는 것이 바람직하나, 컵이나 스푼으로 계량할 경우 실온에서 반고체 상태로 컵에 빈 공간이 없도록 꾹꾹 눌러 수평으로 깎아 계량
황설탕, 흑설탕	모양이 유지될 정도로 계량컵에 꾹꾹 눌러 담아 컵의 위를 평면으로 깎아 계량

3. 조리장의 시설 및 설비관리

(1) 조리장의 3원칙: 위생성, 능률성, 경제성

(2) 작업대
① 효율적인 작업대의 높이: 신장의 52%가량(80~85cm)
② 효율적인 작업대의 너비: 55~60cm
③ 작업대와 뒤 선반의 간격: 최소 150cm 이상
④ 작업(동선) 순서에 따른 기기 배치: 준비대 → 개수대 → 조리대 → 가열대 → 배선대

(3) 벽, 창문: 창 면적은 바닥의 20% 정도가 적당하며 해충의 침입을 방어하기 위해 30메시 이상의 방충망을 설치

(4) 조명 시설: 객석은 30Lux(유흥음식점은 10Lux), 단란주점은 30Lux, 조리실은 50Lux 이상

02 식품의 조리 원리

1. 농산물의 조리 및 가공·저장

(1) 전분의 특징
① 전분의 호화(전분의 α화): 전분에 물을 넣고 가열하면 점성이 생기고 부풀어 오르는 현상
  • 호화의 3단계: 수화 단계 → 팽윤 단계 → 콜로이드 상태
  • 전분의 호화에 영향을 주는 요인: 전분의 종류, 전분 입자의 크기, 수침 시간, 가열 온도, 수소이온농도(pH), 젓기 정도, 당, 단백질, 지방, 염류
② 전분의 노화(전분의 β화)
  • 호화된 전분을 공기 중에 방치하면 분자구조가 다시 규칙적으로 정렬되어 생전분의 구조와 같은 물질로 변하는 현상
  • 노화 방지법: 수분 함량 15% 이하 또는 60% 이상, 온도 0℃ 이하 또는 60℃ 이상으로 유지, 설탕 또는 지방이나 유화제의 첨가
③ 전분의 호정화(덱스트린화): 전분을 160~170℃의 건열로 가열하면 용해성이 생기고 점성이 낮아지며 맛이 구수해지고 색이 갈색으로 변하는 현상으로 미숫가루, 누룽지, 빵 등에 활용
④ 전분의 당화: 전분을 당화효소나 산을 이용해 가수분해하여 단당류, 이당류 또는 올리고당으로 만들어 감미를 얻는 과정으로 조청, 물엿, 식혜 등에 활용
⑤ 전분의 겔화: 전분을 가열하여 호화한 후 냉각시키면서 굳어지는 과정으로 도토리묵, 청포묵, 메밀묵, 앵두편 등에 활용

(2) 전분의 조리
① 쌀의 조리−밥맛에 영향을 주는 요인: 쌀의 건조 상태, 밥물의 pH, 소금 첨가, 아밀로펙틴의 함량, 밥 짓는 용구
② 밀의 조리−밀가루의 분류 및 용도

구분	글루텐 함량	용도
강력분	13% 이상	식빵, 하드롤, 파스타, 피자, 마카로니
중력분	10% 초과 13% 미만	소면·우동 등의 면류, 크래커
박력분	10% 이하	케이크, 과자, 튀김옷

필수 Keyword
• 글루텐 형성에 도움을 주는 요인 | 달걀, 우유, 소금, 물 등
• 글루텐 형성을 방해하는 요인 | 지방, 설탕

(3) 채소류
① 섭취하는 부위에 따른 분류

엽채류	배추, 양배추, 상추, 시금치, 깻잎, 쑥갓 등
경채류	인경채류(양파, 마늘), 셀러리, 아스파라거스, 죽순, 두릅 등
근채류	무, 당근, 우엉, 연근, 생강 등
과채류	가지, 호박, 오이, 토마토, 고추 등
화채류	브로콜리, 콜리플라워, 아티초크 등

② 채소의 갈변 방지법: 효소의 불활성화, 산소의 제거, 항산화제(아스코르브산)의 사용

(4) 과일류

① 과일의 갈변 방지법: 설탕 용액에 담가 둠, 산 처리

② 과일류의 젤리화 조건: 펙틴 1.0~1.5%, pH 2.8~3.4, 당 60~65%의 조건에서 최적의 겔이 형성됨

2. 축산물의 조리 및 가공·저장

(1) 육류

① 육류의 사후경직과 숙성: 사후경직은 도살 직후 동물의 근육이 단단해지는 현상으로, 이후 최대 강직 상태를 지나 체내의 효소에 의해 자가소화 현상(숙성)이 일어나면서 육질이 연해지고 풍미가 향상되며 소화가 잘 됨(숙성에 의해 육류의 품질 향상)

② 육류의 연화법–단백질 분해 효소 첨가: 파파야(파파인), 배(프로테이스), 파인애플(브로멜린), 키위(액티니딘), 무화과(피신) 등

(2) 달걀

① 달걀의 특성: 응고성, 녹변 현상, 기포성, 유화성

② 달걀의 신선도 평가

- 표면이 꺼칠꺼칠하며, 흔들어서 소리가 나지 않는 것이 신선함
- 신선한 달걀은 기실의 크기가 작으며 난황이 중앙 부근에 둥글고 옅은 장미색을 띠지만, 오래된 달걀은 기실이 크고 난황은 붉은색을 띰
- 오래된 달걀일수록 난황계수와 난백계수가 작아짐
- 10%의 소금물에 달걀을 넣어 가라앉으면 신선한 것이고, 위로 뜨면 오래된 것임

(3) 우유

① 조리 시 우유의 역할

- 음식의 색을 희게 함
- 단백질의 겔(Gel) 강도를 높임
- 갈변 현상인 마이야르 반응을 일으킴
- 여러 가지 냄새를 흡착함(생선의 비린내 제거 등)

② 우유의 응고

카세인	• 우유 단백질의 80%를 차지하며 칼슘과 결합된 형태로 존재하는 인단백질 • 산이나 레닌 첨가 시 응고되지만 열에 안정하여 열에 의해서는 응고되지 않음 • 요구르트 및 치즈 제조 시 활용됨
유청 단백질	• 우유 단백질의 약 20%를 차지하며 카세인이 응고된 후에도 남아 있는 단백질 • α–락트알부민과 β–락토글로불린 등이 있음 • 산이나 레닌에 의해 응고되지 않으나 약 65℃ 이상의 가열에 의해 쉽게 응고됨

③ 우유의 균질화

- 원유에 압력을 가해서 우유의 지방 입자의 크기를 작게 하는 과정
- 소화 및 흡수가 용이해지고 크림층 형성을 방지할 수 있음
- 지방구의 표면적이 커져 산패되기 쉬움

3. 수산물

(1) 수산물의 부패

① 신선도가 떨어지면 중성으로 변하면서 수화성이 증가되어 부패되기 쉬움

② 세균의 번식으로 해수어 비린내의 원인 물질인 트리메틸아민(TMA)이나 암모니아와 같은 휘발성 염기 물질 등이 생성됨(담수어의 비린내 성분: 피페리딘)

③ 사후경직 이후 신선도가 저하됨

④ 담수어는 자체 내 효소의 작용으로 인해 해수어보다 부패 속도가 빠름

(2) 어취(생선 비린내) 제거 방법

① 산(레몬즙, 식초)을 첨가하여 트리메틸아민(TMA) 외 휘발성, 염기성 물질을 중화(트리메틸아민은 수용성이므로 물로 씻기)

② 마늘, 파, 양파, 생강, 겨자, 고추냉이 등의 향신료를 강하게 사용

③ 비린내 억제 효과가 있는 된장, 간장 첨가 혹은 맛술 등의 알코올 성분 첨가

④ 우유에 미리 담가 두었다가 조리(우유의 단백질인 카세인이 트리메틸아민을 흡착하므로 비린내를 제거하는 데 효과적)

필수 Keyword

• 아스타잔틴과 아스타신 | 아스타잔틴은 붉은색 색소이지만, 산소에 존재 시 단백질과 결합하여 회색, 청색 등을 나타내며 이를 가열하면 안정화된 붉은색인 아스타신이 됨

4. 유지 및 유지 가공품

(1) 유지의 발연점이 낮아지는 요인

① 유지가 분해되어 유리지방산의 함량이 높아진 경우

② 용기의 표면적이 넓은 경우(1인치 넓을수록 발연점은 2℃씩 저하)

③ 기름에 이물질이 많은 경우

④ 사용 횟수가 많은 경우(1회 사용 시마다 발연점이 10~15℃씩 저하)

(2) 유지의 산패: 식용유지나 지방질 식품을 장기간 저장할 때 산소, 광선, 빛, 효소, 물, 미생물 등의 작용을 받아 색이 암색으로 짙어지고 불쾌한 냄새와 맛, 점성, 독성물질이 발생하며 거품이 생기는 등의 현상

5. 조미료

(1) 종류: 단맛(설탕, 물엿), 신맛(빙초산, 구연산), 짠맛(식염, 간장, 된장), 쓴맛(호프, 카페인), 감칠맛(멸치, 다시마), 매운맛(고추, 겨자, 고추냉이), 아린맛(감자, 죽순, 토란)

(2) 조미료의 4가지 기본 맛: 단맛, 신맛, 짠맛, 쓴맛

(3) 조미료의 첨가 순서: 설탕 → 술 → 소금 → 식초 → 간장 → 된장 → 고추장 → 화학 조미료

6. 냉동식품

(1) 냉동의 목적: 미생물의 번식 억제, 품질 저하 방지

(2) 냉동 시 식품의 변화

① 조직 중에 대형의 얼음 결정이 생김

② 드립(Drip) 현상으로 수용성 단백질, 염류, 비타민류 등의 영양분 손실이 발생함

③ 중량, 풍미, 식감이 감소함

01 식생활 문화

1. 서양의 식사 제공 형태

브렉퍼스트	아침 식사, 달걀 요리나 빵, 과일, 베이컨 등과 주스, 커피로 구성
런치	정오부터 오후 2시 사이의 점심 식사, 수프, 생선 또는 고기 요리, 빵과 샐러드로 구성
런천	격식을 차린 점심 식사, 수프, 주요리 2종류, 샐러드, 빵, 후식, 음료 등으로 구성
디너	하루 중 가장 비중을 두는 식사(정찬), 전채 요리, 수프, 빵, 샐러드, 생선 또는 육류 요리, 후식, 음료 등으로 구성
서퍼	늦은 저녁 식사 또는 밤참, 가벼운 음식의 2~3코스로 구성

2. 양식 코스 요리

애피타이저 (Appetizer)	• 식사 전에 제공하여 식욕을 돋우어 주는 음식 • 차가운 애피타이저 – 카나페, 과일 등 • 따뜻한 애피타이저 – 구운 베이컨, 새우 등
수프 (Soup)	• 애피타이저 다음에 제공 • 스톡에 건더기를 넣고 끓여 양념한 것
앙트레 (Entree)	• 정찬에서 중심이 되는 요리, 생선 요리 뒤에 나가는 육류 요리 • 소고기, 송아지고기, 닭고기, 양고기 등을 주재료로 함
샐러드 (Salad)	채소를 기본으로 과일, 육류를 골고루 섞어 드레싱으로 간을 맞춘 음식
빵 (Bread)	• 주로 처음부터 테이블에 놓여 있음 • 양식에서 빵은 요리와 함께 시작해서 디저트를 들기 전에 끝냄
디저트 (Dessert)	• 식사의 마지막 단계로 제과, 제빵, 과일 등을 제공 • 차가운 디저트 – 아이스크림, 셔벗 • 따뜻한 디저트 – 파이, 케이크

3. 양식 조리 방법

로스트 (Roasted)	육류를 덩어리째 오븐에 굽는 방법
훈제 (Smoked)	연기를 이용해서 고기 등을 훈연 처리하여 건조시키는 방법
테린 (Terrine)	보존을 위해 육류나 양념을 항아리에 담아 두는 방법
갈라틴 (Galantine)	재료를 랩이나 면보로 말아 스톡에 익힌 후 식혀 차갑게 제공하는 프랑스 전통 요리
세비체 (Ceviche)	얇게 자른 해산물을 레몬즙이나 라임즙에 재운 후 잘게 다진 채소와 함께 소스를 뿌려 차갑게 먹는 방법
콩디망 (Condiment)	요리에 사용되는 여러 가지 양념을 섞은 것으로 단맛, 짠맛, 신맛, 쓴맛, 매운맛, 떫은맛, 감칠맛 등으로 독특한 맛이 나도록 음식 전체의 맛을 조절
그라탱 (Gratin)	식품에 치즈, 크림과 달걀 등을 올려 샐러맨더를 이용하여 윗면이 황금색을 내게 하는 조리법

4. 양식 조리의 나라별 특징

(1) 미국

① 특징: 가공식품, 반조리식품, 인스턴트식품 등이 발달

② 대표 음식: 핫도그, 햄버거

(2) 프랑스

① 특징: 낙농업의 발달로 치즈, 생크림을 많이 사용

② 대표 음식: 푸아그라, 바게트, 브리오슈, 마카롱

(3) 이탈리아

① 특징: 저장을 목적으로 향신료를 많이 사용(엔초비, 살라미 등)

② 대표 음식: 피자, 파스타, 젤라토, 아란치니

(4) 영국

① 특징: 소고기를 이용한 요리 발달, 차문화, 디저트 발달

② 대표 음식: 로스트 비프, 피시 앤 칩스

(5) 독일

① 특징: 아침 식사 또는 브런치 중시, 감자와 빵이 주식

② 대표 음식: 사워크라우트(독일식 김치), 소시지, 육류 요리

> **필수 Keyword**
> • 세계 3대 진미 | 푸아그라, 캐비아, 트러플
> • 세계 3대 수프 | 프랑스의 부야베스, 중국의 샥스핀, 태국의 똠양꿍

02 스톡 조리

1. 스톡의 재료

부케가르니	통후추, 월계수 잎, 타임, 파슬리 줄기, 마늘, 셀러리로 향을 낼 때 사용
미르포아	향을 강화할 때 쓰는 양파, 당근, 셀러리의 혼합물
뼈	뼈를 작은 조각으로 잘라 맛, 젤라틴, 영양 성분을 추출

2. 스톡의 종류

화이트 스톡	찬물에 각종 뼈, 야채, 향신료를 넣어 은근히 끓인 것(조리 중 색이 나면 안 됨)
브라운 스톡	각종 뼈, 야채를 오븐이나 스토브에서 갈색으로 구워 향신료를 넣고 장시간 끓인 것, 강한 육즙 향이 남
부용	야채, 식초, 소금, 와인 등을 넣고 맑게 끓인 것

3. 스톡 조리 방법

① 찬물에서 스톡 조리를 시작하기

② 서서히 스톡을 조리하기

③ 거품 및 불순물 걷어 내기

03 전채 · 샐러드 조리

1. 전채 조리

(1) 전채 조리 시 유의 사항
① 적당히 신맛과 짠맛으로 침샘을 자극해서 식욕을 돋우고 먹고 싶은 욕구를 일으킬 것
② 다음 요리에 대한 기대감을 가질 수 있도록 소량만 만들 것
③ 전채 요리는 식사의 시작을 알리는 음식으로 모양과 색채, 맛이 어우러지게 만들 것
④ 계절에 맞고 지역의 특성이 나타나는 식재료를 사용하며, 새로 재배되는 채소나 식재료를 활용할 것
⑤ 주요리에 사용되는 재료와 반복된 조리법을 사용하지 않을 것

(2) 콩디망
① 의의
  • 요리에 사용되는 양념들을 섞은 것(단맛, 짠맛, 신맛, 쓴맛, 매운맛, 떫은맛, 감칠맛 등)으로 음식 전체의 맛을 조절
  • 전채 요리의 특성에 따라 제공되어야 함
  • 전채 요리에 조미료나 향신료로 사용되기도 하고, 전채 요리에 뿌리거나, 작은 접시에 따로 제공되기도 함
② 종류: 오일 비네그레트, 베지터블 비네그레트, 토마토 살사, 마요네즈, 발사믹 소스 등

(3) 핑거볼
① 핑거 푸드나 과일 등을 손으로 먹을 때나 식후에 손을 씻을 수 있도록 물을 담아 놓는 작은 그릇
② 음료수로 착각하지 않도록 작은 그릇에 꽃잎이나 레몬 조각을 띄움

2. 샐러드 조리

(1) 샐러드의 기본 구성

바탕(Base)	• 잎상추, 로메인 상추와 같은 샐러드 채소로 구성 • 그릇을 채워주는 역할과 사용된 본체와의 색 대비를 이루는 것을 목적으로 함
본체(Body)	• 본체는 샐러드의 중요한 부분임 • 본체에 사용된 재료의 종류에 따라 샐러드의 종류가 결정됨
드레싱(Dressing)	• 일반적으로 모든 종류의 샐러드와 함께 냄 • 드레싱은 요리의 성공 여부에 매우 중요한 역할을 함 • 맛을 증가시키고, 가치를 돋보이게 함 • 소화를 돕고, 곁들임의 역할을 함
가니쉬(Garnish)	• 완성된 제품을 아름답게 보이도록 함 • 형태를 개선하고 맛을 증진시키는 역할을 함

(2) 드레싱(Dressing)
① 종류

차가운 유화소스	비네그레트, 마요네즈
유제품을 기초로 하는 소스류	허브 크림 드레싱, 크림치즈 디핑소스
그 외	살사, 쿨리스, 퓌레

② 드레싱의 기본 재료: 오일, 식초, 달걀 노른자, 소금, 후추, 설탕, 레몬

(3) 샐러드 담을 때 유의 사항
① 반드시 채소의 물기를 제거하고 담을 것
② 주재료와 부재료의 크기를 생각하여 부재료가 주재료를 가리지 않게 담을 것
③ 주재료와 부재료의 모양과 색상, 식감은 항상 다르게 준비할 것
④ 드레싱의 양이 샐러드의 양보다 많지 않게 담을 것
⑤ 드레싱의 농도가 너무 묽지 않게 할 것
⑥ 드레싱은 미리 뿌리지 말고 제공할 때 뿌릴 것
⑦ 샐러드를 미리 만들면 반드시 덮개를 씌워 채소가 마르지 않도록 할 것
⑧ 가니쉬는 주재료와 중복되지 않도록 사용할 것

04 샌드위치 조리

1. 샌드위치의 종류

(1) 온도에 따른 분류
① 핫 샌드위치: 뜨거운 속재료를 주재료로 만든 샌드위치
② 콜드 샌드위치: 차가운 속재료를 주재료로 만든 샌드위치

(2) 형태에 따른 분류
① 오픈 샌드위치: 얇게 썬 빵에 속재료를 넣고 위에 덮는 빵을 올리지 않는 오픈 형태(브루스케타, 카나페 등)
② 클로우즈드 샌드위치: 얇게 썬 빵에 속재료를 넣고 위 · 아래를 빵으로 덮는 형태
③ 핑거 샌드위치: 일반 식빵을 클로우즈드 샌드위치로 만들고 손가락 모양으로 길게 3~6등분으로 썰어 제공하는 형태
④ 롤 샌드위치: 빵을 넓고 길게 잘라 재료(크림치즈, 게살, 훈제 연어, 참치)를 넣고 둥글게 만 후 썰어 제공하는 형태(토르티야, 딸기 롤 샌드위치 등)

2. 스프레드

(1) 역할: 코팅제, 접착제, 맛의 향상, 촉촉한 감촉

(2) 종류: 단순 스프레드, 복합 스프레드(버터 또는 마요네즈, 유제품, 올리브 오일 등)

3. 샌드위치 플레이팅
① 재료 자체가 가지고 있는 고유의 색감과 질감을 잘 표현할 것
② 전체적으로 심플하고 깔끔하게 담을 것
③ 알맞은 양을 균형감 있게 담을 것
④ 고객이 먹기 편하도록 담을 것
⑤ 요리에 맞게 음식과 접시 온도를 조절할 것
⑥ 식재료의 조합으로 다양한 맛과 향이 공존하도록 할 것

05 조식 조리

1. 조식의 종류

유럽식 아침 식사	각종 주스류와 조식용 빵과 커피나 홍차로 구성된 간단한 아침 식사
미국식 아침 식사	달걀 요리가 제공되며, 감자 요리와 햄, 베이컨, 소시지가 고객의 취향에 따라 제공됨
영국식 아침 식사	빵과 주스, 달걀과 감자 요리에 육류 요리나 생선 요리가 제공되며 조식 요리 중 가장 무겁게 느껴짐

2. 달걀의 조리법

습식열	포치드 에그(수란), 보일드 에그(삶은 달걀)
건식열	달걀 프라이, 스크램블 에그, 오믈렛, 에그 베네딕트

3. 조찬용 빵의 종류

토스트 브레드, 데니쉬 페이스트리, 크루아상, 베이글, 잉글리시 머핀, 바게트, 호밀빵, 브리오슈, 스위트 롤, 하드 롤, 소프트 롤

4. 조찬용 빵을 사용한 조리 방법

(1) **프렌치토스트**
① 아침 식사로 많이 사용함
② 건조해진 빵을 활용하기 위해 만들어진 조리법
③ 계핏가루, 설탕, 우유를 첨가한 달걀물에 빵을 담가 버터를 두른 팬에 구워 잼과 시럽을 곁들임

(2) **팬케이크**: 밀가루, 달걀, 물 등으로 반죽을 한 뒤 프라이팬에 구워 버터와 메이플 시럽을 뿌려 제공함

(3) **와플**: 서양 과자의 한 종류로 표면이 벌집 모양이고 식감이 바삭하며 아침 식사와 브런치, 디저트로 활용됨

5. 시리얼의 종류

차가운 시리얼	콘플레이크, 올 브랜, 라이스 크리스피, 레이진 브란, 쉬레디드 휘트, 버처 뮤슬리
더운 시리얼	오트밀

06 수프 조리

1. 수프 구성 요소

(1) **스톡**
① 수프의 맛을 좌우하는 가장 기본이 되는 요소
② 생선(Fish), 소고기, 닭고기, 채소와 같은 식재료의 맛을 낸 국물

(2) **농후제**
① 수프의 농도를 조절하는 농후제: 리에종(Liaison)
② 수프에 사용하는 것은 루(Roux)로, 밀가루를 색이 나지 않게 볶은 화이트 루(White Roux)를 주로 사용함

(3) **가니쉬**
① 육류나 가금류, 생선류, 채소나 향신료를 사용하고, 적절한 모양과 크기로 제공함
② 종류: 토마토 콩카세, 크루통, 파슬리, 달걀 요리, 덤플링, 휘핑 크림 등

(4) **허브와 향신료**
① 잎, 줄기, 꽃, 뿌리 등이 이용됨
② 식품의 풍미, 식욕 촉진, 방부 작용, 산화 방지로 식품의 보존성 증가, 소화 기능을 촉진시키는 역할을 함

> **필수 Keyword**
> • 리에종(Liaison) | 소스나 수프를 진하게 하는 것으로, 루(Roux), 달걀 노른자, 밀가루, 전분 등을 사용함

2. 수프 조리의 종류

(1) **농도에 의한 수프의 분류**

맑은 수프	콩소메	고기와 채소를 푹 고아 진하게 우려낸 후 맑게 걸러낸 수프로 주로 소고기, 닭, 생선을 기본 재료로 사용함
	맑은 채소 수프	여러 가지 야채와 페이스트를 넣어 만든 수프로 미네스트로네가 대표적임
진한 수프	베샤멜	화이트 루에 우유를 넣고 만든 약간 묽은 수프
	벨루테	브론드 루에 닭 육수를 넣고 만든 것을 기본으로 함
	포타주	리에종을 사용하지 않고 재료 자체의 녹말 성분을 이용하여 걸쭉하고 불투명하게 만든 수프
	퓌레	야채를 잘게 분쇄한 것으로 크림을 사용하지 않고, 식재료가 가진 성분 그대로 이용해 농도를 조절함
	차우더	조개, 생선, 게살, 감자, 우유를 이용한 크림 수프
	비스크	갑각류(가재, 새우, 게 등)를 이용한 부드러운 수프로 크림으로 맛과 농도를 조절함

(2) **온도에 의한 수프의 분류**
① 가스파초: 토마토, 오이, 양파, 피망 등 다양한 채소를 갈아서 만든 스페인의 대표적인 차가운 수프
② 비시스와즈: 삶은 감자를 체에 내려 퓌레로 만든 후, 잘게 썬 대파의 흰 부분과 함께 볶아 물이나 육수를 넣고 끓인 차가운 수프

(3) **지역별 대표 수프**
① 부야베스: 생선 스톡에 여러 가지 생선, 채소, 갑각류, 올리브유를 넣고 끓인 지중해식 생선 수프
② 굴라시: 파프리카 고추로 진하게 양념하여 매콤한 맛이 특징인 헝가리식 소고기와 야채 스튜
③ 미네스트로네: 이탈리아의 대표적인 야채 수프로 각종 야채, 베이컨, 파스타를 넣고 끓인 수프
④ 옥스테일 수프: 영국의 수프로 소꼬리(Ox-tail), 베이컨, 토마토 퓌레 등을 넣고 끓인 수프
⑤ 보르쉬: 신선한 비트를 이용하여 만든 러시아와 폴란드식 수프

07 육류 조리

1. 육류 재료 준비

(1) 육류의 종류

① 소고기
- 선홍색을 띠며 광택이 나는 것이 좋음
- 근섬유는 결이 잘고 탄력이 크며 마블링이 좋음

② 송아지고기
- 담적색이고 지방이 섞여 있지 않음
- 연하여 숙성할 필요가 없으나 변패되기 쉽고 보존성이 짧음

③ 돼지고기
- 7~12개월의 어린 돼지고기를 식육으로 사용함
- 부위별로 색이 다르며 일반적으로 담적색, 회적색, 암적색을 띰
- 지방 함량이 많아 육질이 연하고 근섬유는 가늘며, 지방은 순백색으로 고기 사이에 적절하게 분포되어 있어 두꺼운 지방층을 형성함

④ 양고기: 생후 12개월 이하의 어린 양고기는 램(Lamb), 그 이상을 머튼(Mutton)이라고 함

⑤ 닭고기
- 소고기에 비해 미오글로빈(육색소)의 함량이 적어 색이 연함
- 지방 함량이 적어서 맛이 담백함

⑥ 오리고기
- 불포화지방산을 많이 함유함
- 칼슘, 철, 칼륨, 비타민 B_1(티아민), 비타민 B_2(리보플라빈)를 다량 함유함

⑦ 거위고기
- 야생 기러기를 길들여 식육용으로 개량한 가금류
- 서양 요리에서 거위 간(푸아그라)은 세계 3대 진미에 속함

⑧ 칠면조고기
- 미국, 멕시코에서 주로 많이 사육함
- 육질이 부드럽고 독특한 향이 남
- 소화율이 높아 통째로 굽는 요리로 많이 사용함

2. 육류의 부재료와 마리네이드

(1) 부재료(곁들임)

① 곡류, 서류, 두류, 채소류, 버섯류, 과일 등
② 소스가 사용됨

(2) 마리네이드

① 고기를 조리하기 전에 간이 배이게 하거나, 육류의 누린내를 제거하고 맛을 내게 함
② 육질이 질긴 고기를 부드럽게 하기 위해서 향미를 낸 액체나 고체를 이용하여 재워두는 것
③ 육류에 마리네이드를 하면 향미와 수분을 주어 맛이 좋아짐

3. 육류 익힘의 5단계

레어(Rare) → 미디엄 레어(Medium Rare) → 미디엄(Medium) → 미디엄 웰던(Medium Well-done) → 웰던(Well-done)

4. 육류 요리 플레이팅의 5가지 구성 요소

단백질 파트	육류, 가금류 등
탄수화물 파트	감자, 쌀, 파스타 등
비타민 파트	브로콜리, 콜리플라워, 아스파라거스 등
소스 파트	모체 소스, 응용 소스(육류와 조화롭게 구성) 등
가니쉬 파트	신선한 잎(향신료)이나 기타 튀김을 이용

08 파스타 조리

1. 파스타의 종류

(1) 건조 파스타: 듀럼 밀을 거칠게 제분한 세몰리나(Semolina)를 주로 이용하고, 면의 형태를 만든 후 건조시켜 사용

(2) 생면 파스타: 세몰리나에 밀가루를 섞어 사용하거나 밀가루만 사용하고, 강력분과 달걀을 이용하여 만듦

① 오레키에테: 중앙부가 깊고 오목하게 파인 타원형의 파스타
② 탈리아텔레: 길고 얇은 리본 파스타로 면의 모양이 칼국수처럼 길고 납작함
③ 탈리올리니: 탈리아텔레보다 너비가 좁음
④ 파르팔레: 나비 모양의 파스타로 크기가 다양함
⑤ 토르텔리니: 속을 채운 뒤 반달 모양으로 접어 양끝을 이어 붙인 만두형 파스타
⑥ 라비올리: 속을 채운 후 납작하게 빚어내는 만두형 파스타

2. 파스타 형태와 소스

길고 가는 파스타	가벼운 토마토 소스나 올리브유를 이용한 소스
길고 넓적한 파스타	파르미지아노 레지아노 치즈, 프로슈토, 버터 등
짧은 파스타	가벼운 소스와 진한 소스 모두 어울림
짧고 작은 파스타	수프의 고명이나 샐러드의 재료로 많이 사용함
소를 채운 파스타	소에 이미 일정한 수분과 맛이 결정되어 있어 가벼운 소스를 사용함

09 소스 조리

1. 농후제

(1) 의의: 소스나 수프의 농도를 내며 풍미를 더해 주는 것

(2) 종류

① 루: 화이트 루, 브론드 루, 브라운 루
② 뵈르 마니에: 버터와 밀가루를 동량으로 섞어 만든 농후제

2. 후식 소스

(1) 크림 소스: 앙글레이즈가 대표적

(2) 리큐어 소스: 과일즙에 약간의 리큐어나 럼을 넣어 만든 것

(3) 초콜릿 소스: 녹인 버터에 코코아 가루와 설탕 시럽을 섞어 만든 것으로 바닐라향 등의 향료를 첨가함

말로 갈 수도,
차로 갈 수도,
둘이서 갈 수도,
셋이서 갈 수도 있다.
하지만 맨 마지막 한 걸음은
자기 혼자서 걷지 않으면 안 된다.

– 헤르만 헤세(Hermann Hesse)

필수문제
220선

SUBJECT 01 위생관리	33
SUBJECT 02 안전관리	45
SUBJECT 03 재료관리	47
SUBJECT 04 구매관리	52
SUBJECT 05 기초조리실무	54
SUBJECT 06 양식	60

필수문제
220선

위생관리

빈출 족보이론 P.11

01 상 중 하

「식품위생법」상 식품위생의 대상은?

① 식품, 의약품, 기구, 용기, 포장
② 조리법, 조리시설, 기구, 용기, 포장
③ 조리법, 단체급식, 기구, 용기, 포장
④ 식품, 식품첨가물, 기구, 용기, 포장

| 해설 | 「식품위생법」상 식품위생은 식품(의약품 제외), 식품첨가물, 기구 또는 용기, 포장 등 음식에 관한 전반적인 것을 대상으로 한다.

02 상 중 하

어육의 초기 부패 시 나타나는 휘발성 염기질소의 양은?

① 5 ~ 10mg%
② 15 ~ 25mg%
③ 30 ~ 40mg%
④ 50mg% 이상

| 해설 | 어육의 초기 부패를 판정하는 휘발성 염기질소의 양은 30 ~ 40mg%이다.

03 상 중 하

식물과 그 식물의 유독 성분을 연결한 것으로 옳지 않은 것은?

① 피마자 – 리신(Ricin)
② 청매 – 프시로신(Psilocin)
③ 감자 – 솔라닌(Solanine)
④ 독미나리 – 시큐톡신(Cicutoxin)

| 해설 | 청매의 유독 성분은 아미그달린(Amygdalin)이다.

04 상 중 하

기생충과 중간숙주의 연결이 옳지 않은 것은?

① 요코가와흡충 – 다슬기, 은어
② 폐흡충 – 다슬기, 게
③ 간흡충 – 쇠우렁, 참붕어
④ 광절열두조충 – 돼지고기, 소고기, 오징어

| 해설 | 광절열두조충(긴촌충)의 제1중간숙주는 물벼룩, 제2중간숙주는 송어, 연어이다.

05 상 중 하

집단급식소는 1회당 몇 인 이상에게 식사를 제공하는 급식소를 말하는가?

① 100명
② 40명
③ 50명
④ 30명

| 해설 | 집단급식소는 1회당 50명 이상에게 식사를 제공하는 급식소를 말한다.

06 상 중 하

「식품위생법」상 표시에 대한 정의로 옳은 것은?

① 식품첨가물에 기재하는 문자, 숫자
② 식품에 들어 있는 영양소의 양 등 영양에 관한 정보 표시
③ 식품, 식품첨가물, 기구 또는 용기, 포장에 적는 문자, 숫자 또는 도형
④ 식품, 식품첨가물, 기구 또는 용기, 포장에 기재하는 문자(숫자는 제외)

| 해설 | 표시란 식품, 식품첨가물, 기구 또는 용기, 포장에 적는 문자, 숫자 또는 도형을 말한다.

07 상 중 하

미생물이 자라는 데 필요한 조건이 아닌 것은?

① 수분
② 자외선
③ 온도
④ 영양분

| 해설 | ① 수분: 미생물의 주성분으로, 생리 기능을 조절하는 성분이다.
③ 온도: 온도에 따라 저온균, 중온균, 고온균으로 나뉘며, 0℃ 이하 80℃ 이상에서는 발육이 불가능하다.
④ 영양분: 탄소원(당질), 질소원(아미노산, 무기질소), 무기염류, 비타민 등이 필요하다.

정답

01	④	02	③	03	②	04	④	05	③
06	③	07	②						

08 상 중 하

질병을 매개하는 위생해충과 그 질병의 연결이 옳지 않은 것은?

① 모기 – 말라리아, 사상충증
② 파리 – 장티푸스, 재귀열
③ 진드기 – 유행성 출혈열, 양충병
④ 쥐 – 발진열, 페스트

| 해설 | 파리는 세균성 소화기감염증(장티푸스, 파라티푸스, 세균성 이질 등)과 결핵 등의 질병을 매개한다. 재귀열은 진드기나 벼룩을 매개로 하는 질병이다.

09 상 중 하

사시, 동공확대, 언어장애 등 신경마비 증상을 나타내고 비교적 높은 치사율을 보이는 식중독 원인균은?

① 클로스트리디움 보툴리눔균
② 병원성 대장균
③ 황색포도상구균
④ 바실러스 세레우스균

| 해설 | 클로스트리디움 보툴리눔균은 혐기성 세균으로 뉴로톡신이라는 독소를 만들어 신경마비 증상을 나타낸다. 원인 식품에는 불충분한 가열 살균 후 밀봉 저장한 통조림, 소시지, 병조림, 햄 등이 있다.

10 상 중 하

감염병 관리상 예방접종이 갖는 의미는?

① 감염원의 제거
② 병원소의 제거
③ 환경의 관리
④ 감수성 숙주의 관리

| 해설 | 감수성 숙주란 감염 위험성을 가진 환자이다. 예방접종의 목적은 감염성 질병을 예방하는 것으로 감수성 숙주의 관리가 중요하다.

11 상 중 하

식품의 결착성을 높여 씹을 때 식욕 향상, 맛의 조화, 풍미 향상, 조직의 개량 변색 및 변질 방지 등의 목적으로 사용하는 첨가물은?

① 발색제
② 표백제
③ 결착제
④ 호료

| 해설 | ① 발색제: 식품 중의 단백질과 반응하여 식품의 색을 안정시키고 선명하게 한다.
② 표백제: 식품 제조 중 식품의 갈변, 착색의 변화를 억제하기 위해 사용한다.
④ 호료: 식품의 점착성 증가, 형체 보존, 유화 안전성의 향상 등을 위해 사용한다.

12 상 중 하

상급자에게 보고 후 작업을 중단해야 하는 경우가 아닌 것은?

① 위장염
② 부상으로 인한 화농성 질환
③ 베인 부위가 있을 때
④ 얼굴에 여드름이 생겼을 때

| 해설 | 위장염 증상, 부상으로 인한 화농성 질환, 피부병, 베인 부위가 발견된 경우 상급자에게 보고한 후 작업을 중단해야 한다.

13 상 중 하

경구감염병과 세균성 식중독의 주요 차이점에 대한 설명으로 옳지 않은 것은?

① 세균성 식중독은 면역성이 없고, 경구감염병은 면역성이 있는 경우가 많다.
② 세균성 식중독은 잠복기가 길고, 경구감염병은 상대적으로 잠복기가 짧다.
③ 세균성 식중독은 2차 감염이 거의 없고, 경구감염병은 2차 감염이 있다.
④ 세균성 식중독은 다량의 균으로, 경구감염병은 소량의 균으로 발생한다.

| 해설 | 세균성 식중독은 잠복기가 짧고, 경구감염병은 상대적으로 잠복기가 길다.

14 상 중 하

카드뮴 만성 중독의 3대 주요 증상이 아닌 것은?

① 단백뇨
② 폐기종
③ 신장 기능장애
④ 빈혈

| 해설 | 카드뮴 만성 중독의 3대 주요 증상에는 단백뇨, 폐기종, 신장 기능장애가 있다.

정답

08	②	09	①	10	④	11	③	12	④
13	②	14	④						

15 상 중 하

식품취급자의 화농성 질환에 의해 감염되는 식중독은?

① 살모넬라 식중독

② 황색포도상구균 식중독

③ 장염비브리오 식중독

④ 병원성 대장균 식중독

| 해설 | ① 살모넬라 식중독: 쥐, 바퀴벌레, 파리, 가축 등으로 오염된 식품 섭취 시 감염된다.

③ 장염비브리오 식중독: 오염된 해수, 흙, 해수 세균 등과 오염된 조리기구를 통해 감염된다.

④ 병원성 대장균 식중독: 우유 등의 식품, 환자 및 보균자, 동물의 분변에 의해 직·간접적으로 오염된 조리 식품의 섭취로 감염된다.

16 상 중 하

1인당 급수량이 가장 많이 필요한 급식시설은?

① 학교급식

② 보통급식

③ 산업체급식

④ 병원급식

| 해설 | 1인당 급수량은 '학교급식 < 공장급식 < 기숙사급식 < 병원급식' 순으로 많다.

17 상 중 하

국가의 보건 수준이나 생활 수준을 나타내는 데 가장 많이 이용되는 지표는?

① 병상이용률

② 건강보험 수혜자의 수

③ 영아사망률

④ 조출생률

| 해설 | 영아사망률은 생후 1년 미만인 영아의 사망률로 국가의 보건 수준을 나타내는 대표적인 지표로 이용된다.

18 상 중 하

공중보건에 대한 설명으로 옳지 않은 것은?

① 질병 예방, 수명 연장, 정신적·신체적 효율의 증진을 목적으로 한다.

② 공중보건의 최소 단위는 지역사회이다.

③ 환경위생 향상, 감염병 관리 등이 포함된다.

④ 주요 사업 대상은 개인의 질병 치료이다.

| 해설 | 공중보건의 대상은 개인이 아닌 지역사회의 인간 집단이다.

19 상 중 하

미생물에 대한 살균력이 가장 큰 것은?

① 적외선

② 가시광선

③ 자외선

④ 라디오파

| 해설 | 자외선은 2,500 ~ 2,800 Å 의 파장에서 살균력이 높아 살균, 소독에 사용한다.

20 상 중 하

증식에 필요한 최저 수분활성도(Aw)가 높은 미생물부터 바르게 나열된 것은?

① 세균 − 효모 − 곰팡이

② 곰팡이 − 효모 − 세균

③ 세균 − 곰팡이 − 효모

④ 효모 − 곰팡이 − 세균

| 해설 | 최저 수분활성도(Aw)는 세균이 0.91 이상으로 가장 높고, 효모는 0.88, 곰팡이는 0.65 ~ 0.80이다.

21 상 중 하

복어와 모시조개 섭취 시 식중독을 유발하는 독성물질을 순서대로 나열한 것은?

① 엔테로톡신(Enterotoxin), 사포닌(Saponin)

② 엔테로톡신(Enterotoxin), 아플라톡신(Aflatoxin)

③ 테트로도톡신(Tetrodotoxin), 듀린(Dhurrin)

④ 테트로도톡신(Tetrodotoxin), 베네루핀(Venerupin)

| 해설 | 복어의 독성분은 테트로도톡신이고, 모시조개의 독성분은 베네루핀이다.

22 상 중 하

집단감염이 잘 되며 항문 부위의 소양증을 유발하는 기생충은?

① 회충

② 구충

③ 요충

④ 간흡충

| 해설 | 요충은 채소류에서 감염되는 기생충으로 직장 속이나 항문 근처에서 산란하며, 항문 부위의 소양증을 발생시키고 전염 속도가 빠르다.

정답										
15	②	16	④	17	③	18	④	19	③	
20	①	21	④	22	③					

23 상 중 하

화학물질에 의한 식중독으로 일반 중독 증상과 시신경의 염증으로 실명의 원인이 되는 물질은?

① 납 　　　　　　　② 수은
③ 메틸알코올 　　　　④ 청산

| 해설 | 메틸알코올(메탄올)에 중독되면 두통, 구토, 설사 등의 증상이 생기고, 심할 경우 시신경 염증으로 인한 실명, 호흡곤란, 사망에 이르게 된다.

24 상 중 하

D. P. T. 예방접종과 관련 없는 감염병은?

① 페스트 　　　　　　② 디프테리아
③ 백일해 　　　　　　④ 파상풍

| 해설 | D. P. T. 예방접종은 디프테리아(Diphtheria), 백일해(Pertussis), 파상풍(Tetanus)을 예방하는 접종이다.

25 상 중 하

돼지고기를 완전히 익히지 않고 먹을 경우 감염될 수 있는 기생충은?

① 아니사키스 　　　　② 무구조충
③ 선모충 　　　　　　④ 광절열두조충

| 해설 | 선모충은 돼지고기를 덜 익히고 섭취했을 때 감염될 수 있는 기생충이다.

26 상 중 하

병원체가 생활, 증식, 생존을 계속하여 인간에게 전파될 수 있는 상태로 저장되는 곳을 무엇이라고 하는가?

① 숙주 　　　　　　　② 보균자
③ 환경 　　　　　　　④ 병원소

| 해설 | 감염원은 병을 일으키는 병원체와 병원체가 증식하면서 다른 숙주에게 전파시킬 수 있는 상태로 저장되어 있는 병원소를 포함한다.

27 상 중 하

바이러스(Virus)가 병원체인 감염병은?

① 세균성 이질 　　　　② 폴리오
③ 파라티푸스 　　　　④ 장티푸스

| 해설 | 바이러스가 병원체인 것은 폴리오(소아마비)이다.
①, ③, ④는 세균이 병원체이다.

28 상 중 하

소고기를 가열하지 않고 회로 먹을 때 생길 수 있는 기생충으로 가장 적절한 것은?

① 민촌충 　　　　　　② 선모충
③ 유구조충 　　　　　④ 회충

| 해설 | 무구조충(민촌충)은 소를 통해 감염되는 기생충으로, 소고기를 가열하지 않고 회로 먹을 때 생길 수 있는 가능성이 가장 큰 기생충이며, 급속 냉동에도 사멸되지 않는다.
② 선모충은 돼지나 개, ③ 유구조충은 돼지, ④ 회충은 채소류를 통해 경구감염된다.

29 상 중 하

감자, 고구마, 양파와 같은 식품에 뿌리가 나고 싹이 트는 것을 억제하는 효과가 있는 것은?

① 자외선살균법 　　　② 적외선살균법
③ 일광소독법 　　　　④ 방사선살균법

| 해설 | 방사선살균법은 방사선을 방출하여 살균하는 방법으로, 곡류, 청과물, 축산물의 살균처리 시 이용한다. 이는 뿌리가 나고 싹이 트는 것을 억제하는 효과가 있다.

30 상 중 하

과실류, 채소류 등과 같은 식품의 살균 목적으로 사용되는 것은?

① 규소수지 　　　　　② 초산비닐수지
③ 차아염소산나트륨 　④ 이산화염소

| 해설 | 차아염소산나트륨은 과실류, 채소류, 식기, 음료수 등의 살균에 사용된다.

31 상 중 하

우유의 초고온순간살균법에 적절한 가열온도와 시간은?

① 132℃에서 2초간
② 150℃에서 5초간
③ 162℃에서 5초간
④ 200℃에서 2초간

| 해설 | 초고온순간살균법은 130 ~ 140℃에서 1 ~ 2초간 살균하는 방법으로, 영양 손실이 적고 완전멸균이 가능하다.

정답									
23	③	24	①	25	③	26	④	27	②
28	①	29	④	30	③	31	①		

32 상 중 하

음료수 소독에 가장 적절한 것은?

① 생석회

② 알코올

③ 염소

④ 승홍수

| 해설 | 음료수 소독에는 염소를 가장 많이 사용한다.

33 상 중 하

식품첨가물의 사용 목적이 아닌 것은?

① 변질, 부패 방지

② 품질 개량, 유지

③ 질병 예방

④ 관능 개선

| 해설 | 식품첨가물의 사용 목적은 보존성 향상, 영양 강화, 기호도 충족, 품질 향상, 관능 개선이다.

34 상 중 하

내용물이 산성인 통조림이 개봉된 후 용해되어 나올 수 있는 유해 금속은?

① 주석

② 비소

③ 카드뮴

④ 아연

| 해설 | 통조림 캔의 철이 녹스는 것을 막기 위해 주석을 코팅한다. 통조림 내용물의 산성이 강하면 통조림 캔으로부터 주석이 용출될 수 있다.

35 상 중 하

껌 기초제로 사용되며, 피막제로도 사용되는 식품첨가물은?

① 초산비닐수지

② 에스테르검

③ 폴리이소부틸렌

④ 포리소르베이트

| 해설 | 초산비닐수지는 추잉껌의 기초제, 과실의 피막제로 사용된다.

36 상 중 하

유해 감미료에 해당하는 것은?

① 둘신

② D-소르비톨

③ 자일리톨

④ 아스파탐

| 해설 | 유해 감미료에는 둘신, 사이클라메이트, 페릴라틴, 에틸렌글리콜 등이 있다.

37 상 중 하

HACCP에 대한 설명으로 틀린 것은?

① 위해 방지를 위한 사전 예방적 식품안전관리체계를 말한다.

② 어떤 위해를 예측하여 그 위해 요인을 사전에 파악하는 것이다.

③ 미국, 일본, 유럽연합, 국제기구(CODEX, WHO) 등에서도 모든 식품에 HACCP을 적용할 것을 권장하고 있다.

④ HACCP 12절차의 첫 번째 단계는 위해 요소 분석이다.

| 해설 | HACCP 12절차의 첫 번째 단계는 HACCP 팀 구성이다. 위해 요소 분석은 기본단계 7원칙의 첫 번째 원칙에 해당한다.

38 상 중 하

「식품위생법」상 조리사 면허를 받을 수 없는 사람은?

① 미성년자

② 마약 중독자

③ B형간염 환자(비활동성 보균자)

④ 조리사 면허의 취소처분을 받고 그 취소된 날부터 1년이 지난 자

| 해설 | 조리사의 결격 사유로는 정신질환자, 감염병환자(B형간염 환자는 제외), 마약이나 그 밖의 약물 중독자, 조리사 면허의 취소처분을 받고 그 취소된 날부터 1년이 지나지 아니한 자가 해당한다.

39 상 중 하

「식품위생법」상 용어에 대한 정의로 옳지 않은 것은?

① '집단급식소'는 영리를 목적으로 하는 급식시설을 말한다.

② '식품'은 의약으로 섭취하는 것을 제외한 모든 음식물을 말한다.

③ '위해'는 식품, 식품첨가물, 기구 또는 용기·포장에 존재하는 위험 요소로서 인체의 건강을 해치거나 해칠 우려가 있는 것을 말한다.

④ '용기·포장'은 식품을 넣거나 싸는 것으로서 식품 또는 식품첨가물을 주고받을 때 함께 건네는 물품을 말한다.

| 해설 | 「식품위생법」상 집단급식소라 함은 영리를 목적으로 하지 아니하면서 특정 다수인에게 계속하여 음식물을 공급하는 급식시설을 말한다.

정답									
32	③	33	③	34	①	35	①	36	①
37	④	38	②	39	①				

40 [상][중][하]

「식품위생법」상 영업의 신고대상 업종이 아닌 것은?

① 일반음식점영업

② 단란주점영업

③ 휴게음식점영업

④ 식품제조·가공업

| 해설 | 단란주점영업 및 유흥주점영업은 영업허가를 받아야 하는 업종이다.

41 [상][중][하]

「식품위생법」상 조리사를 두어야 하는 영업소가 아닌 것은?

① 지방자치단체가 운영하는 집단급식소

② 병원이 운영하는 집단급식소

③ 식품첨가물 제조업소

④ 복어 조리 판매업소

| 해설 | 집단급식소(국가 및 지방자치단체, 학교, 병원 및 사회복지시설 등) 운영자와 복어를 조리, 판매하는 영업을 하는 식품접객업자는 조리사를 두어야 한다.

42 [상][중][하]

인공능동면역에 해당하지 않는 것은?

① 사균백신 접종

② 생균백신 접종

③ 글로불린 접종

④ 순화독소 접종

| 해설 | 인공능동면역은 인위적으로 항원을 체내에 투입하여 항체가 생산되도록 하는 방법으로, ①, ②, ④가 해당된다.

43 [상][중][하]

이산화탄소(CO_2)를 실내공기의 오탁지표로 사용하는 가장 주된 이유는?

① 유독성이 강하다.

② 실내공기 조성의 전반적인 상태를 알 수 있다.

③ 일산화탄소로 변화된다.

④ 항상 산소량과 반비례한다.

| 해설 | 이산화탄소는 무색, 무취의 비독성가스로 이를 통해 전반적인 공기의 조성 상태를 알 수 있어 실내공기의 오염지표로 사용된다.

44 [상][중][하]

진개(쓰레기) 처리법과 가장 거리가 먼 것은?

① 위생적 매립법

② 소각법

③ 비료화법

④ 활성 슬러지법

| 해설 | 활성 슬러지법(활성 오니법)은 하수 처리 과정의 본처리 과정이다.

45 [상][중][하]

상수를 정수하는 일반적인 순서는?

① 침전 → 여과 → 소독

② 예비처리 → 본처리 → 오니처리

③ 예비처리 → 여과처리 → 소독

④ 예비처리 → 침전 → 여과 → 소독

| 해설 | 상수의 정수 과정은 '취수 → 정수 → 침전 → 여과 → 소독 → 급수'로 이루어진다. '예비처리 → 본처리 → 오니처리'는 하수의 처리 과정이다.

46 [상][중][하]

온열 요인에 해당하지 않는 것은?

① 기온

② 기습

③ 기류

④ 기압

| 해설 | 감각온도 3요소는 기온, 기습, 기류이며 여기에 복사열을 더하면 감각온도의 4요소가 된다.

47 [상][중][하]

수질의 오염 정도를 파악하기 위한 BOD(생화학적 산소요구량)를 측정 시 일반적인 온도와 측정기간은?

① 10℃에서 5일간

② 10℃에서 10일간

③ 20℃에서 5일간

④ 20℃에서 10일간

| 해설 | BOD 측정 시 20℃에서 5일간 측정한다.

정답									
40	②	41	③	42	③	43	②	44	④
45	①	46	④	47	③				

48 상 중 하

구충·구서의 일반 원칙과 가장 거리가 먼 것은?

① 구제 대상동물의 발생원을 제거한다.
② 대상동물의 생태, 습성에 따라 실시한다.
③ 광범위하게 동시에 실시한다.
④ 성충 시기에 구제한다.

| 해설 | 구충·구서는 발생 초기에 실시하는 것이 성충 시기에 실시하는 것보다 효과적이다.

49 상 중 하

공기 중에 일산화탄소(CO)가 많으면 중독을 일으키게 되는데, 주된 중독 증상은?

① 근육의 경직
② 조직세포의 산소 부족
③ 혈압의 상승
④ 간세포의 섬유화

| 해설 | 일산화탄소(CO)는 주로 불완전 연소 시 발생하는 무색, 무취, 무미의 맹독성 기체이며, 혈액 내 산소 결핍증을 초래한다.

50 상 중 하

물의 자정 작용에 해당하지 않는 것은?

① 희석 작용
② 침전 작용
③ 소독 작용
④ 산화 작용

| 해설 | 물의 자정 작용에는 희석 작용, 확산 작용, 침전 작용, 자외선(일광)에 의한 살균 작용, 산화 작용, 중화 작용, 수중생물에 의한 식균 작용이 있다.

51 상 중 하

레이노드 현상이란?

① 손가락의 말초혈관에 운동장애가 일어나는 국소진통증이다.
② 각종 소음으로 일어나는 신경장애 현상이다.
③ 혈액순환 장애로 전신이 곧아지는 현상이다.
④ 소음에 적응을 할 수 없어 발생하는 현상을 총칭한다.

| 해설 | 레이노드 현상은 손가락의 말초혈관에 운동장애가 일어나는 질병으로, 진동에 노출된 근로자에게 발생하거나 혈액순환이 저해되어 자가면역계에 이상이 생긴 경우 발생한다.

52 상 중 하

잠함병의 발생과 가장 관련 있는 환경 요소는?

① 저압과 산소
② 고압과 질소
③ 고온과 이산화탄소
④ 저온과 일산화탄소

| 해설 | 잠함병은 수압이 높은 바다에 들어갔다가 수면 위로 올라오면서 체내에 녹아 있던 질소가 갑작스럽게 기포를 만들면서 혈액 속을 돌아다녀 몸에 통증을 유발하는 증상이다.

53 상 중 하

모성사망비에 관한 설명으로 옳은 것은?

① 임신, 분만, 산욕과 관계되는 질병 및 합병증에 의한 사망률
② 임신 4개월 이후의 사태아 분만율
③ 임신 중에 일어난 모든 사망률
④ 임신 28주 이후 사산과 생후 1주 이내 사망률

| 해설 | 모성사망(임산부 사망)은 임신, 분만, 산욕에 관계되는 질병 또는 이로 인한 임신 합병증 때문에 발생하는 사망을 말한다.

54 상 중 하

우리나라에서 사회보험에 해당하지 않는 것은?

① 생명보험
② 국민연금
③ 고용보험
④ 건강보험

| 해설 | 우리나라의 4대 사회보험은 국민연금, 고용보험, 건강보험, 산재보험이다.

55 상 중 하

감염병 중 생후 4주 이내에 예방접종을 실시하는 것은?

① 백일해
② 파상풍
③ 홍역
④ 결핵

| 해설 | 결핵 예방접종(B. C. G.)은 생후 4주 이내에 실시한다.

정답									
48	④	49	②	50	③	51	①	52	②
53	①	54	①	55	④				

56 상 중 하

눈 보호를 위해 가장 적합한 인공조명 방식은?

① 직접조명
② 간접조명
③ 반직접조명
④ 전반확산조명

| 해설 | 간접조명은 시력을 보호하고 눈의 건강을 지키는 데 가장 적합하다.

57 상 중 하

일정 기간 중의 평균 실근로자 수 1,000명당 발생하는 재해 건수의 발생 빈도를 나타내는 지표는?

① 건수율
② 도수율
③ 강도율
④ 재해일수율

| 해설 | ② 도수율 = 재해 건수 ÷ 연 근로시간 수 × 1,000,000
③ 강도율 = 근로 손실일 수 ÷ 연 근로시간 수 × 1,000
④ 재해일수율 = 연 재해일 수 ÷ 연 근로시간 수 × 100

58 상 중 하

영양 결핍 증상과 원인이 되는 영양소의 연결이 옳지 않은 것은?

① 빈혈 – 엽산
② 구순구각염 – 비타민 B_{12}
③ 야맹증 – 비타민 A
④ 괴혈병 – 비타민 C

| 해설 | 구순구각염의 원인이 되는 영양소는 비타민 B_2이다. 비타민 B_{12}는 악성 빈혈의 원인이 되는 영양소이다.

59 상 중 하

고열장애로 인한 직업병이 아닌 것은?

① 열경련
② 일사병
③ 열쇠약
④ 참호족

| 해설 | 참호족염은 저온환경(이상저온)이 원인이 되어 발생하는 직업병으로 발을 오랫동안 축축하고 비위생적이며 차가운 상태에 노출함으로써 발생한다.

60 상 중 하

소독의 지표가 되는 소독제는?

① 석탄산
② 크레졸
③ 과산화수소
④ 포르말린

| 해설 | 석탄산은 살균력이 안전하고 유기물에도 소독력이 약화되지 않기 때문에 석탄산 계수는 소독약의 살균력을 나타내는 기준이 된다.

61 상 중 하

「식품위생법」상 식중독 환자를 진단한 의사가 제일 먼저 보고하여야 하는 사람은?

① 보건소장
② 경찰서장
③ 보건복지부장관
④ 관할 시장·군수·구청장

| 해설 | 「식품위생법」 제86조에 의거하여 식중독 환자나 식중독이 의심되는 자를 진단한 의사, 한의사는 관할 시장·군수·구청장에게 보고하여야 한다.

62 상 중 하

인분을 사용한 밭에서 특히 경피적 감염을 주의해야 하는 기생충은?

① 십이지장충
② 요충
③ 회충
④ 말레이사상충

| 해설 | 십이지장충은 소장에서 기생하는 기생충으로, 경피감염과 경구감염이 가능하다. 식품을 통해 경구감염되거나 손, 발을 통해 체내에 침입하므로 분뇨처리한 흙과 접촉을 피해야 하며, 인분을 사용한 곳에서는 맨손, 맨발 작업을 피해야 한다.

63 상 중 하

화학성 식중독의 원인이 아닌 것은?

① 설사성 패류 중독
② 환경오염에 기인하는 식품 유독 성분 중독
③ 중금속에 의한 중독
④ 유해성 식품첨가물에 의한 중독

| 해설 | 설사성 패류 중독은 유독성 플랑크톤을 섭취한 패류를 섭취한 경우 발생하며, 설사, 복통 등 소화기계 이상 증상을 일으키는 자연독 식중독에 해당한다.

64 상 중 하

감염병 중 비말감염과 관련 없는 것은?

① 백일해
② 디프테리아
③ 발진열
④ 결핵

| 해설 | 비말감염은 환자 및 보균자의 객담, 재채기, 콧물 등으로 병원체가 감염되는 호흡기계 감염병으로, 디프테리아, 백일해, 인플루엔자, 홍역, 결핵 등이 해당한다. 발진열은 벼룩에 의해 감염되는 절족동물 매개 감염병이다.

정답									
56	②	57	①	58	②	59	④	60	①
61	④	62	①	63	①	64	③		

65 상 중 하

사람이 평생 동안 매일 섭취해도 아무런 장애가 일어나지 않는 최대량으로, 1일 체중 kg당 mg 수로 표시하는 것은?

① 최대무작용량(NOEL)
② 1일 섭취허용량(ADI)
③ 50% 치사량(LD50)
④ 50% 유효량(ED50)

| 해설 | 1일 섭취허용량(ADI)은 사람이 한평생 매일 섭취하더라도 장애가 나타나지 않는다고 생각되는 화학물질의 1일 섭취량(mg/kg. 체중/1일)을 의미한다.
① 최대무작용량(NOEL): 식품첨가물의 사용기준을 정하기 위한 각종 독성시험에서 유해작용이 전혀 확인되지 않은 양을 의미한다.
③ 50% 치사량(LD50): 독성의 정도를 나타내는 지표로 널리 사용되며, 일정한 조건하에서 실험동물의 50%를 사망시키는 물질의 양을 의미한다.
④ 50% 유효량(ED50): 약물의 효과에 대해 어떤 특정 반응이 동물에 나타나는가의 여부를 기준으로 판정하는 경우, 실험동물 50%에 양성반응을 일으키게 할 수 있는 물질의 양을 의미한다.

66 상 중 하

평균 잠복기가 가장 긴 식중독은?

① 황색포도상구균 식중독
② 살모넬라균 식중독
③ 장염비브리오 식중독
④ 장구균 식중독

| 해설 | 잠복기란 병원미생물이 사람 또는 동물의 체내에 침입하여 발병할 때까지의 기간을 말한다. 살모넬라균 식중독의 잠복기가 평균 18시간으로 가장 길다.
① 황색포도상구균 식중독의 잠복기: 평균 3시간
③ 장염비브리오 식중독의 잠복기: 평균 12시간
④ 장구균 식중독의 잠복기: 평균 13시간

67 상 중 하

관능을 만족시키는 식품첨가물이 아닌 것은?

① 동클로로필린나트륨   ② 질산나트륨
③ 아스파탐   ④ 소르빈산

| 해설 | 소르빈산은 식품의 변질이나 부패를 방지하기 위한 보존료에 해당한다.

68 상 중 하

중금속에 대한 설명으로 옳은 것은?

① 비중이 4.0 이하의 금속을 말한다.
② 생체 기능 유지에 전혀 필요하지 않다.
③ 다량이 축적될 때 건강장애가 일어난다.
④ 생체와의 친화성이 거의 없다.

| 해설 | ① 중금속은 비중이 4.0 이상인 금속을 말한다.
② 아연. 철, 구리. 코발트 등은 정상 생리 기능을 유지하는 데 필수적인 금속이다.
④ 중금속은 생체 내 효소와 작용하여 독성 작용을 나타내며. 그 종류로는 수은. 카드뮴. 납. 비소. 주석 등이 있다.

69 상 중 하

우리나라 「식품위생법」 등 식품위생 행정업무를 담당하고 있는 기관은?

① 환경부   ② 고용노동부
③ 보건복지부   ④ 식품의약품안전처

| 해설 | 식품의약품안전처는 식품위생 행정업무를 총괄·관장·지휘·감독한다.

70 상 중 하

소분업 판매를 할 수 있는 식품은?

① 전분   ② 병조림
③ 레토르트식품   ④ 빵가루

| 해설 | 통·병조림 제품. 레토르트식품. 냉동식품. 어육제품. 특수용도식품(체중조절용 조제식품은 제외). 식초. 전분은 이를 소분·판매하여서는 아니 된다.

71 상 중 하

생균(Live Vaccine)을 사용하는 예방접종으로 면역이 되는 질병은?

① 파상풍   ② 콜레라
③ 폴리오   ④ 백일해

| 해설 | 폴리오(소아마비). 홍역. 결핵. 황열. 탄저병은 생균백신으로 면역이 되는 질병이다.

정답										
65	②	66	②	67	④	68	③	69	④
70	④	71	③							

72 상 중 하

적외선에 속하는 파장은?

① 200nm
② 400nm
③ 600nm
④ 800nm

| 해설 | 적외선은 780nm(= 7,800 Å) 이상의 파장 범위를 가진다.

73 상 중 하

대장균의 최적 증식 온도 범위는?

① 0~5℃
② 5~10℃
③ 30~40℃
④ 55~75℃

| 해설 | 대장균의 최적 증식 온도는 37℃ 전후이며, 대장균은 위생지표 세균으로 활용된다.

74 상 중 하

모든 미생물을 제거하여 무균 상태로 만드는 조작은?

① 소독
② 살균
③ 멸균
④ 방부

| 해설 | 멸균은 비병원균, 병원균 등의 미생물을 아포까지 사멸시켜 무균 상태로 만드는 것이다.
① 소독: 병원성 미생물의 생활을 파괴하여 감염력을 약화시키는 것이다.
② 살균: 미생물에 물리적·화학적 자극을 가하여 미생물의 세포를 사멸시키는 것이다.
④ 방부: 미생물의 증식을 억제하고 식품의 부패나 발효를 방지하는 것이다.

75 상 중 하

육류의 발색제로 사용되는 아질산염이 산성 조건에서 식품 성분과 반응하여 생성되는 발암성 물질은?

① 지질 과산화물(Aldehyde)
② 벤조피렌(Benzopyrene)
③ 엔-니트로사민(N-Nitrosamine)
④ 포름알데히드(Formaldehyde)

| 해설 | 햄, 소시지 등의 가공 시 붉은색을 유지하기 위하여 질산나트륨 또는 질산칼륨을 첨가하는데, 이렇게 첨가된 질산염은 아질산으로 변화한 후 단백질 분해 산물인 아민과 반응하여 엔-니트로사민이라는 발암물질을 형성한다.

76 상 중 하

사용이 허가된 산미료는?

① 구연산
② 계피산
③ 말톨
④ 초산 에틸

| 해설 | 산미료란 식품에 산미를 부여하여 식욕 증진의 목적으로 사용하는 첨가물이다. 사용이 허가된 산미료는 주석산, 구연산, 젖산, 사과산, 초산, 푸마르산 등이다.

77 상 중 하

알레르기성 식중독을 유발하는 세균은?

① 병원성 대장균(E.coli O157:H7)
② 모르가넬라 모르가니(Morganella Morganii)
③ 엔테로박터 사카자키(Enterobacter Sakazakii)
④ 비브리오 콜레라(Vibrio Cholera)

| 해설 | 알레르기성 식중독의 원인균인 모르가넬라 모르가니균은 장내 세균과 모르가넬라속에 속하는 단백질 부패 세균으로, 꽁치, 고등어와 같은 히스티딘이 많은 붉은살 어류에 부착·증식하여 히스타민과 유해 아민계 물질을 생성하며, 몸에 두드러기가 나고 열이 나는 증상을 일으킨다.

78 상 중 하

「식품위생법」의 정의에 따른 '기구'에 해당하지 않는 것은?

① 식품 섭취에 사용되는 기구
② 식품 또는 식품첨가물에 직접 닿는 기구
③ 농산품 채취에 사용되는 기구
④ 식품 운반에 사용되는 기구

| 해설 | '기구'란 음식을 먹을 때 사용하거나 담는 것, 식품 또는 식품첨가물을 채취·제조·가공·조리·저장·소분·운반·진열할 때 사용하는 것으로서 식품 또는 식품첨가물에 직접 닿는 기계·기구나 그 밖의 물건(농업과 수산업에서 식품을 채취하는 데 쓰는 기계·기구나 그 밖의 물건은 제외)을 말한다.

정답

72	④	73	③	74	③	75	③	76	①
77	②	78	③						

79 상 중 하

일반적으로 폐기율이 가장 높은 식품은?

① 소살코기　　　　② 달걀
③ 생선　　　　　　④ 곡류

| 해설 | 생선은 종류에 따라 28~35%로 폐기율이 높은 편이다.
① 소살코기와 ④ 곡류의 폐기율은 0%, ② 달걀의 폐기율은 12%이다.

80 상 중 하

하수의 오염 측정 방법과 관련 없는 것은?

① THM의 측정　　② COD의 측정
③ DO의 측정　　　④ BOD의 측정

| 해설 | THM이란 트리할로메탄을 칭하는 용어로, 수돗물의 원수를 염소처리하는 과정에서 생성되는 환경오염 물질이므로 하수의 오염 측정 방법과 관련 없다. COD(화학적 산소요구량), DO(용존산소량), BOD(생화학적 산소요구량)는 하수의 오염 조사에 사용된다.

81 상 중 하

인수공통감염병에 해당하지 않는 것은?

① 광견병　　　　　② 탄저
③ 고병원성 조류인플루엔자　④ 백일해

| 해설 | 백일해는 호흡기계 감염병이다.

82 상 중 하

도마의 사용 방법에 대한 설명으로 옳지 않은 것은?

① 염소소독, 열탕살균, 자외선살균 등을 실시한다.
② 식재료 종류별로 전용 도마를 사용한다.
③ 합성세제를 사용하여 43~45℃의 물로 씻는다.
④ 세척, 소독 후에는 건조시킬 필요가 없다.

| 해설 | 도마는 세척이나 소독 후 반드시 건조시켜서 세균의 번식이 쉬운 온도 혹은 습도에 노출되지 않도록 해야 한다.

83 상 중 하

식품접객업소의 조리, 판매 등에 대한 기준 및 규격에 의한 조리용 칼·도마·식기류의 미생물 규격은? (단, 사용 중인 것은 제외함)

① 살모넬라 음성, 대장균 양성
② 살모넬라 음성, 대장균 음성
③ 황색포도상구균 양성, 대장균 음성
④ 황색포도상구균 음성, 대장균 양성

| 해설 | 식품접객업소에서 사용 중인 것을 제외한 조리용 칼·도마 및 식기류는 살모넬라와 대장균 모두 음성이어야 한다.

84 상 중 하

소음의 측정 단위인 dB(Decibel)이 나타내는 것은?

① 음압　　　　　② 음역
③ 음파　　　　　④ 음속

| 해설 | 데시벨(dB)은 사람이 들을 수 있는 음압과 음의 강도의 범위를 나타내는 단위이다.

85 상 중 하

1960년 영국에서 10만 마리의 칠면조가 간장장애를 일으켜 대량 폐사한 사고가 발생하였다. 원인 물질로 밝혀진 땅콩박에서 Aspergillus flavus가 번식하여 생성한 곰팡이 독소는?

① 오크라톡신(Ochratoxin)
② 에르고톡신(Ergotoxin)
③ 아플라톡신(Aflatoxin)
④ 루브라톡신(Rubratoxin)

| 해설 | 아플라톡신은 아스퍼질러스 플라버스 곰팡이가 곡류, 견과류, 땅콩 등의 탄수화물을 많이 함유한 식품에서 증식하여 생성된 곰팡이 독소이다.

정답

| 79 | ③ | 80 | ① | 81 | ④ | 82 | ④ | 83 | ② |
| 84 | ① | 85 | ③ |

86 상 중 하

식품공정상 표준온도는?

① 5℃

② 10℃

③ 15℃

④ 20℃

| 해설 | 식품공정상 표준온도는 20℃, 상온은 15 ~ 25℃, 실온은 1 ~ 35℃, 미온은 30 ~ 40℃이다.

87 상 중 하

황변미 중독을 일으키는 오염 미생물은?

① 곰팡이

② 효모

③ 세균

④ 기생충

| 해설 | 황변미(Yellowed Rice)는 곰팡이독이 원인이 되어 중독을 일으키며 수분 14 ~ 15%를 함유한 쌀에 곰팡이가 번식하여 누렇게 변색되는 현상을 말한다.

88 상 중 하

집단 식중독 발생 시 조치사항으로 적절하지 않은 것은?

① 해당 기관에 즉시 신고한다.

② 원인 식품을 조사한다.

③ 구토물 등은 원인균 검출에 필요하므로 버리지 않는다.

④ 소화제를 복용시킨다.

| 해설 | 집단 식중독 발생 시 구토물 등을 통해 원인균을 조사할 수 있도록 해당 기관에 즉시 신고해야 한다. 소화제 복용은 적절한 조치가 아니다.

89 상 중 하

연간 전체 사망자 수에 대한 50세 이상의 사망자 수의 비를 의미하는 지수로, 지수가 낮으면 건강 수준이 낮음을 의미하는 것은?

① 모성사망률

② 평균수명

③ 질병이환율

④ 비례사망지수

| 해설 | 비례사망지수 = 50세 이상의 사망자 수 ÷ 연간 총 사망자 수 × 100

90 상 중 하

출생률과 사망률이 모두 낮은 이상적인 인구형은?

① 종형

② 별형

③ 항아리형

④ 피라미드형

| 해설 | 종형은 인구정지형으로 출생률과 사망률이 모두 낮은 가장 이상적인 유형이다.

② 별형: 인구유입형, 도시형으로 생산층 인구가 전체 인구의 1/2 이상인 유형이다.

③ 항아리형: 인구감소형, 선진국형으로 출생률이 사망률보다 낮은 유형이다.

④ 피라미드형: 인구증가형, 후진국형으로 출생률과 사망률이 모두 높은 유형이다.

정답									
86	④	87	①	88	④	89	④	90	①

01 [상][중][하]

조리장비 사용 시 안전수칙으로 옳지 않은 것은?

① 조리장비 사용 시 매뉴얼을 철저히 익힌다.
② 가스레인지 및 오븐은 사용 후에만 전원 상태를 확인한다.
③ 냉장, 냉동시설의 적정 온도는 수시로 확인한다.
④ 전기 장비 사용 시 조리작업자의 손에 물기가 없어야 한다.

| 해설 | 가스레인지 및 오븐은 사용 전후에 전원 상태를 확인한다.

02 [상][중][하]

개인안전관리에 대한 설명으로 옳지 않은 것은?

① 지나친 화장과 장신구는 착용하지 않는다.
② 근무 중에는 반드시 위생모를 착용한다.
③ 작업장에서 날씨가 더울 때에는 미끄럽지 않은 슬리퍼를 신는다.
④ 손에 상처가 있으면 밴드를 붙인다.

| 해설 | 작업장에서는 앞부분이 막혀 있고, 신기 편하고 미끄럽지 않은 재질의 조리화 또는 안전화를 신는다.

03 [상][중][하]

기계 · 설비 안전 및 위생관리 방법으로 적절하지 않은 것은?

① 기계 · 설비는 깨지거나 금이 가거나 하는 등 파손된 상태가 없어야 한다.
② 도구 · 용기는 바닥에서 50cm만 떨어뜨려 사용한다.
③ 세척 · 소독한 기계, 설비에 남아 있는 물기를 완전히 제거한다.
④ 수분이나 미생물이 내부로 침투하기 쉬운 목재는 가급적으로 사용하지 않는다.

| 해설 | 도구 및 용기는 바닥에서 60cm 이상 떨어뜨려 사용한다.

04 [상][중][하]

개인안전관리 예방 방법으로 적절하지 않은 것은?

① 원 · 부재료의 이동 시 바닥의 물기나 기름기를 제거하여 미끄럼을 방지한다.
② 원 · 부재료의 전처리 시 작업할 분량만큼 나누어서 작업한다.
③ 기계가 이상 작동 시 기계의 전원을 차단하지 않고 정지된 상태만 확인한 후 작업해도 된다.
④ 재료 가열 시 가스 누출 검지기 및 경보기를 설치한다.

| 해설 | 기계의 이상 작동 시 기계의 전원을 차단하여 정지된 상태를 확인한 후 작업해야 한다.

05 [상][중][하]

위생복장을 착용할 때 머리카락과 머리의 분비물들로 인한 음식 오염을 방지하고 위생적인 작업을 진행할 수 있도록 반드시 착용해야 하는 것은?

① 위생복　　　　　　② 안전화
③ 머플러　　　　　　④ 위생모

| 해설 | ① 위생복: 조리 종사원의 신체를 열과 가스, 전기, 주방기기, 설비 등으로부터 보호하고, 음식을 만들 때 위생적으로 작업하는 것을 목적으로 한다.
② 안전화: 미끄러운 주방 바닥으로 인한 낙상, 찰과상, 주방기구로 인한 부상 등 잠재되어 있는 위험으로부터 보호한다.
③ 머플러: 주방에서 발생하는 상해의 응급조치 시 사용한다.

정답
01 ②　02 ③　03 ②　04 ③　05 ④

06 상 중 하

위험도 경감의 원칙에 있어서 핵심 요소가 아닌 것은?

① 위험 요인 제거
② 위험 발생 경감
③ 사고 피해 경감
④ 사고 피해 치료

| 해설 | 위험도 경감의 원칙에 있어서 핵심 요소는 위험 요인 제거, 위험 발생 경감, 사고 피해 경감이다.

07 상 중 하

조리용 칼을 사용할 때 위험 요소로부터 예방하는 방법으로 적절하지 않은 것은?

① 작업 용도에 적합한 칼을 사용한다.
② 칼의 방향은 몸쪽으로 놓고 사용한다.
③ 칼 사용 시 불필요한 행동을 자제한다.
④ 칼은 본래 목적 이외에는 사용하지 않는다.

| 해설 | 칼의 방향은 몸의 반대쪽으로 놓고 사용한다.

08 상 중 하

전기안전에 대한 설명으로 옳지 않은 것은?

① 1개의 콘센트에 여러 개의 선을 연결하지 않는다.
② 물 묻은 손으로 전기기구를 만지지 않는다.
③ 전열기 내부는 물을 뿌려 깨끗이 청소한다.
④ 플러그를 콘센트에서 뺄 때에는 줄을 잡아당기지 말고 콘센트를 잡고 뺀다.

| 해설 | 전열기에 물이 접촉되면 전기 감전이 발생할 수 있다.

09 상 중 하

안전관리에 대한 설명으로 옳은 것은?

① 난로는 불을 붙인 채 기름을 넣는 것이 좋다.
② 조리실 바닥의 음식물 찌꺼기는 모아두었다 한꺼번에 치운다.
③ 떨어지는 칼은 위생을 생각하여 즉시 잡도록 한다.
④ 깨진 유리를 버릴 때에는 '깨진 유리'라는 표시를 하여 버린다.

| 해설 | ① 난로는 기름을 넣은 뒤 불을 붙인다.
② 조리실 바닥의 음식물 찌꺼기는 발견 즉시 바로 처리한다.
③ 떨어지는 칼은 잡지 않고 피하여 안전사고를 예방한다.

10 상 중 하

칼 사용 작업 중 찔림, 베임에 대한 안전으로 옳지 않은 것은?

① 전용 도마 위에서 작업한다.
② 칼날의 예리함을 알아보기 위해 손가락이나 손등에 칼을 대본다.
③ 칼날은 적은 힘으로 정확하게 재료를 자를 수 있도록 항상 예리하게 관리한다.
④ 단단한 냉동 재료를 절단할 때에는 무리하게 힘을 주지 말고 여러 번 힘을 나누어 자른다.

| 해설 | 칼날 부분은 손으로 만지지 않도록 한다.

정답									
06	④	07	②	08	③	09	④	10	②

01 상 중 하

식품 제조공정에서 거품을 없애는 목적으로 사용되는 식품첨가물은?

① 유화제
② 보존제
③ 표백제
④ 소포제

| 해설 | ① 유화제: 서로 섞이지 않는 물과 기름을 혼합하여 잘 섞이게 하는 식품첨가물이다.
② 보존제: 부패 미생물의 증식을 막아 식품의 저장 및 신선도를 연장시킬 목적으로 사용되는 식품첨가물이다.
③ 표백제: 식품 제조 중 식품의 갈변, 착색의 변화를 억제하기 위해 사용하는 식품첨가물이다.

02 상 중 하

곰팡이가 곡류와 땅콩 등의 콩류에 침입하여 생성하는 독소는?

① 맥각독
② 아플라톡신
③ 메탄올
④ 벤조에이피렌

| 해설 | ① 맥각독: 보리, 밀, 호밀 등에 에르고톡신이나 에르고타민의 곰팡이독을 생성한다.
③ 메탄올: 정제가 불충분한 에탄올이나 증류주 등에 미량 함유되어 있어 중독 증상이 심할 경우 시각장애를 초래할 수 있다.
④ 벤조에이피렌: 석유, 석탄, 목재, 식품(훈제육이나 태운 고기) 등을 태울 때 불완전 연소로 생성된다.

03 상 중 하

덜 익은 매실이나 복숭아씨, 살구씨 등에 함유된 식물성 독성물질은?

① 무스카린
② 베네루핀
③ 고시폴
④ 아미그달린

| 해설 | 복숭아씨, 살구씨, 청매 등에는 아미그달린이라는 물질이 있어 효소에 의해 유독 성분인 청산이 분해되어 식중독을 일으킬 수 있다.
① 무스카린은 독버섯, ② 베네루핀은 모시조개, ③ 고시폴은 면실유의 독성물질이다.

04 상 중 하

냉장의 목적으로 적절하지 않은 것은?

① 미생물의 사멸
② 신선도 유지
③ 미생물의 증식 억제
④ 자기소화 지연 및 억제

| 해설 | 냉장의 목적은 신선도 유지, 미생물의 증식 억제, 자기소화 지연 및 억제 등에 있다.

05 상 중 하

냉장고 사용 방법으로 옳지 않은 것은?

① 뜨거운 음식은 식혀서 냉장고에 보관한다.
② 문을 여닫는 횟수를 가능한 한 줄인다.
③ 온도가 낮으므로 식품을 장기간 보관해도 안전하다.
④ 식품의 수분이 건조되므로 밀봉하여 보관한다.

| 해설 | 장기간 무한정 보관하면 위생적으로 안전하지 않다. 냉장, 냉동식품도 위해 미생물이 증식할 수 있고 지방의 산패 등 화학적 변질이 발생하므로 항상 소비기한을 준수하고, 적정한 기간 동안만 저장하고 소비하도록 한다.

06 상 중 하

조리에 사용하는 냉동식품의 특성으로 옳지 않은 것은?

① 완만 동결하여 조직이 좋다.
② 미생물 발육을 저지하여 장기간 보존이 가능하다.
③ 저장 중 영양가 손실이 적다.
④ 산화를 억제하여 품질 저하를 막는다.

| 해설 | 급속 냉동은 얼음의 결정수가 많고 크기가 작아 균일한 형태를 띠며, 세포 사이사이에 고르게 분포하여 수분을 고르게 분산시키므로 조직에 큰 변형을 일으키지 않는다. 따라서 식품의 냉동은 완만 냉동보다 급속 냉동이 좋다.

정답

01	④	02	②	03	④	04	①	05	③
06	①								

07 상 중 하

냉동 중 육질의 변화가 아닌 것은?

① 육질 내의 수분이 동결되어 체적 팽창이 이루어진다.
② 건조에 의한 감량이 발생한다.
③ 단백질이 변성되어 고기의 맛을 떨어뜨린다.
④ 단백질 용해도가 증가한다.

| 해설 | 변성이 일어난 단백질은 점도가 증가하고 용해도와 영양가가 감소한다.

08 상 중 하

한천의 용도가 아닌 것은?

① 훈연제품의 산화방지제
② 푸딩, 양갱 등의 겔화제
③ 유제품, 청량음료 등의 안정제
④ 곰팡이, 세균 등의 배지

| 해설 | 한천은 식품공업품, 의약품, 미생물 배지, 화장품 등의 다양한 용도로 사용되고 있으며, 식품산업에서 주로 겔화제, 안정제, 점증제 등으로 이용된다.

09 상 중 하

삼투압에 대한 설명으로 옳은 것은?

① 배추나 오이에 소금을 뿌리면 물이 생기는 것은 삼투압 때문이다.
② 채소는 반투막으로 되어 있어 분자 크기가 큰 것도 통과하기 쉽다.
③ 농도 차이가 클수록 삼투 작용에 의한 탈수 현상이 적게 일어난다.
④ 용질이 농도가 높은데서 낮은데로 침투하는 방법이다.

| 해설 | 삼투압이란 반투막을 사이에 두고 농도가 다른 두 액체를 놓았을 때 용질의 농도가 낮은 쪽에서 높은 쪽으로 용매가 옮겨가는 현상에 의해 나타나는 압력이다. 대표적인 예로 배추에 소금을 뿌려 절이기 등이 있다.

10 상 중 하

곡류에 함유된 단백질의 연결이 옳은 것은?

① 쌀 – 글리아딘
② 보리 – 호르데인
③ 밀 – 제인
④ 옥수수 – 오리제닌

| 해설 | ① 쌀: 오리제닌
③ 밀: 글루텐
④ 옥수수: 제인

11 상 중 하

보리에 대한 설명으로 옳은 것은?

① 보리의 고유한 단백질은 호르데인이다.
② 비타민 B군 및 비타민 C의 함량이 많다.
③ 가식부는 90% 정도로, 이 중 60%는 단백질이다.
④ 무기물과 섬유소가 적어 소화율이 높다.

| 해설 | ② 보리에는 비타민 B군의 함량이 많으며 비타민 C는 없다.
③ 가식부는 75% 정도로, 이 중 60%는 전분이다.
④ 무기물과 섬유소가 많아 소화율이 떨어진다.

12 상 중 하

식품에 함유된 색소의 연결이 옳은 것은?

① 당근의 주황색 – 카로티노이드
② 적색 양배추의 자색 – 안토잔틴
③ 토마토의 적색 – 클로로필
④ 양파의 담색 – 안토시아닌

| 해설 | ② 적색 양배추의 자색: 안토시아닌
③ 토마토의 적색: 카로티노이드
④ 양파의 담색: 안토잔틴

13 상 중 하

비타민 D의 전구체인 에르고스테롤을 많이 함유한 것은?

① 오이   ② 호박
③ 상추   ④ 표고버섯

| 해설 | 표고버섯은 에르고스테롤을 많이 함유하고 있으며 구아닐산에 의해 감칠맛을 낸다.

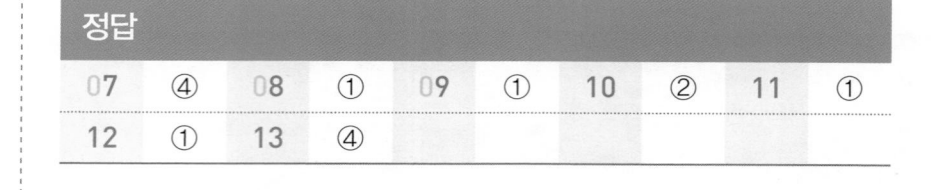

정답										
07	④	08	①	09	①	10	②	11	①
12	①	13	④						

14 상 중 하

대두를 두부로 만들었을 때의 장점은?

① 소화율 감소

② 글리시닌 제거

③ 단백질 함량의 감소

④ 트립신 저해제의 기능 저하

| 해설 | 생대두 속에는 트립신 인히비터, 사포닌 등 유독 성분이 함유되어 있는데, 이 유독성 단백질은 열에 매우 불안정하고 가열 시 변성되며 동시에 작용력을 상실한다.

15 상 중 하

콩류 중 단백질과 지방의 함량이 높은 것은?

① 동부

② 팥

③ 강낭콩

④ 대두

| 해설 | 콩류 중 단백질과 지방의 함량이 높은 것은 대두, 땅콩이다. 팥, 녹두, 완두, 동부, 강낭콩은 단백질과 당질의 함량이 높다.

16 상 중 하

식품의 감별법으로 옳지 않은 것은?

① 감자 – 병충해, 발아, 외상, 부패 등이 없는 것

② 송이버섯 – 봉오리가 크고 줄기가 부드러운 것

③ 생과일 – 성숙하고 신선하며 청결한 것

④ 달걀 – 표면이 거칠고 광택이 없는 것

| 해설 | 송이버섯은 봉오리가 자루보다 약간 굵고 선명하거나 줄기가 단단한 것이 좋다.

17 상 중 하

식재료의 창고 저장 원칙으로 옳지 않은 것은?

① 건조 허브는 2년 이상 보관 가능하다.

② 유지류는 통조림류에 비해 저장 기간이 길다.

③ 진공포장류는 저장 기간이 긴 편이다.

④ 일반 소금류는 무한정 저장이 가능하다.

| 해설 | 유지류는 통조림류에 비해 저장 기간이 짧다.

18 상 중 하

감자를 썰어 공기 중에 놓아두면 갈변되는데, 이 현상과 관련 있는 효소는?

① 아밀레이스(Amylase)

② 티로시나아제(Tyrosinase)

③ 얄라핀(Jalapin)

④ 미로시나아제(Myrosinase)

| 해설 | 효소에 의한 갈변인 티로시나아제(Tyrosinase)는 식물의 뿌리, 감자나 과실의 절단면에서 나타난다.

19 상 중 하

쌀과 같은 당질을 많이 먹는 식습관을 가진 한국인에게 대사상 꼭 필요한 비타민은?

① 비타민 B_1

② 비타민 A

③ 비타민 B_6

④ 비타민 D

| 해설 | 비타민 B_1(티아민, Tiamin)
- 기능: 포도당이 분해될 때 필요하며, 위액 분비를 촉진하고 식욕을 증진시킴
- 특징: 마늘의 매운맛 성분인 알리신에 의해 흡수율이 증가함
- 결핍증: 각기병, 다발성 신경염
- 공급원: 곡류와 콩류의 배아, 녹색채소, 돼지고기, 육류의 간 및 내장, 어류

20 상 중 하

질이 좋은 김의 조건이 아닌 것은?

① 겨울에 생산되어 질소 함량이 높다.

② 표면에 윤기가 난다.

③ 불에 구우면 선명한 녹색을 나타낸다.

④ 구멍이 많고 전체적으로 붉은색을 띤다.

| 해설 | 김은 구멍이 없고 전체적으로 검은색을 띠는 것이 좋다.

정답									
14	④	15	④	16	②	17	②	18	②
19	①	20	④						

21 상 중 하

탕수육 조리 시 전분을 물에 풀어 넣을 때 용액의 성질은?

① 젤(Gel)
② 현탁액
③ 유화액
④ 콜로이드 용액

| 해설 | 현탁액이란 액체 속에 미세한 고체 입자가 분산해서 떠 있는 것으로, 탕수육 조리 시 전분을 물에 풀어 넣을 때 용액의 성질이다.

22 상 중 하

안토시아닌 색소를 함유하는 과일의 붉은색을 보존하려고 할 때 가장 적절한 방법은?

① 식초를 가한다.
② 중조를 가한다.
③ 소금을 가한다.
④ 수산화나트륨을 가한다.

| 해설 | 안토시아닌은 적색·자색·청색의 채소 및 과일에 있는 수용성 색소로 산성일 때 적색을 띤다. 생강(담황색)을 식초에 절이면 붉게 변하는 것은 안토시아닌 색소를 함유하고 있기 때문이다.

23 상 중 하

버터의 수분 함량이 23%라면, 버터 20g은 몇 kcal의 열량을 내는가?

① 61.6kcal
② 138.6kcal
③ 153.6kcal
④ 180.0kcal

| 해설 | 버터 20g 중 수분이 23%이므로 수분은 '20g × 0.23 = 4.6g'이다. 수분을 뺀 버터는 '20g − 4.6g = 15.4g'이므로 '15.4g × 9kcal(지방) = 138.6kcal'의 열량을 낼 수 있다.

24 상 중 하

식품의 수분활성도에 대한 설명으로 옳은 것은?

① 임의의 온도에서 순수한 물의 최대 수증기압에 대한 같은 온도에 있어서 식품이 나타내는 수증기압의 비율
② 임의의 온도에서 식품이 나타내는 수증기압
③ 임의의 온도에서 식품의 수분 함량
④ 임의의 온도에서 식품과 물량의 순수한 물의 최대 수증기압

| 해설 | 수분활성도(Aw)는 임의의 온도에서 식품이 나타내는 수증기압(P)을 그 온도에서 순수한 물의 최대 수증기압(P_0)으로 나눈 것이다.

25 상 중 하

아미노카르보닐 반응에 대한 설명으로 옳지 않은 것은?

① 마이야르 반응(Maillard Reaction)이라고도 한다.
② 당의 카르보닐 화합물과 단백질 등의 아미노기가 관여하는 반응이다.
③ 갈색 색소인 캐러멜을 형성하는 반응이다.
④ 비효소적 갈변 반응이다.

| 해설 | 마이야르 반응(아미노카르보닐 반응)
• 아미노기와 카르보닐기가 공존할 때 일어나는 반응으로, 멜라노이딘을 생성함
• 에너지의 공급 없이도 자연적으로 발생함
• 예: 간장, 된장, 식빵, 누룽지, 케이크, 쿠키, 오렌지 주스

26 상 중 하

김치류의 신맛 성분이 아닌 것은?

① 초산(Acetic Acid)
② 호박산(Succinic Acid)
③ 젖산(Lactic Acid)
④ 수산(Oxalic Acid)

| 해설 | 수산(Oxalic Acid)은 시금치에 많이 함유되어 있으며, 무색으로 전분을 가수분해하여 물엿, 포도당을 제조할 때 이용된다.

정답										
21	②	22	①	23	②	24	①	25	③
26	④								

27 상 중 하

밥을 지을 때 콩을 섞으면 영양적인 면에서 효과적인 이유로 가장 적절한 것은?

① 소화·흡수가 잘 된다.
② 영양소의 손실이 적다.
③ 아미노산 조성이 효과적으로 된다.
④ 콩의 유독 성분이 쌀에 의해 무독화된다.

| 해설 | 곡류에는 비교적 적은 리신이 콩에는 많이 함유되어 있고, 콩에 적은 메티오닌이 곡류에는 비교적 많이 함유되어 있으므로 서로 섞으면 영양상 보완된다. 리신과 메티오닌은 필수아미노산에 해당한다.

28 상 중 하

각 식품에 대한 대치식품의 연결이 옳지 않은 것은?

① 돼지고기 – 두부, 소고기, 닭고기
② 고등어 – 삼치, 꽁치, 동태
③ 닭고기 – 우유 및 유제품
④ 시금치 – 깻잎, 상추, 배추

| 해설 | 고기, 생선, 계란, 콩류는 단백질 급원식품으로 근육, 피 등을 구성하고 호르몬, 효소 기능을 조절하며 성장 발달에 관여한다. 우유 및 유제품은 칼슘과 각종 무기질, 단백질의 급원식품이며 골격과 치아를 구성한다.

29 상 중 하

쓰거나 신 음식을 맛본 후 금방 물을 마시면 물이 달게 느껴지는데, 이와 관련 있는 맛의 현상은?

① 맛의 변조 현상
② 맛의 대비 현상
③ 맛의 상쇄 현상
④ 맛의 억제 현상

| 해설 | 맛의 변조 현상은 한 가지 맛을 느낀 직후 다른 맛을 보면 원래 식품의 맛이 다르게 느껴지는 현상이다.
② 맛의 대비 현상: 서로 다른 두 가지 맛이 작용하여 주된 맛 성분이 강해지는 현상
③ 맛의 상쇄 현상: 두 종류의 정미 성분이 혼재해 있을 경우 각각의 맛을 느낄 수 없고 조화된 맛을 느끼는 현상
④ 맛의 억제 현상: 서로 다른 정미 성분이 혼합되었을 때 주된 정미 성분의 맛이 약화되는 현상

30 상 중 하

쓴맛 물질과 식품 소재의 연결이 옳지 않은 것은?

① 테오브로민(Theobromine) – 코코아
② 나린진(Naringin) – 감귤류의 과피
③ 후물론(Humulone) – 맥주
④ 쿠쿠르비타신(Cucurbitacin) – 도토리

| 해설 | 쿠쿠르비타신(Cucurbitacin)은 오이 꼭지 부분의 쓴맛 물질이다. 도토리는 탄닌(Tannin)을 함유한다.

31 상 중 하

채소류를 취급하는 방법으로 옳은 것은?

① 쑥은 소금에 절여 물기를 꼭 짜낸 후 냉장 보관한다.
② 샐러드용 채소는 냉수에 담갔다가 사용한다.
③ 도라지의 쓴맛을 빼내기 위해 1% 설탕물로만 담근다.
④ 배추나 셀러리, 파 등은 옆으로 뉘어서 보관한다.

| 해설 | ① 쑥은 섬유질 파괴를 막기 위해 데쳐서 냉동 보관한다.
③ 도라지의 쓴맛을 빼내기 위해 1% 소금물에 담근다.
④ 배추나 셀러리, 파 등은 세워서 보관하는 것이 좋다. 땅에 서 있는 형태의 채소를 뉘어서 보관하면 채소 내부에서 원래 위치대로 일어서려는 작용이 일어나 아미노산 소모가 늘어나서 맛이 떨어지기 때문이다.

32 상 중 하

김의 보관 중 변질을 일으키는 인자와 거리가 먼 것은?

① 산소
② 광선
③ 저온
④ 수분

| 해설 | 김은 직사광선 및 습기 찬 곳을 피하고 서늘하고 통풍이 잘 되는 곳이나 냉동고에 보관해야 한다.

정답									
27	③	28	③	29	①	30	④	31	②
32	③								

01 상 중 하

콩나물 무침 조리 시 1인당 정미중량 70g을 지급하려 할 때 급식 인원 1,000명에 필요한 콩나물 발주량은? (단, 콩나물의 폐기율은 2%이다.)

① 71.4kg
② 80kg
③ 70kg
④ 92kg

| 해설 | 70g ÷ (100 − 2) × 100 × 1,000명 = 71.428g ≒ 71.4kg

02 상 중 하

원가의 종류에 대한 설명으로 옳은 것은?

① 직접원가 = 직접재료비 + 직접노무비 + 직접경비 + 일반관리비
② 제조원가 = 직접원가 + 제조간접비
③ 총원가 = 제조원가 + 지급이자
④ 판매가격 = 총원가 + 직접원가

| 해설 | ① 직접원가 = 직접재료비 + 직접노무비 + 직접경비
③ 총원가 = 제조원가 + 판매관리비
④ 판매가격 = 총원가 + 이익

03 상 중 하

식재료를 검수하는 순서를 옳게 나열한 것은?

㉠ 냉장식품	㉡ 공산품
㉢ 냉동식품	㉣ 신선식품

① ㉠ → ㉡ → ㉢ → ㉣
② ㉠ → ㉢ → ㉣ → ㉡
③ ㉡ → ㉢ → ㉠ → ㉣
④ ㉢ → ㉠ → ㉡ → ㉣

| 해설 | 식재료 검수는 '냉장식품 → 냉동식품 → 신선식품(과일, 채소) → 공산품' 순으로 한다.

04 상 중 하

식품구매관리의 목표로 적절하지 않은 것은?

① 필요한 물품과 용역을 지속적으로 공급한다.
② 고객 맞춤화를 실현한다.
③ 재고와 저장관리 시 손실을 최소화한다.
④ 품질, 가격, 제반 서비스 등을 최적의 상태로 유지한다.

| 해설 | 식품구매관리를 통해 표준화, 전문화, 단순화를 실현한다.

05 상 중 하

식재료의 발주량을 구하는 계산식으로 옳은 것은?

① 정미수량 × 100 ÷ (100 − 폐기율) × 인원수
② 필요량 × 100 ÷ 가식부율 × 1kg당 단가
③ 100 ÷ (100 − 폐기율)
④ 폐기량 ÷ 전체 중량 × 100

| 해설 | ②는 필요 비용, ③은 출고계수, ④는 폐기율을 구하는 계산식이다.

06 상 중 하

식품의 구매 방법으로 필요한 품목, 수량을 표시하여 여러 업자에게 견적서를 제출받고 품질이나 가격을 검토한 후 낙찰자를 정하여 계약을 체결하는 것은?

① 수의계약
② 경쟁입찰
③ 대량구매
④ 계약구입

| 해설 | 지명경쟁입찰은 몇몇 업자들을 지명하여 계약조건을 지시한 뒤 조건이 맞으면 입찰시키는 방법으로, 규모가 큰 단체급식에서 식재료를 구매할 때 사용하는 계약 방식이다.

07 상 중 하

식품검수 방법에 대한 설명으로 옳지 않은 것은?

① 화학적 방법 – 영양소의 분석, 첨가물, 유해 성분 등을 검출하는 방법
② 검경적 방법 – 식품의 중량, 부피, 크기 등을 측정하는 방법
③ 물리학적 방법 – 식품의 비중, 경도, 점도, 빙점 등을 측정하는 방법
④ 생화학적 방법 – 효소 반응, 효소 활성도, 수소이온농도 등을 측정하는 방법

| 해설 | 검경적 방법이란 현미경을 이용하여 식품의 세포나 조직의 모양, 불순물, 병원균, 기생충의 존재를 검사하는 방법이다.

정답									
01	①	02	②	03	②	04	②	05	①
06	②	07	②						

08 [상][중][하]

식재료 검수 시 유의 사항으로 옳지 않은 것은?

① 식품의 품목에 따라 당도계, 염도계 등의 기기를 사용한다.

② 박스 안에 들어 있는 야채는 박스를 제거한 후 검수한다.

③ 얼음이나 물이 있는 식품의 경우 바로 측정한다.

④ 김치류는 관능검사(맛, 냄새)를 실시하고, 배추의 원산지 증명 서를 함께 받아 보관한다.

| 해설 | 얼음이나 물이 있는 식품의 경우 이를 제거한 후 수량, 중량을 측정한다.

09 [상][중][하]

채소 검수 시 신선한 것이 아닌 것은?

① 양배추 – 바깥쪽 잎이 싱싱하고 녹색이며, 단단하고 무거운 것

② 배추 – 잎이 연하며 굵은 섬유질이 없고, 누런 떡잎이 없으며 속에 심이 없는 것

③ 오이 – 굵기가 고르며, 매끈하고 가벼운 것

④ 대파 – 줄기가 시들거나 억세지 않고, 흰 대가 굵고 긴 것

| 해설 | 오이는 굵기가 고르며, 가시가 있고 무거운 느낌이 나는 것이 좋다.

10 [상][중][하]

재료 소비량을 알아내는 방법에 해당하지 않는 것은?

① 계속기록법

② 재고조사법

③ 선입선출법

④ 역계산법

| 해설 | 재료 소비량 계산법에는 계속기록법, 재고조사법, 역계산법이 있다.

11 [상][중][하]

단체급식의 경영 형태 중 직영과 위탁 방식에 대한 설명으로 옳은 것은?

① 위탁 방식의 단점은 인건비가 증가하고 서비스가 떨어진다는 것이다.

② 직영 방식의 장점은 위생관리, 식단 작성 등 영양관리가 철저하다는 것이다.

③ 직영 방식의 단점은 서비스가 떨어지고 장점은 인건비 증가가 없다는 것이다.

④ 위탁 방식의 장점은 급식관리 중 영양관리를 우선으로 한다는 것이다.

| 해설 | 위탁, 직영급식의 장점
- 위탁급식의 장점: 업무의 효율성, 다양한 메뉴 제공
- 직영급식의 장점: 위생관리, 식단 작성, 철저한 영양관리

12 [상][중][하]

식단 작성 시 필요한 사항과 가장 거리가 먼 것은?

① 식품 구입 방법

② 영양 기준량 산출

③ 3식 영양량 배분 결정

④ 음식수의 계획

| 해설 | 식단 작성 시 필요한 사항
- 영양 기준량 산출: 한국인 영양 섭취 기준을 적용하여 성별, 연령, 노동의 강도에 따라 영양량 산출
- 섭취 기준량 산출: 5가지 기초 식품군이 골고루 섭취될 수 있도록 산출
- 3식 배분: 주식은 아침 : 점심 : 저녁을 1 : 1 : 1로, 부식은 1 : 1 : 2 등으로 하여 음식의 영양 및 가짓수 결정
- 음식의 가짓수, 요리명 결정: 음식의 가짓수와 요리명, 요리법 결정
- 식단의 주기 결정: 1주일, 10일, 1개월분 중에서 결정
- 식량 배분 계획: 성인 남자 1인 1일분의 식량 구성량에 평균 성인 환산치와 날짜를 곱하여 산출
- 식단표 작성: 요리명, 식재료, 중량, 대치식품, 단가 등 표기

13 [상][중][하]

단체급식의 식품 구입에 대한 설명으로 옳지 않은 것은?

① 폐기율을 고려한다.

② 값이 싼 대체식품을 구입한다.

③ 곡류나 공산품은 1년 단위로 구입한다.

④ 제철식품을 구입하도록 한다.

| 해설 | 식품 구매 방법
- 보관 및 저장에 제한이 없다면 대량 구입 또는 공동 구입으로 저렴하게 구입한다.
- 식품 구입 계획 시 식품의 가격과 출회표에 유의한다.
- 육류 구매 시 중량과 부위에 유의하고 냉장시설이 갖추어져 있으면 일주일분을 구입한다.
- 과일류는 산지별, 품종, 상자당 개수를 확인하고 필요에 따라 수시로 구입한다.
- 육류 및 어패류는 신선도를 확인하고 필요에 따라 수시로 구입하고 곡류, 건어물, 조미료 등 장기 보관이 가능한 식품은 1개월분을 한번에 구입한다.
- 가공식품은 제조일, 소비기한을 확인하여 구입한다.
- 비가식부와 폐기율을 고려하여 필요량만 구입한다.

정답

08	③	09	③	10	③	11	②	12	①
13	③								

01 상 중 하

조리의 목적으로 옳은 것은?

① 식품의 기호성이 감소된다.
② 식품의 영양가가 향상된다.
③ 가열조작에 의해서만 이루어진다.
④ 식품의 영양적 효용성이 증가한다.

| 해설 | 조리의 목적은 유해물질과 불미 성분의 제거, 소화율 증가, 저장성 증가, 식품의 영양적 효용성 증가 등에 있다.

02 상 중 하

식품을 절단하는 목적으로 옳은 것은?

① 식품의 부패를 방지하기 위해서이다.
② 식품 고유의 맛과 향을 향상시키기 위해서이다.
③ 영양소의 손실을 최소화하기 위해서이다.
④ 열전도율을 상승시키기 위해서이다.

| 해설 | 식품을 절단하는 목적은 가식 부분의 이용 효율을 높이기 위한 것으로 식품의 표면적을 넓게 함으로써 열의 전달이 쉽고, 조미료의 침투를 용이하게 한다. 또한 씹기에 연하고 입안의 느낌을 좋게 할 뿐만 아니라 외관을 아름답게 한다.

03 상 중 하

전자레인지 조리의 특징으로 옳은 것은?

① 식품의 형태, 색, 맛 등이 유지된다.
② 금속그릇은 열전도율이 높아 좋다.
③ 조리시간이 길고 영양소 파괴가 크다.
④ 갈변 현상이 일어나 변색되는 단점이 있다.

| 해설 | 전자레인지 조리는 열효율이 높아 조리시간이 짧으며 수분의 감소로 인한 중량 감소가 크다. 갈변 현상은 잘 일어나지 않고 그릇째 조리할 수 있으나 금속 및 범랑 재질의 그릇은 이용할 수 없다.

04 상 중 하

가열 조리 중 데치기(Blanching)에 대한 설명으로 옳은 것은?

① 조리 중 형태의 변화가 크다.
② 효소의 불활성화로 채소의 변색을 방지한다.
③ 가열 시 수분의 잠열(기화열)을 이용한다.
④ 수용성 영양소의 손실이 가장 적은 방법이다.

| 해설 | 데치기는 끓는 물에 재료를 넣어 순간적으로 익히는 방법으로 1~2%의 소금물에 채소를 데치면 색을 유지할 수 있다.

05 상 중 하

조리를 위한 에너지 전달 방법에 대한 설명으로 옳은 것은?

① 대류는 고체를 통해서만 일어난다.
② 금속용기는 복사에너지의 좋은 전도체이다.
③ 전도는 밀도차에 의해 일어나는 것이다.
④ 복사열의 흡수는 검은색이고 표면이 거친 것이 크다.

| 해설 | 열의 전달 방법에는 대류, 전도, 복사가 있다. 대류는 물, 기름 등의 액체와 기체를 통해 일어나고, 전도는 중간 매체를 통한 에너지의 전달 방법이며, 복사는 중간 매개체 없이 열원으로부터 직접 에너지가 전달되는 방법이다. 검은색이고 표면이 거친 경우 복사열의 흡수가 크다.

06 상 중 하

조리 중 소금의 역할로 옳은 것은?

① 미생물의 발육이 잘 된다.
② 밀가루 반죽을 무르게 한다.
③ 두부 조리 시 질감을 부드럽게 한다.
④ 생선구이에서 석쇠에 붙지 않게 한다.

| 해설 | ① 소금은 미생물의 발육을 억제한다.
② 소금은 밀가루 반죽을 단단하게 한다.
④ 기름이나 식초는 생선구이에서 석쇠에 붙지 않게 한다.

정답										
01	④	02	④	03	①	04	②	05	④
06	③									

07 상 중 하

삶기 조작에 대한 설명으로 옳은 것은?

① 무는 쌀뜨물에 삶으면 맛이 좋지 않다.
② 삶기는 재료를 단단하게 하고 단백질을 보존한다.
③ 고구마를 삶을 때 쌀뜨물을 넣어 삶으면 색깔이 좋아진다.
④ 죽순은 쌀뜨물에 삶으면 색이 희고 깨끗하게 삶을 수 있다.

| 해설 | 쌀뜨물을 이용하여 무, 죽순을 삶으면 쌀의 전분 입자가 표면을 싸서 산화를 방지하므로 색이 희고 깨끗해진다.
① 쌀뜨물을 이용하면 무의 불미 성분(쓴맛, 매운맛 등)이 제거된다.
② 삶기는 재료를 부드럽게 하고 단백질을 응고시킨다.
③ 고구마는 조직의 연화, 단백질의 응고, 불미 성분 제거 등을 목적으로 명반을 넣고 삶는다.

08 상 중 하

튀김옷의 재료 중 열에 응고할 때 생기는 점착력을 이용하여 튀김옷을 맛있게 해주는 성분은?

① 전분
② 달걀
③ 우유
④ 빵가루

| 해설 | 달걀은 가열할 때 변성하여 응고하는 성질이 있다. 즉, 응고에 의해 적절한 경도를 형성한다.

09 상 중 하

조리 시 식품 내 함유된 효소의 작용을 조절하여 기능을 부여하는 방법으로 옳은 것은?

① 고기를 연하게 하기 위하여 식초를 뿌린다.
② 과일은 열처리(Blanching)하여 갈변을 방지한다.
③ 두부를 만들 때 가열 처리하면 비린맛이 나타난다.
④ 달걀을 삶은 직후 미지근한 물에 넣어 변색을 방지한다.

| 해설 | ① 육류를 연하게 하는 효소적 방법으로 파인애플의 브로멜린, 키위의 액티니딘을 이용한다.
③ 콩의 비린맛은 리폭시게나아제에 의한 것이므로 열처리하면 효소가 불활성화되어 비린맛이 감소한다.
④ 달걀을 삶은 직후 찬물에 넣으면 녹변 현상을 방지할 수 있다.

10 상 중 하

교반의 목적으로 옳은 것은?

① 재료의 균질화
② 조직의 분쇄
③ 점탄성 감소
④ 조미료 침투의 감소

| 해설 | 교반은 거품 내기, 재료의 균질화, 점탄성 증가, 조미료 침투의 용이, 열 전도의 균질화 등을 목적으로 한다.

11 상 중 하

대류에 의한 에너지 전달에 대한 설명으로 옳은 것은?

① 열의 전달 속도가 가장 빠르다.
② 열의 전달이 고체를 통해 일어난다.
③ 점도가 높은 액체는 대류가 원활하도록 저어주어야 한다.
④ 전자레인지 속에서 일어나는 에너지 전달 방법이다.

| 해설 | ① 대류를 통한 열의 전달 속도는 복사와 전도의 중간 정도이다.
② 열의 전달이 기체를 통해 일어난다.
④ 전자레인지는 초단파를 이용한 조리법이다.

12 상 중 하

녹조류에 해당하는 것은?

① 김
② 미역
③ 파래
④ 다시마

| 해설 | 해조류의 분류
• 녹조류: 파래, 청각, 매생이, 클로렐라
• 갈조류: 미역, 다시마, 톳
• 홍조류: 김, 우뭇가사리

13 상 중 하

다시마의 끈적거리는 성분은?

① 만니톨
② 알긴산
③ 구아닐산
④ 글루탐산

| 해설 | ① 만니톨: 다시마의 흰가루
③ 구아닐산: 버섯의 감칠맛
④ 글루탐산: 다시마의 감칠맛

14 상 중 하

α화 상태로 보존된 식품은?

① 죽
② 쿠키
③ 밥
④ 식혜

| 해설 | α화된 전분의 노화를 막기 위해 80℃ 이상으로 유지하면서 수분을 제거하거나, 0℃ 이하로 얼려서 급속히 탈수한 후 수분 함량을 15% 이하로 낮춘다. 이와 같이 α화한 식품으로는 건조반, 떡가루, 냉동건조미, 오블레이트, 쿠키, 비스킷, 밥풀튀김 등이 있다.

정답					
07 ④	08 ②	09 ②	10 ①	11 ③	
12 ③	13 ②	14 ②			

15 상 중 하

전분의 노화 속도에 관여하는 인자에 대한 설명으로 옳은 것은?

① 설탕 첨가 시 노화가 촉진된다.

② pH 7 이하일 때 노화가 촉진된다.

③ 온도 0~5℃에서 노화가 촉진된다.

④ 수분 함량이 10~15%일 때 노화가 촉진된다.

| 해설 | 전분의 노화는 수분 함량이 30~60%, 온도가 0~5℃일 때 가장 쉽게 일어난다. 설탕은 노화를 억제하며, 아밀로오스 함량이 높을수록, pH가 높을수록 노화가 잘 일어난다.

16 상 중 하

밥맛에 영향을 주는 인자에 대한 설명으로 옳은 것은?

① 조리용수는 pH 5~6이 적당하다.

② 지나치게 건조된 쌀은 밥맛이 없다.

③ 아밀로펙틴의 함량이 낮을수록 밥맛이 좋다.

④ 열원, 조리용기의 재질은 밥맛에 영향을 미치지 않는다.

| 해설 | ① 물의 pH가 7~8일 때 밥맛이 좋고 산성일수록 맛이 떨어진다.
③ 아밀로펙틴의 함량이 높을수록 밥맛이 좋다.
④ 열전도가 느린 무쇠솥은 끓인 후 열의 지속률이 높아 알루미늄 재질보다 밥맛이 좋다.

17 상 중 하

밀가루 반죽 과정에서 제품의 팽창에 도움이 되는 방법은?

① 설탕을 첨가한다.

② 소금을 첨가한다.

③ 밀가루를 체에 친다.

④ 유화제를 첨가한다.

| 해설 | 밀가루를 체에 치거나 난백 거품을 낼 때 공기가 개입됨으로써 부풀리는 작용을 한다.

18 상 중 하

밀가루 반죽에서 글루텐 형성을 억제하는 물질은?

① 우유   ② 소금

③ 설탕   ④ 난백

| 해설 | 설탕은 흡습성이 있어 밀 단백질의 수화를 감소시켜 글루텐 형성을 방해한다.

19 상 중 하

밀가루 반죽에서 소금의 역할로 옳은 것은?

① 반죽을 부풀게 한다.

② 글루텐의 구조를 단단하게 한다.

③ 반죽의 색을 좋게 한다.

④ 반죽 내에서 단백질의 연화 작용을 한다.

| 해설 | 소금은 글루텐의 구조를 단단하게 하는 역할을 한다.
①은 팽창제, ③은 달걀, 우유, ④는 지방이 하는 역할이다.

20 상 중 하

전분질을 볶거나 구울 때 일어나는 현상은?

① 호화 현상

② 호정화 현상

③ 노화 현상

④ 유화 현상

| 해설 | 전분을 160~170℃의 건열로 가열하면 전분 분자는 글루코사이드 결합이 끊어지면서 가용성의 덱스트린으로 분해되는데, 이를 전분의 호정화라고 한다.

21 상 중 하

잼에 대한 설명으로 옳은 것은?

① 65%의 당이 필요하다.

② 3%의 산이 필요하다.

③ 펙틴과 산이 적은 과일이 좋다.

④ 0.1%의 펙틴 함량이 필요하다.

| 해설 | 잼은 1~1.5% 이상의 펙틴, 60~65%의 당, pH 2.8~3.4에서 형성되며, 펙틴과 산이 많은 감귤, 사과, 살구, 자두, 딸기가 잼 제조에 적당하다.

정답									
15	③	16	②	17	③	18	③	19	②
20	②	21	①						

22 상 중 하

감자의 갈변에 대한 설명으로 옳은 것은?

① 티로시나아제는 불용성이다.

② 감자의 갈변은 산소와 관련 없다.

③ 감자의 갈변은 비효소적 갈변이다.

④ 썬 감자를 물에 담그면 갈변을 억제할 수 있다.

| 해설 | 감자의 갈변은 효소적 갈변으로, 감자에 존재하는 티로신이 티로시나아제의 작용을 받아 멜라닌을 형성한다. 효소적 갈변은 물에 담그거나 가열하면 갈변이 억제된다.

23 상 중 하

젤리점(Jelly Point)에 대한 설명으로 옳은 것은?

① 온도는 120℃이다.

② 과즙을 농축시켜서 젤(Gel)에서 졸(Sol)로 변화가 일어나는 점이다.

③ 굴절당도계로 당의 농도를 측정하여 95%가 되었을 때이다.

④ 끓는 과즙을 숟가락에 담아 쏟았을 때 과즙이 흩어지지 않고 뭉쳐서 떨어져야 한다.

| 해설 | 젤리점은 잼이나 젤리가 완성된 시점을 알아보는 것으로, 잘 된 젤리는 쏟았을 때 형태가 유지된다. 온도계로는 105 ~ 106℃, 당도계로는 65%이며, 찬물에 떨어뜨렸을 때 퍼지지 않고 뭉쳐져야 한다.

24 상 중 하

근대, 시금치, 아욱과 같은 채소를 삶을 때의 방법으로 옳은 것은?

① 끓는 물에 뚜껑을 열고 단시간에 데쳐 헹군다.

② 70℃의 물에 뚜껑을 열고 데쳐 헹군다.

③ 저온에서 뚜껑을 덮고 서서히 데쳐 헹군다.

④ 고온에서 뚜껑을 덮고 서서히 데쳐 헹군다.

| 해설 | 엽채류를 삶을 때에는 뚜껑을 덮지 않고 끓는 물에 재빨리 삶은 다음 곧바로 냉수에 헹군다. 삶는 물의 양은 재료가 충분히 잠길 정도가 좋다. 다량의 물은 채소가 끓을 때 용출되는 유기산의 농도를 희석시키므로 푸른색을 유지시킬 수 있다.

25 상 중 하

과일을 잘랐을 때 일어나는 갈변과 관련 있는 것은?

① 산   ② 효소

③ 펙틴   ④ 알칼리

| 해설 | 과일이나 채소의 산화적 갈변은 과일이나 채소에 있는 폴리페놀 화합물과 폴리페놀 옥시다아제(산화 효소)가 산소와 만나서 일어난다.

26 상 중 하

두부 제조 시 Mg^{2+}, Ca^{2+} 등의 금속 이온에 응고되는 단백질은?

① 글리시닌   ② 글루테닌

③ 호르데인   ④ 제인

| 해설 | 콩의 주된 단백질인 글리시닌은 열에는 안정하지만, 금속염과 산에는 불안정하여 곧 응고되어 침전한다. 이 성질을 이용하여 제조한 것이 두부이다.

27 상 중 하

부드러운 살코기로 맛이 좋으며 구이, 전골용으로 적당한 소고기 부위는?

① 양지, 사태, 목심

② 안심, 채끝살, 우둔살

③ 갈비, 삼겹살, 안심

④ 양지, 설도, 삼겹살

| 해설 | 소고기 부위별 조리 방법

• 양지: 전골, 조림, 편육, 탕

• 갈비: 찜, 구이, 탕

• 채끝살: 구이, 조림, 지짐, 찌개, 전골

• 안심: 전골, 구이, 볶음, 스테이크

• 우둔살: 조림, 육포, 구이, 산적, 육회, 육전

• 설도: 스테이크, 육회, 육포

• 사태: 탕, 찌개, 국, 조림, 편육, 찜

정답

22	④	23	④	24	①	25	②	26	①
27	②								

28 상 중 하

생선을 프라이팬이나 석쇠에 구울 때 들러붙지 않도록 하는 방법으로 옳지 않은 것은?

① 낮은 온도에서 서서히 굽는다.
② 기구의 금속면을 테프론(Teflon)으로 처리한 것을 사용한다.
③ 기구의 표면에 기름을 칠하여 막을 만들어 준다.
④ 기구를 먼저 달구어서 사용한다.

| 해설 | 낮은 온도에서 서서히 구울 경우 단백질 용출로 인해 들러붙기 쉽다. 불이 너무 세면 겉면만 타고 속은 익지 않으며, 재료가 너무 두꺼우면 조미료가 속까지 배어 들어가지 못해 맛이 좋지 않으면서 조미료만 태우기 때문에 미리 달군 석쇠를 이용하거나 오븐에 굽거나 소금구이를 이용하는 것이 좋다.

29 상 중 하

달걀을 삶았을 때 난황 주위에 일어나는 암녹색의 변색에 대한 설명으로 옳은 것은?

① 100℃의 물에서 5분 이상 가열 시 나타난다.
② 신선한 달걀일수록 색이 진해진다.
③ 난황의 철과 난백의 황화수소가 결합하여 생성된다.
④ 낮은 온도에서 가열할 때 색이 더욱 진해진다.

| 해설 | 녹변 현상이 잘 일어나는 경우
• 가열 시간이 긴 경우
• 가열 온도가 높은 경우
• 오래되어 신선도가 낮은 경우
• 삶은 즉시 찬물에 넣어 식히지 않은 경우

30 상 중 하

흰색 야채의 경우 흰색을 그대로 유지할 수 있는 방법으로 옳은 것은?

① 야채를 데친 후 곧바로 찬물에 담가 둔다.
② 약간의 식초를 넣어 삶는다.
③ 야채를 물에 담가 두었다가 삶는다.
④ 약간의 중조를 넣어 삶는다.

| 해설 | 연근이나 우엉 등에는 안토잔틴 색소가 함유되어 있어 식초물에 삶으면 흰색을 띤다.

31 상 중 하

설탕 용액이 캐러멜화되는 일반적인 온도는?

① 50~60℃   ② 70~80℃
③ 100~110℃   ④ 180~200℃

| 해설 | 설탕 용액이 캐러멜화되는 온도는 180~200℃이다.

32 상 중 하

비교적 가식부율이 높은 식품으로만 나열된 것은?

① 고구마, 동태, 파인애플
② 닭고기, 감자, 수박
③ 대두, 두부, 숙주나물
④ 고추, 대구, 게

| 해설 | 가식부율은 '곡류·두류·해조류·유지류 등(100) > 달걀(80) > 서류(70) > 채소류·과일류(50) > 육류(40) > 어패류(15)' 순으로 높다.

33 상 중 하

생선의 비린내를 억제하는 방법으로 적절하지 않은 것은?

① 물로 깨끗이 씻어 수용성 냄새 성분을 제거한다.
② 처음부터 뚜껑을 닫고 끓여 생선을 완전히 응고시킨다.
③ 조리 전에 우유에 담가 둔다.
④ 생선 단백질이 응고된 후 생강을 넣는다.

| 해설 | 어취(생선 비린내) 제거 방법
• 신선도가 저하되면 TMA의 양이 증가하지만, TMA는 수용성이므로 물로 씻어내 비린내를 줄이는 방법
• 산(레몬즙, 식초)을 첨가하여 TMA 외 휘발성, 염기성 물질을 중화시키는 방법
• 마늘, 파, 양파, 생강, 겨자, 고추냉이, 맛술 등의 향신료를 사용하는 방법
• 비린내 억제 효과가 있는 된장, 간장을 첨가하는 방법
• 우유에 미리 담가 두었다가 조리하는 방법(우유의 단백질인 카세인이 트리메틸아민을 흡착하므로 비린내를 제거하는 데 효과적)

34 상 중 하

난백으로 거품을 만들 때 이에 대한 설명으로 옳은 것은?

① 레몬즙을 1~2방울 떨어뜨리면 거품 형성이 용이하다.
② 지방은 거품 형성을 용이하게 한다.
③ 소금은 거품의 안정성에 기여한다.
④ 묽은 달걀보다 신선란이 거품 형성을 용이하게 한다.

| 해설 | 수양란일수록(수양란이 농후란에 비해 안전성과 점성이 적음) 거품 형성이 잘 되며 30℃에서 거품이 잘 일어난다. 식초, 레몬즙과 같은 산을 첨가하면 기포 발생이 잘 되나, 설탕, 우유, 기름은 기포 발생을 저해한다.

정답									
28	①	29	③	30	②	31	④	32	③
33	②	34	①						

35 [상][중][하]

간장의 지미 성분은?

① 포도당(Glucose)

② 전분(Starch)

③ 글루탐산(Glutamic Acid)

④ 아스코르브산(Ascorbic Acid)

| 해설 | 단백질 식품에 많은 글루탐산(Glutamic Acid)은 지미 성분으로 간장, 김, 된장, 다시마에 많다.

36 [상][중][하]

고체화한 지방을 여과 처리하는 방법으로 샐러드유 제조 시 이용되며, 유화 상태를 유지하기 위한 가공 처리 방법은?

① 용출 처리　　　　② 동유 처리

③ 정제 처리　　　　④ 경화 처리

| 해설 | 동유 처리란 액체로 된 기름 온도를 낮추면 고체화된 지방이 생기는데, 그 고체 기름을 걸러내는 방법을 말한다. 동유 처리는 마요네즈처럼 냉장하는 기름에 많이 사용한다.

37 [상][중][하]

티아민의 손실이 가장 많은 조리 방법은?

① 찜　　　　　② 튀김

③ 구이　　　　④ 삶기

| 해설 | 티아민(비타민 B_1)은 수용성 비타민이므로 티아민의 손실이 가장 많은 조리 방법은 삶기이다.

38 [상][중][하]

냉동식품의 해동법에 대한 설명으로 옳은 것은?

① 냉동된 밥은 냉장실에서 해동한다.

② 냉동된 어류는 뜨거운 물에 담가 빨리 해동한다.

③ 날로 먹는 회 종류는 실온에서 해동한다.

④ 조리 또는 반조리식품은 그대로 직접 가열한다.

| 해설 | 조리 또는 반조리식품은 녹기 직전에 그대로 직접 가열한다.

39 [상][중][하]

찜 조리에 대한 설명으로 옳은 것은?

① 찌는 도중에 조미할 수 있다.

② 수용성 영양 성분의 손실이 많다.

③ 유동성 식품은 용기에 넣어도 찔 수 없다.

④ 쉽게 부서지지 않고 맛이나 향기를 유지하는 조리법이다.

| 해설 | 찜은 수증기의 기화열(539kcal/g)을 이용하는 방법으로, 압력을 가하지 않는 한 100℃를 넘지 않는다.

40 [상][중][하]

생식으로 사용하더라도 열처리를 해야 하는 것은?

① 기장　　　　　② 콩

③ 보리　　　　　④ 수수

| 해설 | 날콩 속에 소화를 억제하는 트립신 저해물질(Trypsin Inhibitor)이 있어 소화를 방해하므로 가열하여 파괴해야 한다.

41 [상][중][하]

토란의 점성 물질은?

① 이눌린　　　　② 갈락탄

③ 효모젠티스산　　④ 글루코만난

| 해설 | 토란의 점성 물질은 갈락토오스의 중합체인 갈락탄이다.

42 [상][중][하]

유지의 산패를 차단하기 위해 사용하는 물질은?

① 보존제　　　　② 발색제

③ 항산화제　　　④ 표백제

| 해설 | 유지의 산패를 방지하는 방법으로 천연 항산화제가 있는 식물성 기름을 사용한다.

정답

35	③	36	②	37	④	38	④	39	④
40	②	41	②	42	③				

01 상 중 하

미르포아(Mirepoix)의 구성에 해당하는 재료는?

① 셀러리, 양파, 당근
② 대파, 마늘, 식초
③ 양파, 마늘, 후추
④ 핫소스, 마늘, 대파

| 해설 | 미르포아는 스톡의 향을 강화할 때 사용하는 양파, 당근, 셀러리의 혼합물을 말한다.

02 상 중 하

얇게 썬 빵에 속재료를 넣고 위·아래를 빵으로 덮는 형태인 샌드위치는?

① 오픈 샌드위치(Open Sandwich)
② 핑거 샌드위치(Finger Sandwich)
③ 롤 샌드위치(Roll Sandwich)
④ 클로우즈드 샌드위치(Closed Sandwich)

| 해설 | ① 오픈 샌드위치(Open Sandwich): 얇게 썬 빵에 속재료를 넣고 위에 덮는 빵을 올리지 않은 오픈 형태
② 핑거 샌드위치(Finger Sandwich): 일반 식빵을 클로우즈드 샌드위치로 만들고 손가락 모양으로 길게 3~6등분으로 썰어 제공하는 형태
③ 롤 샌드위치(Roll Sandwich): 빵을 넓고 길게 잘라 재료(크림치즈, 게살, 훈제 연어, 참치)를 넣고 둥글게 만 후 썰어 제공하는 형태

03 상 중 하

서퍼(Supper) 메뉴에 대한 설명으로 옳지 않은 것은?

① 늦은 저녁 식사 또는 밤참을 말한다.
② 각종 모임이나 행사 후 가벼운 음식의 2~3코스로 구성된다.
③ 격식을 차린 점심 식사를 말한다.
④ 소화가 잘 되는 재료와 조리법을 사용한다.

| 해설 | 격식을 차린 점심 식사는 런천(Luncheon)이다.

04 상 중 하

세계 3대 수프가 아닌 것은?

① 프랑스의 부야베스
② 중국의 샥스핀
③ 태국의 똠양꿍
④ 이탈리아의 미네스트로네

| 해설 | 미네스트로네는 각종 야채, 베이컨, 파스타를 넣고 끓인 이탈리아의 대표적인 야채 수프이나 세계 3대 수프는 해당하지 않는다.

05 상 중 하

보존을 위해 육류나 양념을 항아리에 담아 두는 조리 방법은?

① 콩디망(Condiment)
② 테린(Terrine)
③ 갈라틴(Galantine)
④ 로스트(Roasted)

| 해설 | ① 콩디망(Condiment): 요리에 사용되는 여러 가지 양념을 섞은 것
③ 갈라틴(Galantine): 재료를 랩이나 면포로 말아 스톡에 익힌 후 식혀 차갑게 제공하는 프랑스 전통 요리
④ 로스트(Roasted): 육류를 덩어리째 오븐에 굽는 방법

06 상 중 하

전채 요리 중 스터프드 에그(Stuffed Egg)를 만들 때 사용하는 조리 도구는?

① 고운체　　　　　② 달걀 절단기
③ 프라이팬　　　　④ 짤 주머니

| 해설 | ① 고운체: 음식을 거를 때 사용
② 달걀 절단기: 달걀을 삶아 껍질을 벗긴 후 일정한 모양으로 썰 때 사용
③ 프라이팬: 생선, 고기, 야채 등을 볶거나 튀길 때 사용

정답

| 01 | ① | 02 | ④ | 03 | ③ | 04 | ④ | 05 | ② |
| 06 | ④ | | | | | | | | |

07 상 중 하

각종 뼈, 야채를 오븐이나 스토브에서 갈색으로 구워 향신료를 넣고 장시간 끓이는 스톡은?

① 브라운 스톡(Brown Stock)

② 화이트 스톡(White Stock)

③ 부용(Bouillon)

④ 쿠르 부용(Court Bouillon)

| 해설 | ② 화이트 스톡(White Stock): 찬물에 각종 뼈, 야채, 향신료를 넣어 은근히 끓인 스톡

③ 부용(Bouillon): 야채, 식초, 소금, 와인 등을 넣고 맑게 끓인 스톡

④ 쿠르 부용(Court Bouillon): 야채, 부케가르니, 식초나 와인 등의 산성 액체를 넣어 은근히 끓여 만든 스톡

08 상 중 하

밀가루 반죽을 링 모양으로 만들어 발효시키고 끓는 물에 익힌 후 오븐에 구워 낸 빵은?

① 베이글(Bagel)

② 바게트(Baguette)

③ 치아바타(Ciabatta)

④ 포카치아(Focaccia)

| 해설 | ② 바게트(Baguette): 프랑스 빵의 일종으로 겉이 바삭하고 딱딱한 긴 원통형 막대 모양의 빵

③ 치아바타(Ciabatta): 통밀가루, 맥아, 물, 소금 등의 천연 재료만 사용하여 만든 빵

④ 포카치아(Focaccia): 밀가루 반죽에 올리브유, 소금, 허브 등을 넣어 구운 납작한 빵

09 상 중 하

기름, 식초, 소금, 후추를 넣고 빠르게 섞어 주면 일시적으로 섞이면서 유화되는 드레싱은?

① 마요네즈

② 사우전 아일랜드 드레싱

③ 비네그레트

④ 아이올리

| 해설 | 오일과 식초를 3 : 1의 비율로 섞어 만든 드레싱에는 비네그레트, 레드와인비네그레트, 발사믹비네그레트, 세리와인비네그레트 등이 있다.

10 상 중 하

서양 과자의 한 종류로 표면이 벌집 모양이고 색감이 바삭하며 아침 식사와 브런치, 디저트로 활용되는 빵은?

① 팬케이크(Pancake)

② 와플(Waffle)

③ 프렌치토스트(French Toast)

④ 호밀빵(Rye Bread)

| 해설 | ① 팬케이크(Pancake): 밀가루, 달걀, 물 등으로 반죽을 한 뒤 프라이팬에 구워 버터와 메이플 시럽을 뿌려 먹는다.

③ 프렌치토스트(French Toast): 계핏가루, 설탕, 우유에 담근 빵을 버터를 두른 팬에 구워 잼과 시럽을 곁들여 먹는다.

④ 호밀빵(Rye Bread): 호밀을 주원료로 한 독일의 전통 빵으로 속이 꽉 차 있고, 향이 강하며 섬유소가 많아 건강 빵으로 사용된다.

11 상 중 하

식이섬유소가 풍부하여 아침 식사로 많이 먹고, 귀리를 볶은 다음 거칠게 부수거나 납작하게 누른 식품으로 육수나 우유를 넣고 죽처럼 조리해서 먹는 시리얼은?

① 오트밀(Oatmeal)

② 라이스 크리스피(Rice Krispy)

③ 콘플레이크(Cornflakes)

④ 쉬레디드 휘트(Shredded Wheat)

| 해설 | ② 라이스 크리스피(Rice Krispy): 쌀을 바삭바삭하게 튀긴 것

③ 콘플레이크(Cornflakes): 옥수수를 구워서 얇게 으깨어 만든 것

④ 쉬레디드 휘트(Shredded Wheat): 밀을 조각내고 으깨어 사각형 모양으로 만든 것

12 상 중 하

가운데가 굵고 양끝이 가는 타원형의 5cm 길이로 써는 방법은?

① 에멩세(Emincer) ② 민스(Mince)

③ 샤토(Chateau) ④ 올리베트(Olivette)

| 해설 | ① 에멩세(Emincer): 얇게 저며 써는 방법

② 민스(Mince): 야채나 고기를 잘게 다지는 방법

④ 올리베트(Olivette): 올리브 모양으로 깎는 방법

정답									
07	①	08	①	09	③	10	②	11	①
12	③								

13 상 중 하

토마토, 오이, 양파, 피망 등 다양한 채소를 갈아서 만든 스페인의 대표적인 차가운 수프는?

① 비시스와즈(Vichyssoise)

② 베샤멜(Bechamel)

③ 퓌레(Puree)

④ 가스파초(Gazpacho)

| 해설 | ① 비시스와즈(Vichyssoise): 삶은 감자를 체에 내려 퓌레로 만든 후, 잘게 썬 대파의 흰 부분과 함께 볶아 물이나 육수(Stock)를 넣고 끓인 차가운 수프
② 베샤멜(Bechamel): 화이트 루(White Roux)에 우유를 넣고 만든 약간 묽은 수프
③ 퓌레(Puree): 과일이나 채소를 블렌더 등으로 갈아 다시 걸러진 부드러운 질감의 액체 형태의 음식

14 상 중 하

꽃(Flower)을 사용하는 향신료가 아닌 것은?

① 샤프론   ② 클로브(정향)

③ 케이퍼   ④ 넛맥

| 해설 | 넛맥은 씨앗을 건조시켜 만든 향신료이다.

15 상 중 하

육류 요리 플레이팅의 5가지 구성 요소 중 단백질 파트로 구성된 것은?

① 감자, 쌀, 파스타

② 브로콜리, 콜리플라워, 아스파라거스

③ 육류, 가금류 등

④ 모체 소스, 응용 소스

| 해설 | 육류 요리 플레이팅의 5가지 구성 요소
• 탄수화물 파트: 감자, 쌀, 파스타 등
• 단백질 파트: 육류, 가금류 등
• 비타민 파트: 브로콜리, 콜리플라워, 아스파라거스 등
• 소스 파트: 모체 소스, 응용 소스(육류와 조화롭게 구성)
• 가니쉬 파트: 신선한 잎(향신료)이나 기타 튀김을 이용

16 상 중 하

길고 얇은 리본 파스타로 면의 모양이 칼국수처럼 길고 납작한 생면 파스타는?

① 탈리올리니(Tagliolini)

② 라비올리(Ravioli)

③ 오레키에테(Orecchiette)

④ 탈리아텔레(Tagliatelle)

| 해설 | ① 탈리올리니(Tagliolini): 탈리아텔레보다 너비가 좁다.
② 라비올리(Ravioli): 속을 채운 후 납작하게 빚어낸 만두형 파스타이다.
③ 오레키에테(Orecchiette): 중앙부가 깊고 오목하게 파인 타원형의 파스타이다.

17 상 중 하

파스타를 삶는 방법으로 옳지 않은 것은?

① 파스타를 삶는 냄비는 깊고, 파스타 양의 10배 정도의 크기가 적당하다.

② 1L 내외의 물에 파스타의 양은 200g 정도가 적당하다.

③ 파스타를 삶을 때 서로 달라붙지 않도록 분산되게 넣고 잘 저어주어야 한다.

④ 알덴테(Al dente)는 파스타를 삶는 정도를 말하며 파스타 속에 심이 있는 상태이다.

| 해설 | 1L 내외의 물에 파스타의 양은 100g 정도가 적당하다.

18 상 중 하

파스타를 만들 때 사용하는 부재료에 대한 설명으로 옳지 않은 것은?

① 파스타에는 담백한 향미와 농도감을 위해 엑스트라버진 올리브 오일을 사용한다.

② 후추는 파스타뿐만 아니라 이탈리아 요리에서 제외될 수 없는 중요한 재료이다.

③ 토마토가 파스타에 사용된 것은 18세기경이며, 파스타 요리에 있어서 빠질 수 없는 재료이다.

④ 고운 소금은 염장 또는 파스타 삶은 물의 염도를 내는 데 사용한다.

| 해설 | 천일염인 굵은 소금은 염장 또는 파스타 삶은 물의 염도를 내는 데 사용하고, 고운 소금은 간을 하는 데 사용한다.

정답									
13	④	14	④	15	③	16	④	17	②
18	④								

19 상 중 하

타르타르소스(Tartar Sauce)를 만드는 재료로 적절하지 않은 것은?

① 마요네즈, 레몬, 오이피클
② 양파, 달걀, 흰 후춧가루
③ 파슬리, 식초, 소금
④ 케첩, 마요네즈, 오이피클, 양파, 달걀

| 해설 | 케첩, 마요네즈, 오이피클, 양파, 달걀은 사우전 아일랜드 드레싱을 만드는 재료이다.

20 상 중 하

루(Roux)에 대한 설명으로 옳은 것은?

① 밀가루와 버터를 볶은 것이다.
② 밀가루와 물을 섞어 놓은 것이다.
③ 밀가루, 설탕, 물을 끓인 것이다.
④ 달걀, 식용유를 휘핑한 것이다.

| 해설 | 루(Roux)는 밀가루와 버터를 볶아 주요리의 형태에 따라 화이트 루, 브론드 루, 브라운 루로 만든다.

21 상 중 하

스톡(Stock)에 대한 설명으로 옳은 것은?

① 스톡은 소금 간을 하고 식혀 냉장 보관한다.
② 스톡은 끓여 간을 하지 않고 육류, 생선, 가금류, 뼈, 향신채를 이용하여 만든다.
③ 스톡은 상온 보관이 원칙이다.
④ 조리된 스톡은 내용물과 스톡으로 분리하지 않고 사용한다.

| 해설 | ① 스톡은 간을 하지 않고 식혀, 사용 기간에 따라 냉장 또는 냉동 보관한다.
③ 스톡은 용도에 따라 냉장·냉동 보관하며, 스톡을 만든 후 즉시 사용할 경우 상온 보관이 가능하다.
④ 내용물과 스톡은 분리하여 다른 불순물이 섞이지 않게 한다.

22 상 중 하

포칭(Poaching)에 대한 설명으로 옳은 것은?

① 식품을 물이나 스톡, 쿠르 부용에 넣고 뚜껑을 덮지 않고 가볍게 데치는 것이다.
② 오븐 안에서 건조열로 굽는 방법으로, 육류나 채소 조리에 사용한다.
③ 식품을 끓는 물에 넣고 천천히 또는 단시간 내에 끓여 찬물에 헹구는 조리법이다.
④ 식품을 찬물이나 끓는 물에 넣고 끓이는 조리법이다.

| 해설 | ②는 굽기(Baking), ③은 데치기(Blanching), ④는 끓이기(Boiling)에 대한 설명이다.

23 상 중 하

전채 요리에 속하는 메뉴로 묶은 것은?

① B.L.T. 샌드위치, 치킨알라킹
② 월도프샐러드, 타르타르소스
③ 이탈리안 미트 소스, 브라운 스톡
④ 쉬림프 카나페, 프렌치프라이드 쉬림프

| 해설 | 전채 요리는 주요리보다 소량으로 만들고 식욕을 돋우는 요리이다.

24 상 중 하

샌드위치 만드는 빵의 종류로 적절하지 않은 것은?

① 소보로빵, 크루아상
② 식빵, 포카치아
③ 바게트, 베이글
④ 치아바타, 햄버거번

| 해설 | 크루아상은 샌드위치를 만들 때 많이 사용하지만, 소보로빵은 샌드위치 빵으로 적절하지 않다.

정답									
19	④	20	①	21	②	22	①	23	④
24	①								

25 상중하

조식(Breakfast)의 메뉴 구성으로 적절한 것은?

① 스테이크, 샐러드, 우유
② 달걀, 시리얼, 빵
③ 주스, 파스타, 치즈오믈렛
④ 치킨커틀렛, 타르타르소스, 비프 스튜

| 해설 | 조식(Breakfast)은 서양에서 아침 식사를 말하며, 식재료로는 주로 달걀, 시리얼, 빵 등을 사용한다.

26 상중하

육류의 잡내를 제거하고 음식의 외관상 신선하게 보이며 장식적인 요소를 가진 허브로 적절하지 않은 것은?

① 로즈메리
② 바질
③ 마늘, 생강
④ 파슬리

| 해설 | 로즈메리, 바질, 세이지, 파슬리, 타임 등은 생잎을 그대로 사용하여 육류의 잡내를 제거하고 장식의 역할을 한다.

27 상중하

건열식 조리 방법 설명으로 옳지 않은 것은?

① 브로일링(Broiling) – 열원이 위에 있어 불 밑에서 음식을 넣어 익히는 윗불 구이 방식이다.
② 그릴링(Grilling) – 열원이 아래에 있고 직접 불로 굽는 방법으로 아랫불 구이 방식이다.
③ 시어링(Searing) – 강한 열을 가하여 짧은 시간에 육류나 가금류의 겉만 익히는 방법이다.
④ 끓이기(Boiling) – 물이나 육수 등의 액체에 재료를 끓이거나 삶는 방법이다.

| 해설 | 끓이기는 습열식 조리 방법이다.

28 상중하

진공 저온 조리법으로 완전 밀폐와 가열 처리 가능한 위생 플라스틱 비닐 속에 재료와 조미료 양념을 넣고 진공포장하여 저온에서 장시간 조리하는 조리법은?

① 브레이징(Braising)
② 수비드(Sous vide)
③ 소테(Sauteing)
④ 시머링(Simmering)

| 해설 | ① 브레이징: 건열식, 습열식의 두 가지 방식을 이용한 조리 방법이다.
③ 소테: 유지를 사용하여 고온에서 단시간에 조리하는 방법으로 수용성 성분의 용출을 줄일 수 있다.
④ 시머링: 은근히 끓이기를 의미하며, 85~93℃의 약한 불에서 식지 않을 정도로 조리하는 방법이다.

29 상중하

육류의 익힘 정도를 덜익은 정도부터 순서대로 나열한 것은?

① 레어 – 미디엄 레어 – 미디엄 – 미디엄 웰던 – 웰던
② 웰던 – 미디엄 웰던 – 미디엄 – 미디엄 레어 – 레어
③ 미디엄 웰던 – 웰던 – 미디엄 – 레어 – 미디엄 레어
④ 레어 – 미디엄 – 미디엄 레어 – 웰던 – 미디엄 웰던

| 해설 | 육류 익힘의 정도는 '레어 – 미디엄 레어 – 미디엄 – 미디엄 웰던 – 웰던' 순이다.

30 상중하

육류 요리 플레이팅의 구성 요소에 대한 설명으로 옳지 않은 것은?

① 단백질 파트는 육류, 가금류로 구성한다.
② 탄수화물 파트는 감자, 쌀, 파스타로 구성한다.
③ 소스 파트는 육류와 조화롭게 구성한다.
④ 육류의 양을 많이 담아 고객 만족에 신경을 쓰고, 접시 온도는 항상 차갑게 한다.

| 해설 | 요리에 알맞은 양을 균형 있게 담고, 접시 온도는 요리에 따라 적절하게 한다.

정답									
25	②	26	③	27	④	28	②	29	①
30	④								

31 상 중 하

향신료에 속하는 허브(Herb)에 대한 설명으로 옳은 것은?

① 식물의 줄기를 말리지 않고 통째로 사용하는 것

② 식물의 잎, 꽃봉오리와 같이 신선한 형태로 말린 것

③ 식물의 뿌리를 통째로 사용 또는 다져서 사용하는 것

④ 식물의 껍질 부분만 가루를 내어 사용하는 것

| 해설 | 허브는 식물의 잎, 꽃봉오리와 같이 신선한 형태로 말린 것이다.

32 상 중 하

향신료에 속하는 스파이스(Spice)에 대한 설명으로 옳은 것은?

① 식물의 씨, 줄기, 나무껍질, 뿌리 등을 통째로 또는 가루로 사용하는 것

② 양파, 당근, 셀러리를 썰어 말린 것

③ 매운 식물의 잎을 통째로 사용하는 것

④ 새싹채소나 쌈채소를 말려서 사용하는 것

| 해설 | 스파이스는 식물의 씨, 줄기, 나무껍질, 뿌리 등을 통째로 또는 가루로 사용하는 것을 말한다.

33 상 중 하

토마토 페이스트에 대한 설명으로 옳은 것은?

① 토마토를 파쇄하여 그대로 조미하지 않고 농축시킨 것

② 토마토 퓌레에 어느 정도 향신료를 가미한 것

③ 토마토 퓌레를 더 강하게 농축하고 수분을 날린 것

④ 토마토 껍질만 벗겨 통조림으로 만든 것

| 해설 | ①은 토마토 퓌레, ②는 토마토 쿨리스, ④는 토마토 홀에 대한 설명이다.

정답					
31	②	32	①	33	③

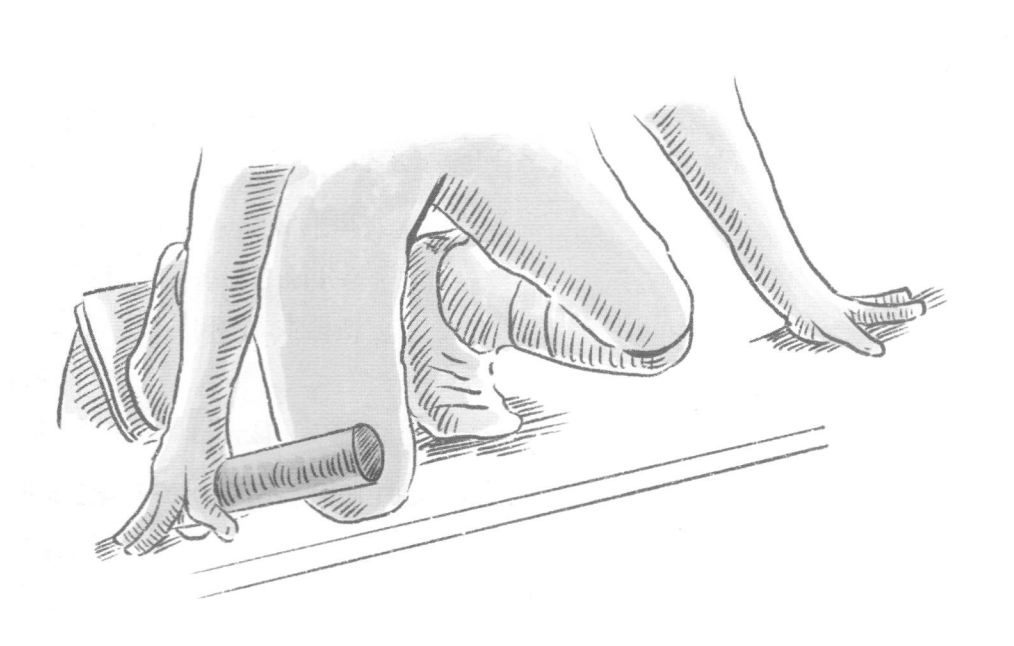

에듀윌이
너를
지지할게
ENERGY

생각하는 것이 인생의 소금이라면
희망과 꿈은 인생의 사탕이다.
꿈이 없다면 인생은 쓰다.

– 바론 리튼(Baron Ritten)

상시시험 대비
기출복원
모의고사

01회 기출복원 모의고사	69
02회 기출복원 모의고사	75
03회 기출복원 모의고사	81
04회 기출복원 모의고사	87
05회 기출복원 모의고사	93
06회 기출복원 모의고사	99
07회 기출복원 모의고사	104
08회 기출복원 모의고사	109
09회 기출복원 모의고사	115
10회 기출복원 모의고사	121

상시시험 대비

기출복원
모의고사

01

조리장의 입지 조건으로 적절하지 않은 것은?

① 채광, 환기, 건조, 통풍이 잘 되는 곳
② 양질의 음료수 공급과 배수가 용이한 곳
③ 단층보다 지하층에 위치하여 조용한 곳
④ 쓰레기 처리장, 변소와 멀리 떨어져 있는 곳

02

수인성 감염병에 대한 설명으로 옳지 않은 것은?

① 단시간에 다수의 환자가 발생한다.
② 환자의 발생은 그 급수 지역과 관련 있다.
③ 성별, 연령별로 발생률의 차이가 크다.
④ 오염원의 제거로 일시에 종식될 수 있다.

03

새우, 게류를 삶을 때 나타나는 색소는?

① 카로틴 색소
② 헤모글로빈 색소
③ 아스타신 색소
④ 안토시안 색소

04

감자의 발아 부위와 녹색으로 나타나는 곳에 해당하는 독성분은?

① 솔라닌
② 셉신
③ 삭시톡신
④ 시큐톡신

05

출입·검사·수거 등에 관한 사항으로 옳지 않은 것은?

① 식품의약품안전처장은 검사에 필요한 최소량의 식품 등을 무상으로 수거하게 할 수 있다.
② 출입·검사·수거 또는 장부 열람을 하고자 하는 공무원은 그 권한을 표시하는 증표를 지녀야 하며 관계인에게 이를 내보여야 한다.
③ 시장·군수·구청장은 필요에 따라 영업을 하는 자에 대하여 필요한 서류나 그 밖의 자료 제출을 요구할 수 있다.
④ 행정처분을 받은 업소에 대한 출입·검사·수거 등은 그 처분일로부터 1년 이내에 1회 이상 실시해야 한다.

06

주방의 바닥 조건으로 옳은 것은?

① 산이나 알칼리에 약하고, 습기·열에 강해야 한다.
② 바닥 전체의 물매는 20분의 1이 적당하다.
③ 조리작업을 드라이 시스템화할 경우의 물매는 100분의 1 정도가 적당하다.
④ 고무타일, 합성수지타일 등이 잘 미끄러지지 않으므로 적합하다.

07

국소진동으로 인한 질병 및 직업병의 예방 대책이 아닌 것은?

① 보건교육
② 완충장치
③ 방열복 착용
④ 작업시간 단축

08

자외선에 의한 인체 건강장애가 아닌 것은?

① 설안염
② 피부암
③ 폐기종
④ 백내장

09

생균을 이용하여 인공능동면역이 되며, 면역 획득에 있어서 영구면역성인 질병은?

① 세균성 이질
② 폐렴
③ 홍역
④ 임질

10

음식물 섭취와 관련 없는 기생충은?

① 회충
② 사상충
③ 광절열두조충
④ 요충

11

클로스트리디움 보툴리눔 식중독을 일으키는 주된 원인 식품은?

① 통조림 식품　　　　② 채소류
③ 과일류　　　　　　④ 곡류

12

130~140℃에서 1~2초간 가열하는 우유의 살균 방법은?

① 저온살균법　　　　② 고압증기멸균법
③ 고온단시간살균법　④ 초고온순간살균법

13

사시, 동공확대, 언어장애 등과 같은 신경마비 증상을 나타내며 비교적 높은 치사율을 보이는 식중독 원인균은?

① 클로스트리디움 보툴리눔균
② 포도상구균
③ 병원성 대장균
④ 셀레우스균

14

후천성 면역결핍의 바이러스 감염 경로가 아닌 것은?

① 혈액　　　　　　　② 성행위
③ 모자감염　　　　　④ 경구감염

15

이타이이타이병의 유발 물질은?

① 수은(Hg)　　　　　② 납(Pb)
③ 칼슘(Ca)　　　　　④ 카드뮴(Cd)

16

수질의 분변오염지표균은?

① 장염비브리오균　　② 대장균
③ 살모넬라균　　　　④ 웰치균

17

집단급식소를 설치·운영하려는 자의 식품위생교육 시간은?

① 6시간　　　　　　② 4시간
③ 8시간　　　　　　④ 2시간

18

다음에서 설명하는 공중보건상 용어는?

> 임신·분만·산욕(분만 후 자궁 등이 임신 전의 상태로 돌아가는 기간)과 연관된 질병 또는 이로 인한 합병증 때문에 일어나는 사망률을 말한다.

① 영아사망률　　　　② 비례사망률
③ 조사망률　　　　　④ 모성사망률

19

많은 사람이 밀집된 실내에서 공기가 물리적·화학적 조성의 변화를 일으키는 현상은?

① 군집독　　　　　　② 감염병
③ 중독　　　　　　　④ 미세먼지

20

용존산소량(DO)의 측정에 대한 설명으로 옳지 않은 것은?

① 물속에 녹아 있는 산소량이다.
② 용존산소량은 4~5ppm 이상이어야 한다.
③ 용존산소량이 낮을수록 오염도가 높다.
④ 물속에 존재하는 수소이온량을 나타내는 지수이다.

21

각종 식재료를 필요한 형태로 얇게 써는 기계는?

① 음식 절단기　　　② 제빙기
③ 식기세척기　　　④ 튀김기

22

안전관리자의 안전교육에서의 역할로 옳지 않은 것은?

① 위험 관리, 사고 조사, 안전성과 안전 감독을 관리·측정한다.
② 안전 방침을 개발하며 안전 정보를 관리하고 의사소통한다.
③ 정보 수집 방법을 제시하고 조사 방법을 개선한다.
④ 규정을 제정하고 상벌을 위한 리더의 권한을 행사한다.

23

조리장비·도구의 정기점검에 대한 설명으로 옳은 것은?

① 주방관리자가 매일 육안으로 점검한다.
② 안전관리책임자가 매년 1회 이상 정기적으로 점검한다.
③ 관리주체가 필요하다고 판단될 때 실시한다.
④ 재해나 사고로 인한 구조적 손상 등에 의해 긴급히 시행한다.

24

작업장의 조명과 바닥 관리에 대한 설명으로 옳지 않은 것은?

① 대부분의 작업장은 백열등이나 형광등을 사용한다.
② 스테인리스로 된 작업 테이블을 사용한다.
③ 조리작업장의 권장 조도는 220Lux 이상이다.
④ 작업대에 사용되는 날카로운 조리기구 등은 미끄럼 사고 등의
　원인이며 재해로 발전할 수 있다.

25

결합수에 대한 설명으로 옳지 않은 것은?

① 수용성 물질을 녹일 수 없어 용매로 작용이 불가능하다.
② 100℃에서 쉽게 증발되지 않는다.
③ 미생물의 번식에 이용이 가능하다.
④ 자유수보다 밀도가 크다.

26

미생물과 수분활성도에 대한 설명으로 옳지 않은 것은?

① 수분활성도가 큰 식품일수록 미생물의 번식이 쉽고 저장성이
　낮다.
② 수분활성도가 0.6 이하에서는 미생물의 번식 억제가 가능하다.
③ 소금 절임은 수분활성도를 낮게 하여 미생물의 생육을 억제한다.
④ 보통 곰팡이의 최저 수분활성도는 0.91 이상이다.

27

탄수화물의 다당류에 해당하지 않는 것은?

① 전분　　　　　　　② 섬유소
③ 포도당　　　　　　④ 펙틴

28

단백질, 탄수화물, 지방의 1g당 발생하는 에너지를 바르게 나열한
것은?

	단백질	탄수화물	지방
①	4kcal	4kcal	9kcal
②	9kcal	4kcal	9kcal
③	4kcal	4kcal	4kcal
④	4kcal	9kcal	9kcal

29

불포화지방산인 식물성 기름을 가공식품으로 만들 때 산패를 억제
하기 위해 수소를 첨가하는 과정에서 생기는 지방산은?

① 필수지방산　　　　② 트랜스지방산
③ 불포화지방산　　　④ 포화지방산

30

칼슘 부족으로 생기는 결핍증은?

① 골다공증　　　　　② 빈혈
③ 우치(충치)　　　　④ 혈색소증

31

피부의 상피 세포를 보호하고 눈의 기능을 좋게 하는 지용성 비타
민은?

① 비타민 D　　　　　② 비타민 E
③ 비타민 F　　　　　④ 비타민 A

32

육색소라고도 하며, 가축의 종류, 연령, 근육 부위에 따라 함량이
달라지는 동물성 색소는?

① 미오글로빈　　　　② 헤모글로빈
③ 아스타산틴　　　　④ 멜라닌

33

쓴맛의 성분과 식품의 연결이 옳지 않은 것은?

① 쿠쿠르비타신 – 오이의 꼭지 부분
② 나린진 – 밀감, 자몽
③ 테인 – 차류
④ 케르세틴 – 맥주(호프)

34

단팥죽에 약간의 소금을 첨가하여 단맛을 좋게 하는 것과 관련 있는 맛의 변화 현상은?

① 대비 현상
② 상쇄 현상
③ 변조 현상
④ 억제 현상

35

식품과 유독 성분의 연결이 옳지 않은 것은?

① 복어 – 테트로도톡신
② 맥각 – 에르고톡신
③ 감자 – 솔라닌
④ 면실유 – 무스카린

36

식재료의 소비기한에 대한 설명으로 옳은 것은?

① 정해진 조건하에서 보관했을 때 위생상의 안전성이 보장되는 최종 기한으로, 소비기한이 지난 식품은 소비할 수 없다.
② 식품의 특수성을 고려한 가장 종합적인 의미의 유통기한이다.
③ 식품이 팔리게 될 용기에 포장된 날짜로 식품을 제조한 날짜이다.
④ 최상의 품질로 유지 가능한 기한이다.

37

다음 설명에 해당하는 시장조사의 원칙은?

> 식품은 구매 활동에 변동이 많으므로 시장 변동 상황에 능동적으로 대응할 수 있어야 한다.

① 비용 경제성의 원칙
② 조사 탄력성의 원칙
③ 조사 적시성의 원칙
④ 조사 계획성의 원칙

38

구매 담당자가 공급업자를 선정할 때 고려해야 할 사항으로 옳지 않은 것은?

① 대량 구매 시에는 전문 공급업자를 선정한다.
② 소량 구매 시에는 근거리에서 구매한다.
③ 원가가 저렴한 곳을 최우선으로 한다.
④ 단일업종을 취급하는 공급업자와 계약하는 것이 가격과 품질 면에서 합리적이다.

39

알타리 김치를 50kg 담그고자 할 때 알타리 구입에 필요한 비용은?

> • 알타리 15kg의 값: 30,000원
> • 폐기율: 5%

① 93,200원
② 105,263원
③ 150,000원
④ 151,000원

40

식재료의 검수 순서를 나타낼 때, 빈칸에 들어갈 내용을 순서대로 나열한 것은?

> 냉장식품 → (   ) → 신선식품(과일, 채소) → (   )

① 냉동식품, 공산품
② 공산품, 냉동식품
③ 상온보관식품, 냉동식품
④ 곡류, 두류, 어패류

41

조리 시 식품에 있어서 버려지는 부분의 양으로 껍질, 꼭지, 씨 등이 해당하는 것은?

① 폐기량
② 정미량
③ 폐기율
④ 정미율

42

재료를 직화로 굽는 방법으로 높은 온도에서 조리하는 방법은?

① 볶기(Sauteing, 소테)
② 굽기(Broilling, 브로일링)
③ 지지기(Pan – frying, 팬 – 프라잉)
④ 튀기기(Deep – frying, 딥 – 프라잉)

43

감각온도의 3요소에 해당하지 않는 것은?

① 기온
② 기습
③ 기류
④ 기압

44

중간숙주 없이 감염이 가능한 기생충은?

① 아니사키스
② 회충
③ 폐흡충
④ 간흡충

45

우리나라의 경우 계량컵(1C)은 몇 mL(cc)인가?

① 150mL
② 200mL
③ 240mL
④ 300mL

46

조리장의 벽, 창문에 대한 설명으로 옳지 않은 것은?

① 벽의 마감재로는 자기타일, 모자이크타일, 금속판, 내수합판 등을 사용한다.
② 창 면적은 바닥의 40% 정도가 적당하다.
③ 30메시 이상의 방충망을 설치하여 해충의 침입을 방어한다.
④ 창문은 밀폐할 수 있는 고정식으로 한다.

47

매개 곤충과 질병의 연결이 옳지 않은 것은?

① 이 – 발진티푸스
② 쥐, 벼룩 – 페스트
③ 모기 – 사상충증
④ 벼룩 – 렙토스피라증

48

엽채류에 해당하지 않는 것은?

① 배추
② 상추
③ 무
④ 깻잎

49

돼지고기의 삼겹살을 이용한 조리법으로 가장 적절하지 않은 것은?

① 조림
② 구이
③ 훈제
④ 튀김

50

달걀의 녹변 현상이 잘 일어나는 경우에 해당하지 않는 것은?

① 삶은 즉시 찬물에 넣어 식히지 않은 경우
② 신선도가 낮은 경우
③ 가열 온도가 높은 경우
④ 가열 시간이 짧을 경우

51

우유에 함유된 단백질이 아닌 것은?

① 락토글로불린(Lactoglobulin)
② 카세인(Casein)
③ 레시틴(Lecithin)
④ 락트알부민(Lactalbumin)

52

유지에 대한 설명으로 옳지 않은 것은?

① 유지는 평균 비중이 1인 물보다 적어 물 위에 뜨는 성질이 있다.
② 필수지방산의 공급원이 되며, 지용성 비타민의 흡수에 도움을 준다.
③ 식품의 향, 색, 입안의 감촉 등을 증진시킨다.
④ 동물성 유지는 불포화지방산을, 식물성 유지는 포화지방산을 많이 함유하고 있다.

53

브론드 루에 대한 설명으로 옳은 것은?

① 약간의 갈색이 돌 때까지 볶은 것으로 크림 수프 등을 끓이기 위한 벨루테를 만들 때 사용한다.

② 색이 나기 직전까지만 볶아낸 것이다.

③ 색이 짙은 소스를 만들 때 사용한다.

④ 루의 색깔이 갈색을 띤다.

54

서양의 아침 식사인 조식에 사용하는 식재료로 적절하지 않은 것은?

① 달걀   ② 새우

③ 시리얼   ④ 빵

55

양식에서 많이 사용하는 오일의 한 종류로 올리브 열매를 한 번 압착하여 추출한 것으로 품질이 최상급인 오일은?

① 포도씨유

② 카놀라유

③ 엑스트라버진 올리브유

④ 아보카도오일

56

조개, 생선, 게살, 감자, 우유를 이용한 크림 수프는?

① 차우더(Chowder)

② 퓌레(Puree)

③ 콩소메(Consomme)

④ 포타주(Potage)

57

육류 익힘의 정도 5단계를 나타낼 때 빈칸에 들어갈 내용을 순서대로 나열한 것은?

(   ) – 미디엄 레어 – (   ) – 미디엄 웰던 – (   )

① 미디엄, 레어, 웰던

② 레어, 미디엄, 웰던

③ 웰던, 미디엄, 레어

④ 미디엄, 웰던, 레어

58

아침 식사 대용으로 먹는 가공식품을 말하며 곡물을 물이나 우유, 음료에 적셔 죽처럼 부드럽게 먹는 것은?

① 브리오슈   ② 시리얼

③ 와플   ④ 프렌치토스트

59

샌드위치를 조리하는 과정을 순서에 맞게 나열한 것은?

ㄱ 빵 종류 선택
ㄴ 스프레드 선택
ㄷ 속재료 선택
ㄹ 맛과 모양에 어울리는 곁들임 세팅

① ㄱ → ㄴ → ㄷ → ㄹ

② ㄱ → ㄷ → ㄴ → ㄹ

③ ㄱ → ㄷ → ㄹ → ㄴ

④ ㄴ → ㄱ → ㄹ → ㄷ

60

육류를 조리하기 전에 간이 배이도록 하거나, 육류의 누린내를 제거하고 맛을 내게 하는 과정을 무엇이라고 하는가?

① 마리네이드

② 숙성

③ 냉장 처리

④ 로스팅

01

식품영업에 종사하지 못하는 질병에 대한 설명으로 옳지 않은 것은?

① 결핵은 비감염성인 경우 영업에 종사할 수 없다.
② 피부병, 기타 화농성 질환일 경우 영업에 종사할 수 없다.
③ 갑작스러운 국내 유입 또는 유행이 예견되어 긴급한 예방·관리가 필요하여 보건복지부장관이 지정한 감염병을 포함한다.
④ 전염병환자(B형간염환자는 제외)의 경우 영업에 종사할 수 없다.

02

감염형 식중독의 원인균이 아닌 것은?

① 살모넬라균
② 장염비브리오균
③ 병원성 대장균
④ 보툴리누스균

03

간흡충증의 제2중간숙주는?

① 잉어
② 쇠우렁이
③ 물벼룩
④ 다슬기

04

장독소(엔테로톡신)를 가지고 있는 식중독은?

① 살모넬라 식중독
② 황색포도상구균 식중독
③ 클로스트리디움 보툴리눔 식중독
④ 장염비브리오 식중독

05

국가의 보건 수준이나 생활 수준을 나타내는 데 가장 많이 이용되는 지표는?

① 조사망률
② 병상이용률
③ 의료보험계수
④ 영아사망률

06

식품영업자 및 종업원 건강진단의 검진주기로 옳은 것은?

① 1년
② 2년
③ 6개월
④ 1년 6개월

07

식품과 그 식품에서 유래될 수 있는 독성물질의 연결이 옳지 않은 것은?

① 복어 – 테트로도톡신
② 모시조개 – 베네루핀
③ 맥각 – 에르고톡신
④ 은행 – 말토리진

08

기생충과 중간숙주의 연결이 옳지 않은 것은?

① 구충 – 오리
② 간디스토마 – 민물고기
③ 무구조충 – 소
④ 유구조충 – 돼지

09

공중보건사업을 하기 위한 최소 단위가 되는 것은?

① 가정
② 개인
③ 시·군·구
④ 국가

10

병원체가 바이러스(Virus)인 감염병은?

① 결핵
② 회충
③ 발진티푸스
④ 일본뇌염

11

「식품위생법」에 명시된 식품위생의 목적이 아닌 것은?

① 위생상의 위해 방지
② 건전한 유통·판매 도모
③ 식품영양의 질적 향상 도모
④ 식품에 관한 올바른 정보 제공

12

식육 및 어육제품의 가공 시 첨가되는 아질산염과 제2급 아민이 반응하여 생기는 발암물질은?

① 벤조피렌(Benzopyrene)
② PCB(Polychlorinated Biphenyl)
③ 엔－니트로사민(N－Nitrosamine)
④ 말론알데히드(Malonaldehyde)

13

식중독에 대한 설명으로 옳지 않은 것은?

① 자연독이나 유해물질이 함유된 음식물을 섭취함으로써 생긴다.
② 발열, 구역질, 구토, 설사, 복통 등의 증세가 나타난다.
③ 세균, 곰팡이, 화학물질 등이 원인 물질이다.
④ 대표적인 식중독에는 콜레라, 세균성 이질, 장티푸스 등이 있다.

14

화학적 산소요구량을 나타내는 것은?

① COD
② DO
③ BOD
④ SS

15

복어의 먹을 수 있는 부위는?

① 간
② 내장
③ 껍질
④ 아가미

16

D.P.T. 예방접종과 관련 없는 것은?

① 백일해
② 디프테리아
③ 페스트
④ 파상풍

17

유해 감미료에 해당하는 것은?

① 아스파탐
② D－소르비톨
③ 사이클라메이트
④ 사카린나트륨

18

식품첨가물 중 주요 목적이 다른 것은?

① 과산화벤조일
② 과황산암모늄
③ 이산화염소
④ 아질산나트륨

19

식품안전관리인증기준(HACCP)을 수행하는 단계에 있어서 가장 먼저 실시하는 것은?

① 중요관리점 규명
② 관리 기준의 설정
③ 기록 유지 방법의 설정
④ 식품의 위해 요소 분석

20

세계보건기구(WHO)에 따른 식품위생의 정의 중 안전성 및 건전성이 요구되는 단계는?

① 식품의 재료, 채취에서 가공까지
② 식품의 생육, 생산에서 섭취까지
③ 식품의 재료 구입에서 섭취 전의 조리까지
④ 식품의 조리에서 섭취 및 폐기까지

21

재난의 원인으로 4M에 해당하지 않는 것은?

① 인간(Man)
② 기계(Machine)
③ 매체(Media)
④ 회원(Membership)

22

주방 내 작업 중 머리를 보호하기 위해 사용하는 장비는?

① 안전모
② 귀마개
③ 안전화
④ 보안경

23

많은 양의 음식물을 끓이거나 삶아낼 때 사용하는 주방기기는?

① 육류 다짐기
② 회전식 국솥
③ 띠 톱 기계(골절기)
④ 가루 반죽 혼합기(믹싱기)

24

작업장의 겨울과 여름의 적정 온도는?

	겨울	여름
①	18.3~21.2℃	20.6~22.8℃
②	19~25℃	15~17℃
③	22~25℃	18~19℃
④	25~26℃	19~20℃

25

수분의 중요성에 대한 설명으로 옳지 않은 것은?

① 수분은 체중의 65~70%를 차지한다.
② 수분은 신체를 구성하고 체온을 유지시킨다.
③ 체내 수분이 10% 정도 손실되면 생명이 위험하다.
④ 건강한 사람은 보통 하루 2~3L의 물을 섭취해야 한다.

26

탄수화물의 이당류에 해당하지 않는 것은?

① 자당(설탕, 서당)
② 맥아당(엿당)
③ 젖당(유당)
④ 포도당

27

브로멜린(Bromelin)이 함유되어 있어 고기를 연화시키는 데 이용되는 과일은?

① 사과
② 파인애플
③ 귤
④ 복숭아

28

찹쌀은 아밀로펙틴이 몇 %인가?

① 20%
② 50%
③ 80%
④ 100%

29

지질의 기능에 대한 설명으로 옳지 않은 것은?

① 필수지방산 공급 및 지용성 비타민의 흡수를 좋게 한다.
② 전체 에너지 섭취량 중 20%를 공급한다.
③ 지방 조직과 세포막, 호르몬 등을 구성한다.
④ 1g당 4kcal의 에너지를 발생시킨다.

30

단백질의 기능에 대한 설명으로 옳지 않은 것은?

① 혈장, 단백질, 피부, 효소, 항체, 호르몬을 구성한다.
② 1g당 9kcal의 에너지를 발생하며, 전체 에너지 섭취량 중 15%를 공급한다.
③ 체내의 pH를 조절한다.
④ 결핍증으로 부종, 성장장애, 빈혈, 피로감의 증상이 나타난다.

31

성인의 경우 칼슘과 인의 섭취 비율은?

① 1 : 1
② 1 : 3
③ 3 : 1
④ 4 : 1

32

뼈의 성장에 필요한 물질로 칼슘 흡수 및 골격과 치아의 발육을 촉진하는 비타민은?

① 비타민 A
② 비타민 D
③ 비타민 E
④ 비타민 P

33

동물성 색소가 아닌 것은?

① 미오글로빈
② 헤모글로빈
③ 아스타산틴
④ 클로로필

34

육류의 부패에 대한 설명으로 옳지 않은 것은?

① 숙성 후 미생물에 의해 일어난다.
② 단백질 식품이 혐기성 미생물의 작용으로 변질되는 현상을 말한다.
③ 암모니아, 인돌, 페놀, 황화수소, 히스타민, 트리메틸아민 등이 형성된다.
④ 식품 자체의 효소 작용이다.

35

한국인 영양 섭취 기준상 권장 섭취량에 대한 설명으로 옳은 것은?

① 대부분의 사람들(97~98%)의 필요량을 충족시키는 수준을 말한다.
② 집단을 구성하는 건강한 사람들의 절반에 해당되는 사람들의 일일 필요량을 충족하는 섭취 수준을 말한다.
③ 영양소 필요량에 대한 자료가 부족한 경우 건강한 사람들에게 부족할 확률이 낮은 영양소의 섭취 수준을 말한다.
④ 건강에 유해한 영향이 나타나지 않는 최대 영양소 섭취 수준을 말한다.

36

식품 감별법에 대한 설명으로 옳지 않은 것은?

① 어류는 눈이 튀어 나오고, 선명한 것, 비늘이 잘 부착되어 있고 탄력이 있으면서 광택이 나는 것이 좋다.
② 표고버섯은 버섯 갓이 고르게 피어 있고, 상처가 없는 것, 고유의 색상과 향기를 가지고 있는 것이 좋다.
③ 소고기, 돼지고기는 육색이 선홍색이고 윤택이 나는 것, 수분이 충분하게 함유되어 탄력성이 있는 것, 이취가 없는 것이 좋다.
④ 조개류는 물기가 없고 입이 열린 것이 좋다.

37

시장조사의 목적으로 옳지 않은 것은?

① 구매 예정 가격의 결정
② 합리적인 구매 계획의 수립
③ 신제품의 설계
④ 구매자의 성향 파악

38

시장조사의 유형에 대한 설명으로 옳은 것은?

① 기초 시장조사 – 관련 업체의 동향, 가격 현황, 거래처의 대금 결제 방법, 관련 업체의 수급 동향 등을 조사한다.
② 품목별 시장조사 – 지속적인 거래를 위한 특정 업체를 조사한다.
③ 구매 거래처별 시장조사 – 생산에서 소비에 이르는 유통 과정의 건전성을 알아보기 위한 조사이다.
④ 유통 체계별 시장조사 – 현재 필요한 물품의 가격 변동과 수급 현황을 조사한다.

39

닭고기 요리를 만들기 위해 정미중량 100g을 지급하려 할 때, 1인당 발주량은? (단, 닭고기의 폐기율은 20%이다.)

① 12.5g
② 20g
③ 25g
④ 125g

40

감염 경로와 질병의 연결이 옳지 않은 것은?

① 비말 감염 – 폴리오
② 비말 감염 – 인플루엔자
③ 우유 감염 – 결핵
④ 공기 감염 – 공수병

41

일반 가열 조리법으로 예방하기 가장 어려운 식중독은?

① 살모넬라균에 의한 식중독
② 웰치균에 의한 식중독
③ 포도상구균에 의한 식중독
④ 병원성 대장균에 의한 식중독

42

다음 설명에 해당하는 칼질법은?

> 정교한 작업을 할 때 칼의 끝쪽을 사용하기 위해 잡는 방법으로, 칼의 폭이 좁아 손가락을 말아 잡기 어렵거나 칼의 움직임이 클 때, 칼을 뉘어 포를 뜨는 경우에 많이 사용한다.

① 엄지 눌러 잡기
② 검지 걸어 잡기
③ 칼등 말아 잡기
④ 검지 펴서 잡기

43

조리장의 시설 조건으로 고려해야 할 3가지 원칙이 아닌 것은?

① 위생성
② 능률성
③ 미관성
④ 경제성

44

작업(동선) 순서에 따라 조리장 기기를 배치할 때, 빈칸에 들어갈 내용을 바르게 나열한 것은?

> 준비대 → (　　　　) → 조리대 → (　　　　) → 배선대

① 개수대, 가열대
② 가열대, 개수대
③ 검수대, 개수대
④ 가열대, 검수대

45

작업장의 조명 불량으로 발생할 수 있는 질환이 아닌 것은?

① 결막염
② 안구진탕증
③ 근시
④ 안정피로

46

전분에 물을 넣고 가열하면 점성이 생기고 부풀어 오르는 현상은?

① 수화
② 호화
③ 노화
④ β화

47

박력분의 글루텐 함량과 용도로 옳은 것은?

① 10% 이하 – 케이크, 과자, 튀김옷
② 5% 이하 – 케이크, 과자
③ 10% 이하 – 소면, 우동
④ 13% 이상 – 식빵, 마카로니

48

콩과 볏짚에 붙어 있는 고초균을 이용하여 만든 식품은?

① 고추장
② 낫토
③ 식초
④ 청국장

49

식품에 함유된 단백질 분해 효소로 옳지 않은 것은?

① 파파야 – 파파인(Papain)
② 파인애플 – 브로멜린(Bromelin)
③ 무화과 – 피신(Ficin)
④ 키위 – 프로테이스(Protease)

50

육류의 부위와 조리법의 연결이 옳지 않은 것은?

① 양지, 사태, 꼬리 – 탕
② 홍두깨, 우둔, 대접살 – 장조림
③ 양지, 사태, 우설 – 편육
④ 등심, 안심, 갈비 – 국

51

달걀의 신선도 평가에 대한 설명으로 옳지 않은 것은?

① 표면이 꺼칠꺼칠하며, 흔들어서 소리가 나지 않는 것이 신선하다.
② 10%의 소금물에 달걀을 넣어 가라앉으면 신선한 것이다.
③ 난황계수가 0.36 이상이면 신선한 것이다.
④ 난백계수는 0.14 이하이면 신선한 것이다.

52

채소의 색과 조미료의 침투 속도를 고려하여 조미료를 사용할 때 가장 적절한 순서는?

① 설탕 → 소금 → 식초

② 소금 → 식초 → 설탕

③ 식초 → 소금 → 설탕

④ 설탕 → 식초 → 소금

53

양식에서 코스 요리가 제공되는 순서를 나타낼 때, 빈칸에 들어갈 내용을 바르게 나열한 것은?

> 애피타이저 → ( ) → ( ) → 앙트레 → 육류 요리 → ( ) → 디저트 → 음료

① 수프, 생선 요리, 샐러드

② 샐러드, 수프, 생선 요리

③ 생선 요리, 수프, 샐러드

④ 수프, 샐러드, 생선 요리

54

스톡으로 사용하는 재료가 아닌 것은?

① 미르포아

② 부케가르니

③ 뼈

④ 밀가루와 버터

55

콩디망에 대한 설명으로 옳지 않은 것은?

① 전채 요리 특성에 따라 제공된다.

② 요리에 사용되는 양념들을 섞은 것이다.

③ 전채 요리의 조리 방법 중 하나이다.

④ 전채 요리에 조미료나 향신료로 사용된다.

56

핑거볼의 용도로 옳은 것은?

① 식전에 마시는 식수이다.

② 식후에 손가락을 씻는 그릇이다.

③ 식탁의 오른쪽에 놓는다.

④ 큰 대접에 물을 담고 스푼을 담아둔다.

57

샌드위치의 형태에 따른 분류가 아닌 것은?

① 오픈 샌드위치

② 클로우즈드 샌드위치

③ 롤 샌드위치

④ 핫 샌드위치

58

샐러드의 기본 구성 요소에 해당하지 않는 것은?

① 바탕(Base)

② 본체(Body)

③ 드레싱(Dressing)

④ 접시(Dish)

59

버터나 식용유를 두른 팬에 달걀을 깨서 빠르게 휘저어 만드는 건식 달걀 요리는?

① 스크램블 에그

② 달걀 프라이

③ 오믈렛

④ 에그 베네딕트

60

소스나 수프의 농도를 조절하는 농후제는?

① 핫소스

② 리에종

③ 스파이스

④ 치즈가루

01

결합수에 대한 설명으로 틀린 것은?

① 미생물 번식에 이용할 수 없다.

② 0℃ 이하에서 동결되지 않는다.

③ 수용성 물질을 녹여 용매로 작용한다.

④ 유기물로부터 분리가 불가능하다.

02

「식품위생법」상 출입·검사·수거에 대한 설명으로 옳지 않은 것은?

① 관계 공무원은 영업소에서 출입하여 영업에 사용하는 식품 또는 영업시설 등에 대하여 검사를 실시한다.

② 관계 공무원은 영업상 사용하는 식품 등을 검사하기 위하여 필요한 최소량이라 하더라도 무상으로 수거할 수 없다.

③ 관계 공무원은 필요에 따라 영업에 관계되는 장부 또는 서류를 열람할 수 있다.

④ 출입·검사·수거 또는 열람하려는 공무원은 그 권한을 표시하는 증표를 지니고 이를 관계인에게 내보여야 한다.

03

동물과 관련된 감염병의 연결이 옳지 않은 것은?

① 소 – 결핵

② 고양이 – 디프테리아

③ 개 – 광견병

④ 쥐 – 페스트

04

「식품위생법」에 기초를 두고 식품위생 행정업무를 담당하고 있는 행정기구는?

① 보건복지부   ② 고용노동부

③ 환경부   ④ 식품의약품안전처

05

모시조개, 굴, 바지락 속에 들어 있는 독성분은?

① 베네루핀(Venerupin)

② 솔라닌(Solanine)

③ 무스카린(Muscarine)

④ 아마니타톡신(Amanitatoxin)

06

세균 번식이 잘 되는 식품에 해당하지 않는 것은?

① 산이 많은 식품

② 수분을 함유한 식품

③ 영양분이 많은 식품

④ 온도가 적당한 식품

07

식품첨가물 중 보존료에 해당하지 않는 것은?

① 안식향산   ② 프로피온산

③ 아스파탐   ④ 소르빈산

08

사용이 허가된 발색제는?

① 폴리아크릴산나트륨

② 알긴산프로필렌글리콜

③ 카르복시메틸스타치나트륨

④ 아질산나트륨

09

조리사 또는 영양사 면허의 취소처분을 받고 그 취소된 날부터 얼마의 기간이 경과되어야 면허를 받을 자격이 있는가?

① 1개월   ② 3개월

③ 6개월   ④ 1년

10

어패류를 통해 감염되는 기생충 질환의 가장 확실한 예방법은?

① 환경위생관리　　　　② 생식 금지
③ 보건교육　　　　　　④ 개인위생 철저

11

매개 곤충과 질병의 연결이 옳지 않은 것은?

① 이 – 발진티푸스
② 쥐 – 와일씨병
③ 모기 – 뎅기열
④ 벼룩 – 유행성 출혈열

12

돼지고기를 날 것으로 먹거나 불완전하게 가열하여 섭취할 때 감염
될 수 있는 기생충은?

① 유구조충　　　　　　② 무구조충
③ 광절열두조충　　　　④ 간디스토마

13

「식품위생법」상 허위표시, 과대광고로 보지 않는 것은?

① 수입신고한 사항과 다른 내용의 표시, 광고
② 식품의 성분과 다른 내용의 표시, 광고
③ 인체의 건전한 성장 및 발달과 건강한 활동을 유지하는 데 도
　움을 준다는 표현의 표시, 광고
④ 외국어의 사용 등으로 외국제품으로 혼동할 우려가 있는 표시,
　광고

14

식품과 독성분의 연결이 옳지 않은 것은?

① 매실 – 베네루핀
② 섭조개 – 삭시톡신
③ 독버섯 – 무스카린
④ 독보리 – 테무린

15

병원체가 세균인 질병은?

① 폴리오　　　　　　　② 백일해
③ 발진푸티스　　　　　④ 홍역

16

제2급 법정감염병에 해당하지 않는 것은?

① A형간염　　　　　　② B형간염
③ 풍진　　　　　　　　④ 백일해

17

물로 전파되는 수인성 감염병에 해당하지 않는 것은?

① 홍역　　　　　　　　② 장티푸스
③ 세균성 이질　　　　④ 콜레라

18

식품의 가식부율이 80%인 식품의 출고계수는?

① 1.25　　　　　　　　② 2.5
③ 3.2　　　　　　　　　④ 5.0

19

「식품위생법」상 식품위생의 대상으로 옳은 것은?

① 식품, 약품, 기구, 용기, 포장
② 조리법, 조리시설, 보관장소, 기구, 용기
③ 조리법, 단체급식, 보관장소, 기구, 용기
④ 식품, 식품첨가물, 기구, 용기, 포장

20

안전교육의 목적으로 옳지 않은 것은?

① 불의의 사고를 사전에 차단한다.
② 일상생활에서 필요한 안전에 대한 지식, 기능, 태도 등을 이해
　시킨다.
③ 안전한 생활을 위한 습관을 형성시킨다.
④ 인간 생명의 존엄성에 대해 인식시킨다.

21

응급상황 시 행동 단계로 옳지 않은 것은?

① 현장 조사　　　　　　② 의료기관에 신고
③ 처치 및 도움　　　　④ 화장실 방문

22

응급조치 시 지켜야 할 사항으로 옳지 않은 것은?

① 의약품을 사용하여 응급조치로 치료한 후 병원으로 이동한다.
② 환자에게 자신의 신분을 알린다.
③ 최초로 응급환자를 발견하고 응급조치를 시행하기 전까지 환자의 생사유무를 판정하지 않는다.
④ 현장에서 자신의 안전을 확보한다.

23

신체 부위별 장비의 종류로 안전화, 절연화, 정전화는 신체의 어느 부분을 보호하기 위한 장비인가?

① 방음 보호구
② 발 보호구
③ 호흡 보호구
④ 머리 보호구

24

냉동 고기 해동 시 위생적이며 영양 손실이 가장 적은 방법은?

① 냉장고 속에서 해동한다.
② 18~22℃의 실온에 둔다.
③ 23~25℃의 흐르는 물에 담가 둔다.
④ 40℃의 미지근한 물에 담가 둔다.

25

맥아당에 대한 설명으로 옳은 것은?

① 포도당과 전분이 결합된 당이다.
② 과당과 포도당 각 1분자가 결합된 당이다.
③ 과당 2분자가 결합된 당이다.
④ 포도당 2분자가 결합된 당이다.

26

열에 의해 가장 쉽게 파괴되는 비타민은?

① 비타민 A
② 비타민 C
③ 비타민 E
④ 비타민 K

27

당질의 감미도가 가장 높은 당은?

① 젖당
② 설탕
③ 맥아당
④ 과당

28

조리 시 첨가하는 물질의 역할에 대한 설명으로 옳지 않은 것은?

① 식염 – 면 반죽의 탄성 증가
② 식초 – 백색채소의 색 고정
③ 중조 – 펙틴 물질의 불용성 강화
④ 구리 – 녹색채소의 색 고정

29

세계보건기구(WHO)의 주요 기능이 아닌 것은?

① 국제적인 보건사업의 지휘 및 조정
② 회원국에 대한 기술 지원 및 자료 공급
③ 유행성 질병 및 전염병 대책 후원
④ 세계식량계획의 설립

30

1g당 발생하는 열량이 가장 큰 것은?

① 당질
② 단백질
③ 지방
④ 알코올

31

식품의 감별법으로 옳지 않은 것은?

① 쌀알은 투명하고 앞니로 씹었을 때 강도가 센 것이 좋다.
② 생선은 안구가 돌출되어 있고 비늘이 단단하게 붙어 있는 것이 좋다.
③ 닭고기의 뼈(관절) 부위가 변색된 것은 변질된 것이다.
④ 돼지고기의 색이 검붉은 것은 늙은 돼지에서 생산된 고기일 수 있다.

32

많이 익은 김치(신김치)를 오래 끓여도 쉽게 연해지지 않는 이유로 옳은 것은?

① 김치에 존재하는 소금에 의해 섬유소가 단단해지기 때문이다.
② 김치에 존재하는 소금에 의해 팽압이 유지되기 때문이다.
③ 김치에 존재하는 산에 의해 팽압이 유지되기 때문이다.
④ 김치에 존재하는 산에 의해 섬유소가 단단해지기 때문이다.

33

식육 및 어육 등의 가공육 제품의 육색을 안정하게 유지하기 위해 사용하는 식품첨가물은?

① 아황산나트륨   ② 질산나트륨
③ 몰식자산프로필   ④ 이산화염소

34

비타민에 대한 설명으로 옳지 않은 것은?

① 카로틴은 프로비타민 A이다.
② 비타민 E는 토코페롤이라고도 한다.
③ 비타민 B_{12}는 망간(Mn)을 함유한다.
④ 비타민 C가 결핍되면 괴혈병이 발생한다.

35

쌀의 도정도가 증가할 때 나타나는 현상은?

① 빛깔이 희게 된다.
② 조리시간이 증가한다.
③ 소화율이 낮아진다.
④ 영양분이 증가한다.

36

동물이 도축된 후 화학 변화가 일어나 근육이 긴장되어 굳어지는 현상은?

① 사후경직   ② 자기소화
③ 산화   ④ 팽화

37

열선이라고도 하는 것은?

① 가시광선   ② 자외선
③ 감마선   ④ 적외선

38

단체급식소에서 식품 구입량을 정하여 발주하는 식은?

① 발주량 = 1인분 순사용량 ÷ 가식률 × 100 × 식수
② 발주량 = 100인분 순사용량 ÷ 가식률 × 100
③ 발주량 = 1인분 순사용량 ÷ 폐기율 × 100 × 식수
④ 발주량 = 100인분 순사용량 ÷ 폐기율 × 100

39

다음과 같은 조건에서 당질 함량을 기준으로 고구마 180g을 쌀로 대치하려고 할 때 필요한 쌀의 양은?

- 고구마 100g의 당질 함량 29.2g
- 쌀 100g의 당질 함량 31.7g

① 165.8g   ② 170.6g
③ 177.5g   ④ 184.7g

40

박력분에 대한 설명으로 옳은 것은?

① 마카로니 제조에 쓰인다.
② 우동 제조에 쓰인다.
③ 글루텐의 탄력성과 점성이 강하다.
④ 단백질 함량이 10% 이하이다.

41

O/W형 유화액(Emulsion)에 해당하지 않는 식품은?

① 우유   ② 마가린
③ 아이스크림   ④ 생크림

42

이산화탄소(CO_2)를 실내공기의 오탁지표로 사용하는 가장 주된 이유는?

① 공기 중에 가장 많은 비율로 존재한다.
② 실내공기 조성의 전반적인 상태를 알 수 있다.
③ 일산화탄소로 변화된다.
④ 항상 산소량과 반비례한다.

43

폐기율이 가장 낮은 식품은?

① 서류   ② 과일류
③ 달걀   ④ 패류

44

수산물의 조리 방법으로 옳지 않은 것은?

① 생선구이 시, 생선 중량의 2~3% 정도의 소금을 뿌리면 생선 살이 단단해진다.
② 생선조림 시, 물이나 양념장이 끓을 때 생선을 넣어야 그 모양 을 유지하고 영양 손실을 줄일 수 있다.
③ 조림이나 탕 조리 시, 가열하는 처음 수 분간은 뚜껑을 닫아야 비린내가 나지 않는다.
④ 탕 조리 시, 육수가 끓은 후에 생선을 넣어 주어야 단백질 응고 작용으로 인해 국물이 맑고 생선살이 풀어지지 않으며 비린내 가 덜 난다.

45

우리나라의 계량 단위로 옳지 않은 것은?

① 1컵(C) = 미터법 180cc(mL)
② 1큰술(TS: Tablespoon) = 15cc(mL) = 3작은술(ts)
③ 1작은술(ts: teaspoon) = 5cc(mL)
④ 1온스(oz: ounce) = 30cc = 28.35g

46

조리장의 설비 중 작업(동선) 순서에 따른 기기 배치 순서는?

① 개수대 → 준비대 → 조리대 → 가열대 → 배선대
② 준비대 → 개수대 → 조리대 → 배선대 → 가열대
③ 준비대 → 개수대 → 조리대 → 가열대 → 배선대
④ 개수대 → 준비대 → 조리대 → 배선대 → 가열대

47

감자 관리 및 조리 시에 대한 설명으로 옳지 않은 것은?

① 점질감자는 찌거나 구울 때 잘 흩어지거나 부서지지 않고 모양 이 잘 유지된다.
② 분질감자는 보슬보슬하면서 윤이 나지 않는 질감으로 화덕이 나 오븐을 이용한 구운 감자, 매시드 포테이토, 프렌치 프라이 드 포테이토 등에 적합하다.
③ 감자는 싹이 나지 않도록 검은색 종이나 천으로 빛을 차단하여 냉동실에 보관한다.
④ 감자의 싹과 녹색 부위에서 생성되는 독성물질은 솔라닌이다.

48

엽채류에 대한 설명으로 옳지 않은 것은?

① 수분이 90% 이상으로 많다.
② 철분, 칼슘 등의 무기질과 비타민이 많으며, 특히 짙은 색의 잎 에는 비타민 A가 풍부하다.
③ 가지, 호박, 오이, 토마토, 고추 등이 해당한다.
④ 당질, 단백질, 지질 함량이 낮다.

49

스테이크에 적합하지 않은 소고기 부위는?

① 설도   ② 등심
③ 양지   ④ 채끝

50

식품을 냉동 보관하는 방법으로 옳지 않은 것은?

① 해동 후 재냉동을 하지 않는다.
② 서서히 동결되면 얼음 결정이 커지면서 드립(Drip) 현상이 생겨 식품의 질이 떨어지므로 −40℃ 이하에서 급속 동결시키거나 액 체 질소를 사용하여 −194℃에서 급속 동결시키기도 한다.
③ 모든 식품은 밀폐하여 냉동한다.
④ 채소류는 잘 씻어 동결시킨다.

51

유지의 발연점으로 옳지 않은 것은?

① 면실유 – 216℃

② 올리브유 – 175℃

③ 옥수수유 – 200℃

④ 버터 – 208℃

52

양식에서 사용하는 식품 도구별 용도에 대한 설명으로 옳지 않은 것은?

① 슬라이서(Slicer)는 햄, 육류 등을 일정하게 써는 기구이다.

② 베지터블 커터(Vegetable Cutter)는 채소를 여러 가지 형태로 썰어 주는 기구이다.

③ 푸드 차퍼(Food Chopper)는 식품을 갈아주는 기구이다.

④ 민서기(Mincer)는 식재료를 곱게 으깨는 기구이다.

53

미르포아(Mirepoix)에 들어가는 대표 채소가 아닌 것은?

① 양파

② 양배추

③ 당근

④ 셀러리

54

못처럼 생겨서 정향이라고도 하며 브라운 스톡, 콩소메 수프, 양고기, 피클, 마리네이드 절임 등에 이용되는 향신료는?

① 클로브

② 코리앤더

③ 캐러웨이

④ 아니스

55

건열 조리와 습열 조리를 모두 사용하는 조리법으로, 결합 조직이 많은 고기에 이용할 수 있는 조리법은?

① 스튜(Stew)

② 스팀(Steam)

③ 브로일링(Broiling)

④ 브레이징(Braising)

56

줄기 또는 껍질을 그대로 또는 말려서 사용하는 향신료가 아닌 것은?

① 레몬그라스

② 호스래디시

③ 차이브

④ 계피

57

야채, 부케가르니, 식초나 와인 등의 산성 액체를 넣어 은근히 끓여서 만든 것으로, 야채나 해산물을 포칭하는 데 사용하는 것은?

① 부케가르니

② 쿠르 부용

③ 미르포아

④ 뼈

58

다음 설명에 해당하는 썰기 방법은?

> 원통형이나 둥근 모양의 재료를 둥글고 얇게 써는 방법이다.

① 론델(Rondelle)

② 샤토(Chateau)

③ 파리지엔(Parisienne)

④ 민스(Mince)

59

칼이나 차퍼(Chopper)로 재료를 잘게 써는 것을 무엇이라고 하는가?

① 찹

② 다이스

③ 쥘리엔느

④ 파리지엔

60

포칭(Poaching)에 대한 설명으로 옳은 것은?

① 높은 온도의 물에서 식품을 끓이거나 끓는 물에 삶는 방법이다.

② 끓는 물이나 다른 액체를 약한 불로 고정시켜 놓고 위에서 살짝 익히는 방법으로 보통 달걀이나 생선 등의 조리에 사용한다.

③ 음식을 윤기나게 코팅하는 방법이다.

④ 육류 또는 가금류 등을 통째로 오븐에서 굽는 방법이다.

01
위생관리의 필요성으로 옳지 않은 것은?

① 식중독 위생사고 예방
② 매출 증진
③ 정부의 강요
④ 고객 만족

02
「식품위생법」상 식품영업에 종사하지 못하는 질병의 종류가 아닌 것은?

① 비감염성 결핵
② 피부병
③ 화농성 질환
④ 후천적면역결핍증

03
식품취급자의 손 씻는 방법으로 적절하지 않은 것은?

① 역성비누액에 일반비누액을 섞어 사용하면 살균 효과를 높일 수 있다.
② 팔꿈치에서 손으로 씻어 내려온다.
③ 손을 씻은 후 비눗물을 흐르는 물에 충분히 씻는다.
④ 역성비누원액을 몇 방울 손에 받아 30초 이상 문지르고 흐르는 물로 씻는다.

04
법정 제2급 감염병이 아닌 것은?

① 결핵
② 세균성 이질
③ 한센병
④ 말라리아

05
실내공기의 오염지표로 이용되는 기체는?

① 산소(O_2)
② 이산화탄소(CO_2)
③ 일산화탄소(CO)
④ 질소(N_2)

06
음식물이나 식수에 오염되어 경구적으로 침입되는 감염병이 아닌 것은?

① 유행성 이하선염
② 파라티푸스
③ 세균성 이질
④ 폴리오

07
생선 및 육류의 초기 부패 판정 시 지표가 되는 물질이 아닌 것은?

① 휘발성 염기질소
② 암모니아
③ 트리메틸아민
④ 아크롤레인

08
사회보장제도 중 공공부조에 해당하는 것은?

① 고용보험
② 건강보험
③ 의료급여
④ 국민연금

09
유해성 금속에 의한 영향으로 미나마타병과 관련 있는 중금속 물질은?

① 수은(Hg)
② 카드뮴(Cd)
③ 크롬(Cr)
④ 납(Pb)

10
일반음식점의 모범업소 지정 기준이 아닌 것은?

① 화장실에 1회용 위생종이 또는 에어타월이 비치되어 있어야 한다.
② 주방에는 입식 조리대가 설치되어 있어야 한다.
③ 1회용 물컵을 사용하여야 한다.
④ 종업원은 청결한 위생복을 입고 있어야 한다.

11
국내에서 허가된 인공감미료는?

① 둘신
② 사카린나트륨
③ 사이클라민산나트륨
④ 에틸렌글리콜

12
바이러스(Virus)에 의해 발병되지 않는 것은?

① 유행성 간염
② 돈단독
③ 급성회백수염
④ 감염성 설사

13

빈칸에 들어갈 말은?

> 간디스토마는 왜우렁이(제1중간숙주)에 섭취된 충란에 의해 생성된 유미유충이 민물고기(제2중간숙주)의 비늘에 붙어 (　　　　) 형태가 된다. 이를 사람, 개, 고양이 등이 섭취하게 되면서 감염이 발생한다.

① 피낭유충
② 레디아
③ 유모유충
④ 포자유충

14

일반적인 인수공통감염병에 해당하지 않는 것은?

① 탄저
② 고병원성조류인플루엔자
③ 홍역
④ 광견병

15

고온작업환경에서 작업할 경우 말초혈관의 순환장애로 혈관신경의 부조절, 심박출량 감소가 생길 수 있는 열중증은?

① 열허탈증
② 열경련
③ 열쇠약증
④ 울열증

16

「식품위생법」상 조리사가 면허 취소처분을 받은 경우 면허증을 반납하여야 할 기간은?

① 지체 없이
② 5일
③ 7일
④ 15일

17

잠복기가 가장 짧은 식중독은?

① 장구균 식중독
② 살모넬라균 식중독
③ 장염비브리오 식중독
④ 황색포도상구균 식중독

18

식물성 자연독 성분이 아닌 것은?

① 무스카린(Muscarine)
② 테트로도톡신(Tetrodotoxin)
③ 솔라닌(Solanine)
④ 고시폴(Gossypol)

19

우리나라 간장에 사용할 수 있는 보존료(방부제)는?

① 안식향산
② 이초산나트륨
③ 프로피온산
④ 소르빈산

20

재난의 원인 4M 중 다음과 관련 있는 것은?

> 재난 원인별 점검 내용 중 작업 자세, 작업 동작의 결함, 부적절한 작업 정보 및 방법, 작업 공간 및 환경의 불량

① Man
② Machine
③ Media
④ Management

21

주방 내 안전사고의 인적 요인 중 행동적 요인이 아닌 것은?

① 독단적 행동
② 완전한 동작과 자세
③ 안전장치 등의 소홀한 점검
④ 결함이 있는 기계 및 기구의 사용

22

안전관리자의 역할로 옳지 않은 것은?

① 위험 관리, 사고 조사, 안전성과 안전 감독을 관리·측정한다.
② 안전관리 기본 폼을 벗어나서는 안 된다.
③ 안전 방침을 개발한다.
④ 안전 정보를 관리하고 의사소통한다.

23

주방에서 가장 많이 일어나는 사고 유형은?

① 전기감전 및 누전
② 화상과 데임
③ 미끄러짐
④ 절단, 찔림과 베임

24

신선한 달걀에 해당하는 것은?

① 달걀을 흔들어서 소리가 나는 것
② 삶았을 때 난황의 표면이 암녹색으로 쉽게 변하는 것
③ 껍질이 매끈하고 윤기 있는 것
④ 깨보면 많은 양의 난백이 난황을 에워싸고 있는 것

25

수분활성도(Aw)에 대한 설명으로 옳지 않은 것은?

① 일반식품의 수분활성도는 항상 1보다 크다.
② 임의의 온도에서 식품이 나타내는 수증기압(P)을 그 온도에서 순수한 물의 최대 수증기압(P_0)으로 나눈 것을 말한다.
③ 수분활성도가 큰 식품일수록 미생물이 번식하기 쉽다.
④ 수분활성도가 1인 물을 순수한 물이라고 한다.

26

육류 조리 시 열에 의한 변화로 옳은 것은?

① 중량이 증가한다.

② 보수성이 증가한다.

③ 단백질이 응고되고, 고기가 수축·분해된다.

④ 결합 조직의 젤라틴이 콜라겐화된다.

27

차, 커피, 코코아, 과일 등에서 수렴성 맛을 주는 성분은?

① 탄닌(Tannin)   ② 카로틴(Carotene)

③ 엽록소(Chlorophyll)   ④ 안토시아닌(Anthocyanin)

28

탄수화물의 구성 요소가 아닌 것은?

① 탄소   ② 질소

③ 산소   ④ 수소

29

치즈 제조에 사용되는 우유 단백질을 응고시키는 효소는?

① 프로테이스(Protease)   ② 레닌(Rennin)

③ 아밀레이스(Amylase)   ④ 말테이스(Maltase)

30

당근 등의 녹황색 채소를 조리할 경우 기름을 첨가하는 조리 방법을 선택하는 주된 이유는?

① 색깔을 좋게 하기 위해

② 부드러운 맛을 위해

③ 비타민 C의 파괴를 방지하기 위해

④ 지용성 비타민의 흡수를 촉진하기 위해

31

생선묵에 점탄성을 부여하기 위해 첨가하는 물질은?

① 소금   ② 전분

③ 설탕   ④ 술

32

기름을 여러 번 재가열할 때 일어나는 변화로 옳은 것은?

① 풍미가 좋아진다.

② 색이 연해지고, 거품 형성 현상이 생긴다.

③ 산화중합 반응으로 점성이 높아진다.

④ 가열 분해로 황산화 물질이 생겨 산패를 억제한다.

33

식품의 단백질이 변성되었을 때 나타나는 현상이 아닌 것은?

① 소화 효소의 작용을 받기 어려워진다.

② 용해도가 감소한다.

③ 점도가 증가한다.

④ 폴리펩티드(Polypeptide) 사슬이 풀어진다.

34

채소 조리 시 색의 변화로 옳은 것은?

① 시금치는 산을 넣으면 녹황색으로 변한다.

② 당근은 산을 넣으면 퇴색된다.

③ 양파는 알칼리를 넣으면 백색이 된다.

④ 가지는 산에 의해 청색이 된다.

35

주방 내에서 칼의 사용법으로 올바른 것은?

① 칼로 캔을 따는 데 사용한다.

② 칼끝을 정면으로 두지 않으며, 지면을 향하게 하고 칼날을 뒤로 가게 한다.

③ 칼을 떨어뜨렸을 경우 빨리 잡아서 조리작업을 시작한다.

④ 칼을 사용하지 않을 때에는 도마 위에 올려놓고 보관한다.

36

당근의 구입 단가가 kg당 1,300원이고 10kg 구매 시 표준수율이 86%라면, 당근 1인분(80g)의 원가는 약 얼마인가?

① 51원   ② 121원

③ 151원   ④ 181원

37

원가 계산의 목적으로 옳지 않은 것은?

① 가격 결정   ② 원가 관리

③ 예산 편성   ④ 기말재고량 측정

38

다음 자료를 통해 총원가를 산출하면?

- 직접재료비 170,000원
- 간접재료비 55,000원
- 직접노무비 80,000원
- 간접노무비 50,000원
- 직접경비 5,000원
- 간접경비 65,000원
- 판매경비 5,500원
- 일반관리비 10,000원

① 425,000원 ② 430,500원
③ 435,000원 ④ 440,500원

39

식품을 계량하는 방법으로 옳지 않은 것은?

① 밀가루 계량은 부피보다 무게를 재는 것이 정확하다.
② 흑설탕은 계량 전 체로 친 다음 계량한다.
③ 버터를 컵이나 스푼으로 계량할 경우 실온에서 반고체 상태로 컵에 빈 공간이 없도록 꾹꾹 눌러 수평으로 깎아 계량한다.
④ 꿀과 같이 점성이 있는 것은 계량컵을 이용한다.

40

칼날이 두껍고 이가 많이 빠진 칼을 가는 데 사용하는 숫돌은?

① 400 # ② 1000 #
③ 4000 # ④ 6000 #

41

식품검수 방법에 대한 설명으로 옳지 않은 것은?

① 화학적 방법 – 영양소의 분석, 첨가물, 유해 성분 등을 검출하는 방법
② 물리학적 방법 – 식품의 중량, 부피, 크기 등을 측정하는 방법
③ 검경적 방법 – 현미경을 이용하여 식품의 세포나 조직의 모양, 불순물 등을 검사하는 방법
④ 생화학적 방법 – 효소 반응, 효소 활성도, 수소이온농도 등을 측정하는 방법

42

소고기의 부위별 조리 방법의 연결이 옳지 않은 것은?

① 채끝살 – 구이, 조림, 지짐
② 사태 – 탕, 찌개, 국
③ 안심 – 전골, 구이, 볶음
④ 우둔살 – 편육, 탕

43

달걀의 특성을 이용한 음식의 연결이 옳지 않은 것은?

① 응고성 – 달걀찜
② 팽창제 – 시폰 케이크
③ 유화성 – 마요네즈
④ 간섭제 – 맑은 장국

44

작업대 설치에 관한 사항으로 옳지 않은 것은?

① 효율적인 작업대의 너비는 55~60cm이다.
② 효율적인 작업대의 높이는 신장의 40% 가량이다.
③ 작업대와 뒤 선반의 간격은 최소 150cm 이상이다.
④ 작업(동선) 순서에 따른 기기 배치는 준비대 → 개수대 → 조리대 → 가열대 → 배선대이다.

45

동일 면적에서 동선이 가장 짧고, 넓은 조리장에 가장 적합한 조리대 형태는?

① 일렬형 ② 병렬형
③ 아일랜드형 ④ ㄷ자형

46

날씨에 따라 불쾌감을 느끼는 정도를 기온과 습도를 이용하여 나타내는 수치는?

① 기온 ② 기류
③ 불쾌지수 ④ 용존산소량

47

유지의 산패에 영향을 끼치는 요인에 대한 설명으로 옳지 않은 것은?

① 온도가 높을수록 반응 속도가 증가한다.
② 광선 및 자외선은 산패를 촉진시킨다.
③ 수분이 많으면 촉매 작용이 강해진다.
④ 포화지방산의 함량이 높을수록 유지의 산패가 촉진된다.

48

각종 기물을 짧은 시간에 대량 세척하는 장비는?

① 식기세척기 ② 제빙기
③ 튀김기 ④ 음식절단기

49

이당류에 대한 설명으로 옳은 것은?

① 여러 종류의 단당류가 결합된 분자량이 큰 탄수화물이다.

② 단당류 2개가 결합된 당이다.

③ 탄수화물의 가장 작은 구성 단위이다.

④ 동물체에 글리코젠 형태로 저장된다.

50

샐러드 조리 시 채소의 갈변 방지법으로 옳지 않은 것은?

① 효소의 불활성화 – 가열 처리는 갈변을 억제시킨다.

② 산소 공급 – 다량의 산소를 공급하면 갈변 억제가 가능하다.

③ 항산화제의 사용 – 아스코르브산은 갈변을 억제시킨다.

④ 산 처리 – pH 3.0 이하에서는 활성이 상실되므로 레몬즙, 오렌지즙 등의 과즙을 뿌리거나 담가 갈변을 지연시킬 수 있다.

51

유지 중에 존재하는 유리 수산기(–OH)의 함량을 나타내는 것은?

① 아세틸가   ② 폴렌스케가

③ 헤너가   ④ 라이켈–마이슬가

52

유지의 발연점이 낮아지는 요인으로 옳지 않은 것은?

① 유지가 분해되어 유리지방산의 함량이 높아진 경우

② 용기의 표면적이 좁은 경우

③ 기름에 이물질이 많은 경우

④ 사용 횟수가 많은 경우

53

자유수에 대한 설명으로 옳지 않은 것은?

① 식품 중에 유리 상태로 존재하는 물(보통의 물)이다.

② 미생물 번식에 이용이 가능하며, 유기물로부터 간단하게 분리된다.

③ 수용성 물질을 녹여 용매로 작용한다.

④ 0℃ 이하에서 얼음으로 동결되지 않는다.

54

세계 3대 수프가 아닌 것은?

① 중국의 샥스핀   ② 프랑스의 부야베스

③ 미국의 크랩수프   ④ 태국의 똠양꿍

55

부케가르니에 대한 설명으로 옳지 않은 것은?

① 프랑스어로 향초다발이라는 뜻이다.

② 고기, 생선의 국물을 맑게 끓인 것이다.

③ 스톡이나 소스를 만들 때 향을 내거나 잡내를 제거하기 위해 사용한다.

④ 통후추, 월계수 잎, 타임, 파슬리 줄기와 마늘을 사용한다.

56

양식에서 조찬으로 제공하기에 가장 적합한 것은?

① 아이스크림   ② 훈제 연어롤

③ 쉬림프 카나페   ④ 치즈 오믈렛

57

버터와 밀가루를 하얗게 볶다가 우유로 농도를 조절하며 만든 소스는?

① 크림 소스   ② 홀랜다이즈 소스

③ 베샤멜 소스   ④ 버터 소스

58

소스나 수프의 농도를 내며 풍미를 더해 주는 농후제로 사용하는 루의 종류가 아닌 것은?

① 브라운 루   ② 브론드 루

③ 레드 루   ④ 화이트 루

59

샌드위치를 만들 때 스프레드의 역할로 옳지 않은 것은?

① 빵과 속재료, 가니쉬의 접착성을 높여 준다.

② 맛을 향상시킨다.

③ 빵이 눅눅해지는 것을 방지한다.

④ 외관을 좋게 한다.

60

생면 파스타의 종류에 대한 설명으로 옳은 것은?

① 오레키에테(Orecchiette) – 중앙부가 깊고 오목하게 파인 타원형의 파스타이다.

② 파르팔레(Farfalle) – 속을 채운 후 납작하게 빚어내는 파스타이다.

③ 토르텔리니(Tortellini) – 길고 얇은 리본 파스타로 면의 모양이 칼국수처럼 길고 납작하다.

④ 라비올리(Ravioli) – 나비 모양의 파스타로 크기가 다양하다.

낮에 꿈꾸는 사람은
밤에만 꿈꾸는 사람에게는 찾아오지 않는
많은 것을 알고 있다.

– 에드거 앨런 포(Edgar Allan Poe)

01

어패류의 생식 시 주로 나타나며, 수양성 설사 증상을 일으키는 식중독의 원인균은?

① 살모넬라균
② 장염비브리오균
③ 포도상구균
④ 클로스트리디움 보툴리눔균

02

식품위생 수준 및 자질 향상을 위하여 조리사 및 영양사에게 교육을 받을 것을 명할 수 있는 자는?

① 보건소장
② 시장·군수·구청장
③ 식품의약품안전처장
④ 보건복지부장관

03

탄수화물의 기능에 대한 설명으로 옳지 않은 것은?

① 지방의 완전 연소에 꼭 필요하며 부족 시 산 중독증을 유발한다.
② 에너지의 공급원으로 전체 열량의 65%를 차지한다.
③ 1g당 9kcal의 에너지를 발생시킨다.
④ 인체 내의 소화 흡수율이 98%이며 피로 회복에 좋다.

04

식품에서 자연적으로 발생하는 유독물질을 통해 식중독을 일으킬 수 있는 것이 아닌 것은?

① 피마자
② 표고버섯
③ 미숙한 매실
④ 모시조개

05

식품첨가물과 주요 용도의 연결이 옳은 것은?

① 명반 – 피막제
② 이산화티타늄 – 표백제
③ 삼이산화철 – 발색제
④ 호박산 – 산도조절제

06

「식품위생법」상 다음의 정의에 해당하는 것은?

> 식품을 제조·가공·조리 또는 보존하는 과정에서 감미, 착색, 표백 또는 산화 방지 등을 목적으로 식품에 사용되는 물질을 말한다.

① 식품
② 식품첨가물
③ 화학적 합성품
④ 기구

07

식품의 부패 및 변질과 관련이 적은 것은?

① 수분
② 온도
③ 압력
④ 효소

08

과일 통조림으로부터 용출되어 구토, 설사, 복통의 중독 증상을 유발할 가능성이 있는 물질은?

① 안티몬
② 주석
③ 크롬
④ 구리

09

장염비브리오 식중독균(V. Parahaemolyticus)의 특징으로 옳지 않은 것은?

① 해수에 존재하는 세균이다.
② 3~4%의 식염농도에서 잘 발육한다.
③ 특정 조건에서 사람의 혈구를 용혈시킨다.
④ 그람양성균이며 아포를 생성하는 구균이다.

10

기생충과 인체감염 원인 식품의 연결이 옳지 않은 것은?

① 유구조충 – 돼지고기
② 무구조충 – 민물고기
③ 동양모양선충 – 채소류
④ 아니사키스 – 바다생선

11

감염병과 주요한 감염 경로의 연결이 옳지 않은 것은?

① 공기 감염 – 폴리오
② 직접 접촉감염 – 성병
③ 비말감염 – 홍역
④ 절지동물 매개 – 황열

12

곤충을 매개로 간접 전파되는 감염병과 가장 거리가 먼 것은?

① 재귀열
② 말라리아
③ 인플루엔자
④ 쯔쯔가무시병

13

곰팡이 독소와 독성을 나타내는 곳의 연결이 옳지 않은 것은?

① 오크라톡신(Ochratoxin) – 간장독
② 아플라톡신(Aflatoxin) – 신경독
③ 시트리닌(Citrinin) – 신장독
④ 스테리그마토시스틴(Sterigmatocystin) – 간장독

14

안식향산(Benzoic Acid)의 사용 목적으로 옳은 것은?

① 식품의 산미를 내기 위해
② 식품의 부패를 방지하기 위해
③ 유지의 산화를 방지하기 위해
④ 식품의 향을 내기 위해

15

제2급 감염병이 아닌 것은?

① 장출혈성 대장균감염증
② 콜레라
③ 백일해
④ 발진티푸스

16

자연계에 버려지면 쉽게 분해되지 않아 식품 등에 오염되어 인체에 축적 독성을 나타내는 원인과 거리가 먼 것은?

① 수은 오염
② 잔류성이 큰 유기염소제 농약 오염
③ 방사선 물질에 의한 오염
④ 콜레라와 같은 병원미생물 오염

17

어패류 매개 기생충 질환의 예방법으로 가장 확실한 것은?

① 환경위생관리
② 생식 금지
③ 보건교육
④ 개인위생 철저

18

질병을 매개하는 위생해충과 그 질병의 연결이 옳지 않은 것은?

① 모기 – 일본뇌염, 말라리아
② 파리 – 장티푸스, 콜레라
③ 쥐 – 유행성 출혈열, 쯔쯔가무시증
④ 이 – 페스트, 재귀열

19

식품을 조리 또는 가공할 때 생성되는 유해물질과 그 생성 원인에 대한 설명으로 옳지 않은 것은?

① 엔-니트로사민(N-Nitrosamine) – 육가공품의 발색제 사용으로 인한 아질산과 아민의 결합 반응 생성물이다.
② 다환방향족 탄화수소(Polycyclic Aromatic Hydrocarbon) – 유기물을 고온으로 가열할 때 생성되는 단백질이나 지방의 분해 생성물이다.
③ 아크릴아미드(Acrylamide) – 전분 식품 가열 시 아미노산과 당의 열에 의한 결합 반응 생성물이다.
④ 헤테로고리아민(Heterocyclic Amine) – 주류 제조 시 에탄올과 카보닐기의 반응에 의한 생성물이다.

20

식품의 위생적인 준비를 위한 조리장의 관리로 적절하지 않은 것은?

① 조리장의 위생해충은 약제 사용을 1회만 실시하면 영구적으로 박멸된다.
② 조리장에 음식물과 음식물 찌꺼기를 함부로 방치하지 않는다.
③ 조리장의 출입구에 신발을 소독할 수 있는 시설을 갖춘다.
④ 조리사의 손을 소독할 수 있도록 손 소독기를 갖춘다.

21

조리용 소도구의 용도로 옳은 것은?

① 믹서(Mixer) – 재료를 다질 때 사용한다.
② 휘퍼(Whipper) – 감자 껍질을 벗길 때 사용한다.
③ 필러(Peeler) – 골고루 섞거나 반죽할 때 사용한다.
④ 그라인더(Grinder) – 소고기를 갈 때 사용한다.

22

안전교육의 목적으로 옳지 않은 것은?

① 불의의 사고가 발생하지 않도록 예방하는 것이다.
② 일상생활에서 필요한 안전에 대한 지식, 기능, 태도 등을 이해 시킨다.
③ 사고에 익숙하도록 한다.
④ 인간 생명의 존엄성에 대해 인식시킨다.

23

가식부율이 높은 식품은?

① 고등어, 감자
② 보리, 쌀
③ 사과, 파인애플
④ 대파, 수박

24

작업장의 장비에 대한 안전관리 방법으로 옳지 않은 것은?

① 젖은 손으로 장비 스위치를 조작하지 않는다.
② 장비의 흔들림이 없도록 작업대 바닥면과 고정 상태를 확인하고 수평을 유지한다.
③ 장비의 정지시간이 짧을 경우에도 반드시 전원 스위치를 끈다.
④ 작업장은 낮은 조도로 눈의 피로감이 없어야 한다.

25

육류의 조리·가공 중 색소 성분의 변화에 대한 설명으로 옳은 것은?

① 육류 조직 내의 미오글로빈(Myoglobin)이 산화되면 메트미오글로빈(Metmyoglobin)으로 되어 갈색이 된다.
② 육류 조직 내의 미오글로빈은 공기 중에 노출되면 산소와 결합하여 헤마틴(Hematin)으로 되어 선명한 붉은색이 된다.
③ 햄, 베이컨, 소시지 등의 육류 가공품은 질산염이나 아질산염과 작용하여 옥시미오글로빈(Oxymyoglobin)으로 되어 선명한 붉은색이 된다.
④ 신선한 육류의 절단면이 계속 공기 중에 노출되면 옥시미오글로빈으로 되어 갈색이 된다.

26

신맛 성분과 주요 소재 식품의 연결이 옳지 않은 것은?

① 구연산(Citric Acid) – 감귤류
② 젖산(Lactic Acid) – 김치류
③ 호박산(Succinic Acid) – 늙은 호박
④ 주석산(Tartaric Acid) – 포도

27

조리 시 일어나는 비타민, 무기질의 변화로 옳은 것은?

① 비타민 A는 지방음식과 함께 섭취할 때 흡수율이 높아진다.
② 비타민 D는 자외선과 접하는 부분이 클수록, 오래 끓일수록 파괴율이 높아진다.
③ 색소의 고정 효과로는 Ca^{++}이 많이 사용되며 식물 색소를 고정시키는 역할을 한다.
④ 과일을 깎을 때 쇠칼을 사용하는 것이 맛, 영양가, 외관상 좋다.

28

생선의 비린내를 억제하는 방법으로 적절하지 않은 것은?

① 레몬즙, 식초와 같은 산을 첨가한다.
② 처음부터 뚜껑을 닫고 끓여 생선을 완전히 응고시킨다.
③ 우유에 미리 담가 두었다가 조리한다.
④ 생선 단백질이 응고된 후 생강을 넣는다.

29

유지 조리의 장점이 아닌 것은?

① 풍미와 맛이 향상되고, 속재료는 부드럽고 겉은 바삭한 질감을 가진다.
② 고온으로 장시간 조리하므로 영양가 손실을 최소화시킬 수 있다.
③ 용기 바닥에 재료가 눌어 붙거나 재료가 서로 부착되는 것을 방지한다.
④ 연화, 가소성, 크리밍성 등과 같은 유지의 특징을 활용하여 다양하게 조리할 수 있다.

30

닭 튀김 시 살코기 색이 분홍색을 나타내는 것에 대한 설명으로 옳은 것은?

① 변질된 닭이므로 먹지 못한다.
② 병에 걸린 닭이므로 먹어서는 안 된다.
③ 근육 성분의 화학적 반응이므로 먹어도 된다.
④ 닭의 크기가 클수록 분홍색 변화가 심하다.

31

버터에 대한 설명으로 옳지 않은 것은?

① 독특한 맛과 향기로 음식에 풍미를 준다.
② 냄새를 빨리 흡수하므로 밀폐하여 저장해야 한다.
③ 유중수적형(O/W)의 유가공 식품이다.
④ 성분은 단백질이 80% 이상이다.

32

붉은 양배추 조리 시 식초나 레몬즙을 조금 넣었을 때의 변화에 대한 설명으로 옳은 것은?

① 안토시아닌계 색소가 선명하게 유지된다.
② 카로티노이드계 색소가 변색되어 녹색으로 된다.
③ 클로로필계 색소가 선명하게 유지된다.
④ 안토잔틴계 색소가 변색되어 청색으로 된다.

33

마늘에 함유된 황화합물로 특유의 냄새를 가지는 성분은?

① 알리신(Allicin)
② 디메틸설파이드(Dimethyl Sulfide)
③ 머스터드 오일(Mustard Oil)
④ 캡사이신(Capsaicin)

34

달걀 흰자로 거품을 낼 때 약간의 식초를 첨가하는 것과 관련 있는 것은?

① 난백의 등전점
② 용해도 증가
③ 향 형성
④ 표백 효과

35

직접 가열하는 급속 해동법이 많이 이용되는 식품은?

① 생선
② 소고기
③ 냉동피자
④ 닭고기

36

오이피클 제조 시 오이의 녹색이 녹갈색으로 변하는 이유는?

① 클로로필리드가 생기기 때문이다.
② 클로로필린이 생기기 때문이다.
③ 페오피틴이 생기기 때문이다.
④ 잔토필이 생기기 때문이다.

37

식품 구입 시 감별 방법으로 옳지 않은 것은?

① 육류 가공품인 소시지의 색은 담홍색이며 탄력성이 없는 것이 좋다.
② 밀가루는 잘 건조되고 덩어리가 없으며 냄새가 없는 것이 좋다.
③ 감자는 굵고 상처가 없으며 발아되지 않은 것이 좋다.
④ 생선은 탄력이 있으며 아가미는 선홍색이고 눈알이 맑은 것이 좋다.

38

시금치를 조리할 때 1인당 40g이 필요하다면, 식수 인원 1,200명에 적합한 시금치 발주량은? (단, 시금치 폐기율은 5%이다.)

① 48kg
② 49kg
③ 51kg
④ 52kg

39

원가의 구성으로 옳은 것은?

① 판매가격 = 이익 + 제조원가
② 직접원가 = 직접재료비 + 직접노무비 + 직접경비
③ 총원가 = 제조간접비 + 직접원가
④ 제조원가 = 판매경비 + 일반관리비 + 제조간접비

40

스페니쉬 오믈렛을 만들 때 사용하는 1인분의 양이 다음과 같다면 200인분에 필요한 재료비는?

재료	필요량(g)	가격(원/100g당)
부재료비	60	380
달걀	150	400

① 28,800원
② 165,600원
③ 265,000원
④ 5,760,000원

41

조리 방법에 대한 설명으로 옳지 않은 것은?

① 얇게 썬 무를 식소다 물에 담가 두면 무의 색소 성분이 알칼리에 의해 더욱 희게 유지된다.
② 양파를 썬 후 강한 향을 없애기 위해 식초를 뿌려 효소 작용을 억제시켰다.
③ 사골용 뼈를 찬물에 담가 혈색소인 수용성 헤모글로빈을 용출시켰다.
④ 모양을 내어 썬 양송이에 레몬즙을 뿌려 색이 변하는 것을 억제시켰다.

42

흰색 야채의 색을 그대로 유지할 수 있는 방법으로 옳은 것은?

① 야채를 약불에서 오랜 시간 삶는다.
② 삶을 때 약간의 식초를 넣는다.
③ 야채를 찬물에 담가 두었다가 데친다.
④ 약간의 중조를 넣어 삶는다.

43

어패류 조리 방법에 대한 설명으로 옳지 않은 것은?

① 조개류는 낮은 온도에서 서서히 조리해야 단백질의 급격한 응고로 인한 수축을 막을 수 있다.
② 생선은 결체 조직의 함량이 높으므로 주로 습열 조리법을 사용해야 한다.
③ 생선 조리 시 식초를 넣으면 생선이 단단해진다.
④ 생선 조리에 사용하는 파, 마늘은 비린내 제거에 효과적이다.

44

서양의 조리 방법 중 습열 조리와 거리가 먼 것은?

① 브로일링(Broiling)
② 스티밍(Steaming)
③ 보일링(Boiling)
④ 시머링(Simmering)

45

조리 방법에 대한 설명으로 옳은 것은?

① 채소를 잘게 썰어 국을 끓이면 빨리 익으므로 수용성 영양소의 손실이 적어진다.
② 전자레인지는 자외선에 의해 음식이 조리된다.
③ 콩나물국의 색을 맑게 만들기 위해 소금으로 간을 한다.
④ 푸른색을 최대한 유지하기 위해 소량의 물에 채소를 넣고 데친다.

46

육류 사후강직의 원인 물질은?

① 젤라틴(Gelatin)
② 엘라스틴(Elastin)
③ 액토미오신(Actomyosin)
④ 글리코겐(Glycogen)

47

생선의 조리 방법에 대한 설명으로 옳은 것은?

① 선도가 낮은 생선은 뚜껑을 닫고 조리한다.
② 구이는 지방 함량이 높은 생선보다는 낮은 생선으로 하는 것이 풍미가 더 좋다.
③ 생선조림은 오래 가열해야 단백질이 단단하게 응고되어 맛이 좋아진다.
④ 양념 간장이 끓을 때 생선을 넣어야 영양 성분의 유출을 막을 수 있다.

48

튀김을 할 때 고려할 사항으로 옳지 않은 것은?

① 튀길 식품의 양이 많은 경우 동시에 모두 넣어 1회에 똑같은 조건에서 튀긴다.
② 수분이 많은 식품은 미리 어느 정도 수분을 제거한다.
③ 이물질을 제거하면서 튀긴다.
④ 튀긴 후 과도하게 흡수된 기름은 종이를 사용하여 제거한다.

49

마요네즈 제조 시 안정된 마요네즈를 형성하는 경우는?

① 빠르게 기름을 많이 넣을 때
② 달걀 흰자만 사용할 때
③ 약간 데운 기름을 사용할 때
④ 유화제 첨가량에 비해 기름의 양이 많을 때

50

모체로부터 얻어지는 면역은?

① 인공능동면역
② 인공수동면역
③ 자연능동면역
④ 자연수동면역

51

국수를 삶는 방법으로 적절하지 않은 것은?

① 끓는 물에 넣는 국수의 양이 지나치게 많아서는 안 된다.
② 국수 무게의 6～7배 정도의 물에서 삶는다.
③ 국수를 넣은 후 물이 다시 끓기 시작하면 찬물을 넣는다.
④ 국수가 다 익으면 많은 양의 냉수에서 천천히 식힌다.

52

생선 튀김의 조리법으로 적절한 것은?

① 130℃에서 5~6분간 튀긴다.
② 150℃에서 4~5분간 튀긴다.
③ 180℃에서 2~3분간 튀긴다.
④ 200℃에서 7~8분간 튀긴다.

53

채소류를 가식 부위에 따라 분류할 때 옳지 않은 것은?

① 근채류 - 무, 당근
② 과채류 - 가지, 호박, 오이
③ 화채류 - 브로콜리, 콜리플라워
④ 엽채류 - 셀러리, 죽순

54

음식의 외형을 돋보이게 하기 위해 음식에 곁들이는 것을 의미하는 조리 용어는?

① 가니쉬(Garnish)
② 스튜(Stew)
③ 브로일링(Broiling)
④ 스팀(Steam)

55

맑은 수프가 아닌 것은?

① 콩소메(Consomme)
② 가츠파쵸(Gazpacho)
③ 맑은 채소(Clear Vegetable) 수프
④ 브로스(Broth)

56

전채 조리 시 유의 사항으로 옳지 않은 것은?

① 적당히 신맛과 짠맛으로 침샘을 자극해서 식욕을 돋우고 먹고 싶은 욕구를 일으켜야 한다.
② 주요리에 사용되는 재료와 일치해야 한다.
③ 전채 요리는 식사의 시작을 알리는 음식으로 모양과 색채, 맛이 어우러지게 만들어야 한다.
④ 계절에 맞고 지역의 특성이 나타나는 식재료를 사용하며, 새로 재배되는 채소나 식재료를 활용하는 것이 좋다.

57

샌드위치를 형태에 따라 분류할 때 옳지 않은 것은?

① 오픈 샌드위치(Open Sandwich)는 얇게 썬 빵에 속재료를 넣고 위에 덮는 빵을 올리지 않는 오픈 형태이다.
② 클로우즈드 샌드위치(Closed Sandwich)는 얇게 썬 빵에 속재료를 넣고 위·아래를 빵으로 덮는 형태이다.
③ 핑거 샌드위치(Finger Sandwich)에는 카나페(Canape), 브루스케타(Bruschetta) 등이 있다.
④ 롤 샌드위치(Roll Sandwich)는 빵을 넓고 길게 잘라 크림 치즈, 게살, 훈제 연어, 참치 등의 재료를 넣고 둥글게 만 후 썰어 제공하는 형태이다.

58

샐러드 드레싱의 종류에 대한 설명으로 옳지 않은 것은?

① 콩포트는 샐러드의 맛을 좀 더 향상시키고 소화를 돕기 위한 액체로, 샐러드의 맛과 풍미가 조화를 이루는 신맛이 나야 한다.
② 살사(Salsa)는 익히지 않은 과일 혹은 야채로 만들며 예민한 향미를 첨가하기 위해 종종 감귤류의 주스, 식초 혹은 포도주와 같은 산을 넣는다.
③ 퓌레(Puree)는 과일이나 채소를 블렌더 등으로 갈아 다시 걸러진 부드러운 질감의 액체 형태 음식을 말한다.
④ 쿨리스(Coulis)는 소스와 같은 농도에 날것이나 요리된 과일, 채소를 갈아 넣어 달콤한 맛이 나게 만든 것이다.

59

샐러드를 담을 때 주의 사항으로 옳지 않은 것은?

① 반드시 채소의 물기를 제거하고 담는다.
② 드레싱은 미리 뿌리지 말고 제공할 때 뿌린다.
③ 주재료와 부재료의 모양과 색상, 식감은 항상 다르게 준비한다.
④ 드레싱의 양이 샐러드의 양보다 많게 담는다.

60

프랑스어로 향초다발을 의미하는 것은?

① 미르포아
② 부케가르니
③ 쿠르 부용
④ 브루노이즈

01

아플라톡신(Aflatoxin)에 대한 설명으로 옳지 않은 것은?

① 기질수분 16% 이상, 상대습도 80~85% 이상에서 생성된다.
② 탄수화물 함유량이 많은 곡물에서 많이 발생한다.
③ 비교적 열에 약하여 100℃ 정도에서 쉽게 불활성화된다.
④ 강산이나 강알칼리성에서 쉽게 분해되어 불활성화된다.

02

감염병의 예방 대책으로 적절하지 않은 것은?

① 병원소의 제거
② 환자의 격리
③ 식품의 저온 보존
④ 예방접종

03

사람이 예방접종을 통해 얻는 면역은?

① 선천적 면역
② 자연수동면역
③ 자연능동면역
④ 인공능동면역

04

굴착, 착암 작업 등에서 발생하는 진동으로 인해 발생할 수 있는 직업병은?

① 공업 중독
② 잠함병
③ 레이노드병
④ 금속열

05

국가의 보건 수준 평가를 위해 가장 많이 사용하고 있는 지표는?

① 조사망률
② 성인병 발생률
③ 결핵이환율
④ 영아사망률

06

세균성 식중독과 병원성 소화기계 감염병을 비교한 내용으로 옳지 않은 것은?

	세균성 식중독	병원성 소화기계 감염병
①	많은 균량으로 발병	균량이 적어도 발병
②	2차 감염이 빈번함	2차 감염이 없음
③	「식품위생법」으로 관리	「감염병 예방법」으로 관리
④	비교적 짧은 잠복기	비교적 긴 잠복기

07

식품첨가물 중 보존료의 목적으로 옳은 것은?

① 산도 조절
② 미생물에 의한 부패 방지
③ 산화에 의한 변패 방지
④ 가공 과정에서 파괴되는 영양소 보충

08

「식품위생법」상 식품접객업영업을 하려는 자는 몇 시간의 식품위생교육을 미리 받아야 하는가?

① 2시간
② 4시간
③ 6시간
④ 8시간

09

생육이 가능한 최저 수분활성도가 가장 높은 것은?

① 내건성 포자
② 세균
③ 곰팡이
④ 효모

10

하수 오염도 측정 시 생화학적 산소요구량(BOD)을 결정하는 가장 중요한 인자는?

① 물의 경도
② 수중의 유기물량
③ 하수량
④ 수중의 광물질량

11

HACCP의 의무 적용 대상 식품에 해당하지 않는 것은?

① 빙과류
② 비가열음료
③ 껌류
④ 레토르트식품

12

「식품위생법」상 집단급식소에 근무하는 영양사의 직무가 아닌 것은?

① 종업원에 대한 식품위생교육
② 식단 작성, 검식 및 배식 관리
③ 조리사의 보수교육
④ 급식시설의 위생적 관리

13

모기에 의해 전파되는 감염병이 아닌 것은?

① 황열
② 말라리아
③ 사상충증
④ 디프테리아

14

기온역전현상의 발생 조건은?

① 상부기온이 하부기온보다 낮을 때
② 상부기온이 하부기온보다 높을 때
③ 상부기온과 하부기온이 같을 때
④ 안개와 매연이 심할 때

15

병원체가 인체에 침입한 후 자각적·타각적 임상 증상이 발생할 때까지의 기간은?

① 세대기
② 이환기
③ 잠복기
④ 전염기

16

자외선살균법에 대한 설명으로 옳지 않은 것은?

① 사용법이 간단하다.
② 조사 대상물에 거의 변화를 주지 않는다.
③ 잔류 효과는 없는 것으로 알려져 있다.
④ 유기물 특히 단백질 공존 시 효과가 증가한다.

17

조리장 내 복장에 대한 설명으로 옳지 않은 것은?

① 음식이나 식재료 취급 시 위생장갑을 착용한다.
② 조리실 내에 근무하는 모든 종업원은 모발이 외부로 노출되지 않도록 위생모를 착용한다.
③ 1회용 위생장갑은 비용 절감을 위해 세척하여 사용한다.
④ 음식에 혼입 가능성이 있는 반지, 목걸이, 귀걸이는 착용하지 않는다.

18

조리작업장의 위치선정 조건으로 적절하지 않은 것은?

① 보온을 위해 지하인 곳
② 통풍이 잘 되며 밝고 청결한 곳
③ 음식의 운반과 배선이 편리한 곳
④ 재료의 반입과 오물의 반출이 쉬운 곳

19

다음 물의 소독법 중 물리적 소독법에 해당하지 않는 것은?

① 100℃ 이상 끓이는 열처리법
② 오존 소독법
③ 자외선 소독법
④ 표백분 소독법

20

전분을 덱스트린으로 변화시키는 효소는?

① β-아밀레이스
② α-아밀레이스
③ 말테이스
④ 치마아제

21

돼지고기를 완전히 익히지 않고 먹을 경우 감염될 수 있는 기생충은?

① 만손열두조충
② 무구조충
③ 선모충
④ 톡소플라즈마

22

화재 시 대처요령으로 적합하지 않은 것은?

① 화재경보를 울리거나 큰 소리로 알린다.
② 옷에 불이 붙었을 경우 다른데 옮기지 않도록 가만히 조치를 기다린다.
③ 기름으로 인한 화재일 경우 물을 사용하지 않는다.
④ 원인 물질을 찾아 제거한다.

23

조리종사원의 신체를 열과 가스, 전기, 주방기기, 설비 등으로부터 보호하고, 음식을 만들 때 위생적으로 작업하는 것을 목적으로 착용해야 하는 것은?

① 위생복
② 안전화
③ 머플러
④ 위생모

24

다음 응급상황 처리 과정의 순서로 옳은 것은?

| ㉠ 사고 발생 | ㉡ 원인 파악, 보고 |
| ㉢ 응급조치 | ㉣ 후속조치 |

① ㉠ → ㉣ → ㉢ → ㉡
② ㉢ → ㉡ → ㉣ → ㉠
③ ㉠ → ㉡ → ㉢ → ㉣
④ ㉠ → ㉢ → ㉡ → ㉣

25

안전관리책임자가 조리작업에 사용되는 설비 기능 이상 여부와 보호구의 성능 유지에 대한 정기점검을 실시하는 기간과 횟수는?

① 매달 1회 이상　　　　② 매달 2회 이상

③ 매년 1회 이상　　　　④ 매년 2회 이상

26

부패한 감자에서 생성되는 독소 성분은?

① 테트로도톡신(Tetrodotoxin)

② 셉신(Sepsine)

③ 베네루핀(Venerupin)

④ 삭시톡신(Saxitoxin)

27

단백질의 기능으로 볼 수 없는 것은?

① 체내 성분의 구성 물질이다.

② 삼투압 유지를 통해 체내 수분 함량을 조절한다.

③ 혈당에 관여한다.

④ 효소, 호르몬 등의 성장 및 체조직을 구성한다.

28

식품의 변화 현상에 대한 설명으로 옳지 않은 것은?

① 산패 – 유지식품의 지방질 산화

② 발효 – 화학물질에 의한 유기화합물의 분해

③ 변질 – 식품의 품질 저하

④ 부패 – 단백질이 부패 미생물에 의해 분해

29

전분에 수분과 열을 가하여 소화를 용이하게 하는 전분의 작용은?

① 호화　　　　　　　② 호정화

③ 산화　　　　　　　④ 노화

30

결합수의 특징이 아닌 것은?

① 용매로 작용한다.

② 자유수보다 밀도가 크다.

③ 미생물의 번식과 발아에 이용이 불가능하다.

④ 동·식물의 조직에 존재할 때 그 조직에 큰 압력을 가하여 압착해도 제거되지 않는다.

31

치즈의 제조 시 이용하는 우유 단백질의 성질은?

① 응고성　　　　　　② 용해성

③ 팽윤　　　　　　　④ 수화

32

어패류의 신선도 평가에 이용되는 지표 물질은?

① 헤모글로빈　　　　② 트리메틸아민 옥사이드

③ 메탄올　　　　　　④ 트리메틸아민

33

우유를 높은 온도로 가열하면 마이야르 반응이 일어나는데, 이때 가장 많이 손실되는 성분은?

① 리신　　　　　　　② 콜라겐

③ 슈크로오즈　　　　④ 칼슘

34

육제품의 훈연 목적으로 적절하지 않은 것은?

① 저장성 증진　　　　② 산화 방지

③ 풍미 증진　　　　　④ 영양 증진

35

소금의 용도가 아닌 것은?

① 채소 절임 시 수분 제거　② 효소 작용 억제

③ 글루텐 강화　　　　④ 껍질색 향상

36

밀이나 쌀과 같은 곡류에서 특히 부족하기 쉬운 아미노산은?

① 페닐알라닌　　　　② 트레오닌

③ 알기닌　　　　　　④ 리신

37

무기질에 대한 설명으로 옳지 않은 것은?

① 황(S)은 당질 대사에 중요하며 혈액을 알칼리성으로 유지시킨다.

② 칼슘(Ca)은 주로 골격과 치아를 구성하고 혈액 응고 작용을 돕는다.

③ 나트륨(Na)은 주로 세포 외액에 들어 있고, 삼투압 유지에 관여한다.

④ 아이오딘(I)은 갑상선 호르몬의 주성분으로, 결핍되면 갑상선종을 일으킨다.

38

재고회전율이 표준치보다 낮은 경우에 대한 설명으로 옳지 않은 것은?

① 긴급 구매로 비용 발생이 우려된다.
② 종업원들이 심리적으로 부주의하게 식품을 사용하여 낭비가 심해진다.
③ 부정 유출이 우려된다.
④ 저장 기간이 길어지고 식품 손실이 커지는 등 많은 자본이 들어가 이익이 줄어든다.

39

단체급식의 목적으로 적절하지 않은 것은?

① 피급식자 건강의 회복, 유지, 증진을 도모한다.
② 피급식자의 식비를 경감한다.
③ 피급식자에게 물질적 충족을 준다.
④ 영양교육과 음식의 중요성을 교육함으로써 바람직한 급식을 실현한다.

40

당질을 소화시키는 데 관련 있는 효소는?

① 라이페이스　　　　② 렌닌
③ 아밀레이스　　　　④ 펩신

41

가식부율이 60%인 식품의 출고계수는?

① 1.25　　　　② 1.43
③ 1.67　　　　④ 2.00

42

구매한 식품의 재고관리 시 적용되는 방법 중 최근에 구입한 식품부터 사용하는 것으로 가장 오래된 물품이 재고로 남게 되는 것은?

① 선입선출법　　　　② 후입선출법
③ 총평균법　　　　④ 최소－최대관리법

43

소화 시 담즙의 작용은?

① 지방을 유화시킨다.
② 지방질을 가수분해한다.
③ 단백질을 가수분해한다.
④ 콜레스테롤을 가수분해한다.

44

유지의 산패에 영향을 끼치는 요인에 대한 설명으로 옳은 것은?

① 온도가 높을수록 반응 속도가 감소한다.
② 관성 및 자외선은 산패를 촉진시킨다.
③ 수분이 적으면 촉매 작용이 강해진다.
④ 금속류는 유지의 산화를 방지한다.

45

밀가루를 분류하는 기준이 되는 성분은?

① 글리아딘　　　　② 글로불린
③ 글루타민　　　　④ 글루텐

46

소고기의 부위별 용도와 조리법의 연결이 옳지 않은 것은?

① 앞다리 － 불고기, 육회
② 설도 － 탕, 샤브샤브, 육회
③ 목심 － 불고기, 국거리
④ 우둔 － 산적, 장조림, 육포

47

세균성 식중독에 해당하지 않는 것은?

① 노로바이러스 식중독
② 비브리오 식중독
③ 병원성 대장균 식중독
④ 장구균 식중독

48

전자레인지의 주된 조리 원리는?

① 복사　　　　② 전도
③ 대류　　　　④ 초단파

49

다음의 설명에 해당하는 것은?

> 영양적 가치는 없으나 배변 운동을 돕고 장내에서 비타민 B군의 합성을 촉진하여 소화되지 않는 전분이다.

① 섬유소　　　　② 포도당
③ 자일로스　　　　④ 과당

50

전분의 호정화(덱스트린화)에 대한 설명으로 옳지 않은 것은?

① 전분을 160~170℃의 끓는 물로 가열하면 덱스트린이 되는 호정화가 일어난다.
② 용해성이 생기고 점성이 낮아진다.
③ 맛이 구수해지고 색은 갈색으로 변한다.
④ 활용 식품으로는 미숫가루, 누룽지, 빵, 뻥튀기, 팝콘 등이 있다.

51

젤라틴의 응고에 대한 내용으로 옳지 않은 것은?

① 젤라틴의 농도가 높을수록 빨리 응고된다.
② 설탕의 농도가 높을수록 빨리 응고된다.
③ 염류는 젤라틴이 물을 흡수하는 것을 막아 단단하게 응고시킨다.
④ 단백질 분해 효소를 사용하면 응고력이 약해진다.

52

유지의 산패도를 나타내는 값으로 짝지어진 것은?

① 비누화가, 아이오딘가
② 아이오딘가, 아세틸가
③ 과산화물가, 비누화가
④ 산가, 과산화물가

53

헤모글로빈을 구성하며, 혈액 생성에 필수적인 영양소는?

① 철분
② 인
③ 황
④ 마그네슘

54

총원가에 대한 설명으로 옳은 것은?

① 제조간접비와 직접원가의 합이다.
② 판매관리비와 제조원가의 합이다.
③ 판매관리비, 제조간접비, 이익의 합이다.
④ 직접재료비, 직접노무비, 직접경비, 직접원가, 판매관리비의 합이다.

55

달걀의 난백과 난황의 응고 온도는?

     난백   난황
① 40~80℃   85~90℃
② 50~80℃   85~90℃
③ 55~65℃   75~95℃
④ 60~65℃   65~70℃

56

비린내가 심한 어류의 조리 방법으로 적절하지 않은 것은?

① 청주나 포도주를 첨가하여 조리한다.
② 물에 씻을수록 비린내가 많이 나므로 재빨리 씻어 조리한다.
③ 식초와 레몬즙 등의 신맛을 내는 조미료를 사용하여 조리한다.
④ 황화합물을 함유한 마늘, 파 및 양파를 양념으로 첨가하여 조리한다.

57

미르포아에 대한 설명으로 옳은 것은?

① 스톡의 향을 강화하기 위한 양파, 당근과 셀러리의 혼합물을 말한다.
② 생선, 해산물을 포칭하기 위해 만드는 액체이다.
③ 야채, 고기, 생선물로 끓여 만든 육수이다.
④ 고기, 생선의 국물을 맑게 끓인 것이다.

58

스톡 조리 시 물의 적정 양은?

① 재료의 1/2 정도 물 사용
② 찬물로 재료가 충분히 잠길 정도
③ 조리기구 바닥에서 2cm 정도
④ 최소량의 물만 사용

59

양식 애피타이저에 사용하는 대표적인 양념으로 나열된 것은?

① 소금, 식초, 올리브 오일
② 참기름, 식초, 간장
③ 식초, 통깨, 포도씨유
④ 맛소금, 카놀라유, 들기름

60

수프의 농도를 조절하는 농후제는?

① 가니쉬(Garnish)
② 비프 스톡(Beef Stock)
③ 리에종(Liaison)
④ 루(Roux)

01

실내공기의 오염지표로 사용하는 기체와 서한량의 연결이 옳은 것은?

① CO − 0.1%
② SO_2 − 0.01%
③ CO_2 − 0.1%
④ N_2 − 0.01%

02

지방의 산패를 촉진하는 인자와 거리가 먼 것은?

① 질소
② 산소
③ 금속
④ 자외선

03

다음 설명 중 옳은 것은?

① 사람은 호흡 시 산소를 체외로 배출하고, 이산화탄소를 체내로 흡입한다.
② 수중에서 작업하는 사람은 이상기압으로 인해 참호족에 걸린다.
③ 조리장에서 작업 시 적절한 환기가 필요하다.
④ 정상 공기는 주로 수소와 이산화탄소로 구성되어 있다.

04

달걀이 오래되었을 때 변화로 옳지 않은 것은?

① 난황계수가 높아진다.
② 무게가 가벼워진다.
③ 흔들었을 때 소리가 난다.
④ 표면의 기실이 크다.

05

상수도와 관련 있는 보건 문제가 아닌 것은?

① 수도열
② 반상치
③ 레이노드병
④ 수인성 감염병

06

미생물의 생육에 필요한 수분활성도(Aw)의 크기로 옳은 것은?

① 세균 > 효모 > 곰팡이
② 곰팡이 > 세균 > 효모
③ 효모 > 곰팡이 > 세균
④ 세균 > 곰팡이 > 효모

07

식품첨가물의 사용 제한 기준이 아닌 것은?

① 사용할 수 있는 식품의 종류 제한
② 식품에 대한 사용량 제한
③ 사용 방법에 대한 제한
④ 사용 장소에 대한 제한

08

미생물 중 곰팡이가 아닌 것은?

① 아스퍼질러스(Aspergillus)속
② 페니실리움(Penicillium)속
③ 클로스트리디움(Clostridium)속
④ 리조푸스(Rhizopus)속

09

세균성 식중독 중 감염형이 아닌 것은?

① 살모넬라균
② 비브리오균
③ 병원성 대장균
④ 황색포도상구균

10

차아염소산나트륨의 사용 용도는?

① 밀가루의 표백
② 식기 등의 소독
③ 버터의 보존제
④ 육류의 발색제

11

다음 중 자외선의 가장 대표적인 광선인 도르노선(Dorno Ray)의 파장은?

① 400~700Å
② 1,000~2,000Å
③ 2,800~3,200Å
④ 4,000~7,000Å

12

대기오염 물질 중 탄소 성분의 불완전 연소로 인해 발생하는 것은?

① 오존
② 질소
③ 일산화탄소
④ 이산화탄소

13

웰치균에 대한 설명으로 옳은 것은?

① 아포는 60℃에서 10분간 가열하면 사멸한다.

② 혐기성 세균이다.

③ 냉장 온도에서 잘 발육한다.

④ 당질 식품에서 주로 발육한다.

14

직업병의 원인과 질병의 연결이 옳지 않은 것은?

① 소음 – 직업성 난청   ② 방사선 – 백혈병

③ 고열환경 – 열중증   ④ 고압환경 – 참호족염

15

쓰레기 소각 처리 시 공중보건상 가장 문제가 되는 것은?

① 대기오염과 다이옥신   ② 화재 발생

③ 사후 폐기물 발생   ④ 높은 열의 발생

16

HACCP에 대한 설명으로 옳지 않은 것은?

① 원재료에서 제조, 가공 등의 식품공정별로 모두 적용되는 종합적 위생 대책 시스템이다.

② 위해 방지를 위한 사전 예방적 식품안전관리체계를 말한다.

③ 미국, 일본, 유럽연합, 국제기구(CODEX, WHO) 등에서도 모든 식품에 HACCP를 적용할 것을 권장하고 있다.

④ HACCP 12절차의 첫 번째 단계는 위해 요소 분석이다.

17

빵류의 해동 방법으로 적절한 것은?

① 상온에서 해동시키거나 오븐을 사용하여 해동시킨다.

② 강한 송풍을 이용하여 해동시킨다.

③ 냉동실에서 냉각시킨다.

④ 수분방사 방식을 실시한다.

18

굴을 먹고 걸린 식중독과 관련 있는 독성물질은?

① 시큐톡신(Cicutoxin)

② 베네루핀(Venerupin)

③ 테트라민(Tetramine)

④ 테무린(Temuline)

19

「식품위생법」상 조리사와 영양사에게 교육을 받을 것을 명할 수 있는 사람은?

① 식품의약품안전처장   ② 보건복지부장관

③ 대통령   ④ 시·도지사

20

세계보건기구(WHO)의 3대 종합건강지표에 해당하지 않는 것은?

① 평균수명   ② 조사망률

③ 비례사망지수   ④ 사인별사망률

21

칼 사용 작업 중 찔림, 베임의 예방에 대한 설명으로 옳지 않은 것은?

① 전용 도마 위에서 작업한다.

② 칼날의 예리함을 알아보기 위해 손가락이나 손등에 칼을 대본다.

③ 칼날은 적은 힘으로 정확하게 재료를 자를 수 있도록 항상 예리하게 관리한다.

④ 단단한 냉동 재료를 절단할 때에는 무리하게 힘을 주지 말고 여러 번 힘을 나누어 자른다.

22

응급상황 처리 과정으로 옳은 것은?

① 사고 발생 → 후속조치 → 응급조치 → 원인 파악, 보고

② 응급조치 → 원인 파악, 보고 → 후속조치 → 사고 발생

③ 사고 발생 → 원인 파악, 보고 → 응급조치 → 후속조치

④ 사고 발생 → 응급조치 → 원인 파악, 보고 → 후속조치

23

안전장비류의 취급관리 및 안전점검으로 옳지 않은 것은?

① 도구 및 장비 등은 수시로 정리 정돈한다.

② 도구 및 장비 등의 이상 여부는 사고 발생 시만 철저히 점검한다.

③ 도구 및 장비의 정기점검은 매년 1회 이상 실시한다.

④ 도구 및 장비 등은 일상점검, 정기점검, 특별안전점검을 시행한다.

24

주방 내 사고 발생 시 대처 방법으로 옳지 않은 것은?

① 급하므로 보고보다는 독단적으로 신속하게 처리한다.
② 출혈이 있는 경우 상처 부위를 눌러 지혈시킨다.
③ 출혈이 있는 경우 출혈 부위를 심장보다 높게 한다.
④ 환자가 움직일 수 있는 상황이면, 사고가 발생한 조리 장소로부터 격리한다.

25

작업장 내 군집독의 가장 큰 원인은?

① 실내공기의 이화학적 조성의 변화
② 실내의 생물화학적 변화
③ 실내공기 중 산소의 부족
④ 실내기온의 증가

26

쓰거나 신 음식을 맛본 후 금방 물을 마시면 물이 달게 느껴지는 것과 관련 있는 맛의 변화는?

① 변조 현상
② 피로 현상
③ 상승 현상
④ 억제 현상

27

무화과에 함유되어 있는 육류의 연화 효소는?

① 피신(Ficin)
② 브로멜린(Bromelin)
③ 파파인(Papain)
④ 프로테이스(Protease)

28

빵을 비롯한 밀가루 제품에서 밀가루를 부풀게 하여 적당한 형태를 갖추게 하기 위해 사용하는 것은?

① 팽창제
② 유화제
③ 피막제
④ 산화방지제

29

곰팡이에 의해 생성되는 독소가 아닌 것은?

① 아플라톡신(Aflatoxin)
② 시트리닌(Citrinin)
③ 엔테로톡신(Enterotoxin)
④ 파툴린(Patulin)

30

알코올이 들어간 달콤한 음료수는?

① 탄산음료
② 리큐어
③ 시럽
④ 젤리

31

신선한 생육의 환원형 미오글로빈이 공기와 접촉하면 분자상의 산소와 결합하여 옥시미오글로빈으로 되는데, 이때의 색은?

① 어두운 적자색
② 선명한 적색
③ 어두운 회갈색
④ 선명한 분홍색

32

동물성 색소에 해당하는 것은?

① 클로로필
② 플라보노이드
③ 헤모글로빈
④ 안토잔틴

33

천연 산화방지제가 아닌 것은?

① 아스코르브산
② 안식향산
③ 토코페롤
④ 고시폴

34

감자는 껍질을 벗겨 두면 색이 변화되는데, 이를 막기 위한 방법은?

① 수침
② 냉장
③ 냉동
④ 공기 중 방치

35

대두에 대한 설명으로 옳지 않은 것은?

① 콩 단백질의 주요 성분인 글리시닌은 글로불린에 속한다.
② 아미노산의 조성은 메티오닌, 시스테인이 많고, 라이신, 트립토판이 적다.
③ 대두를 삶을 때 거품이 생기는 것은 사포닌 때문이다.
④ 두유에 염화마그네슘을 첨가하여 단백질을 응고시킨 것이 두부이다.

36

분뇨를 혐기성 방법으로 처리할 때의 장점으로 볼 수 없는 것은?

① 유지·관리비가 적게 든다.
② 호기성 처리 방법에 비하여 소화 속도가 빠르다.
③ 수인성 감염병의 전파를 막을 수 있다.
④ 소화가스를 모아서 열원으로 이용한다.

37

배추김치를 만드는 데 배추 30kg이 필요하고, 배추 1kg의 값은 2,500원이며 가식부율은 90%일 때 배추 구입 비용은 약 얼마인가?

① 67,500원
② 75,000원
③ 82,500원
④ 83,400원

38

직접원가에 포함되지 않는 것은?

① 직접재료비
② 직접경비
③ 직접노무비
④ 일반관리비

39

식품구매 계획 수립 시 필요 사항이 아닌 것은?

① 식품 가격 변화
② 식품 수급 현황
③ 식품의 저장 수명
④ 과거 기록

40

통조림 검수 방법으로 적절하지 않은 것은?

① 외관이 녹슬었거나 찌그러졌어도 이는 통조림 내용물과 상관 없으므로 안전하다.
② 개봉 전 제조자명, 소재지, 제조연월일을 확인한다.
③ 개봉했을 때 식품의 형태, 색, 맛, 냄새 등에 이상이 없어야 한다.
④ 개봉 전 라벨의 내용물, 무게, 첨가물의 유무를 확인한다.

41

조리장의 위치로 적절하지 않은 것은?

① 통풍과 채광이 좋고 양질의 음료수 공급과 배수가 용이한 곳이어야 한다.
② 음식을 운반하기 쉽고 물이 많이 닿지 않는 곳이어야 한다.
③ 객실 및 객석의 구분이 명확하고 식품의 구입과 반출이 용이한 곳이어야 한다.
④ 소음, 악취, 가스, 분진 등이 없는 위생적인 곳이어야 한다.

42

기온역전의 정의로 옳은 것은?

① 상층의 공기 온도가 높고 하층의 공기 온도가 낮은 것을 말한다.
② 대기층이 불안정하여 빛이 굴절하여 생기는 현상을 말한다.
③ 움푹하게 파인 땅이나 골짜기에 차가운 공기가 머물고 있는 경우를 말한다.
④ 도시 중심부가 교외보다 기온이 높은 것을 말한다.

43

지방의 소화 효소는?

① 라이페이스
② 프티알린
③ 트립신
④ 펩신

44

미숫가루를 만들 때 건열로 가열하면 전분이 열분해되어 덱스트린이 만들어지는데, 이 열분해 과정을 무엇이라고 하는가?

① 전분의 전화
② 전분의 호정화
③ 전분의 호화
④ 전분의 노화

45

달걀의 신선도 판정에 대한 내용으로 옳지 않은 것은?

① 흔들어서 소리가 나는 것이 신선한 것이다.
② 껍질이 꺼칠꺼칠한 것이 신선하다.
③ 신선한 달걀은 기실의 크기가 작다.
④ 10%의 소금물에 넣어 가라앉으면 신선한 것이다.

46

멥쌀떡이 찹쌀떡보다 더 빨리 굳는 이유는?

① pH가 높기 때문이다.
② 수분 함량이 많기 때문이다.
③ 아밀로오스의 함량이 적기 때문이다.
④ 아밀로펙틴의 함량이 적기 때문이다.

47

어패류에 소금을 넣고 발효, 숙성시켜 원료 자체 내 효소의 작용으로 풍미를 내는 식품은?

① 젓갈
② 어묵
③ 통조림
④ 어육소시지

48

복합 지질이 아닌 것은?

① 인지질
② 당지질
③ 유도 지질
④ 스핑고 지질

49

마요네즈 제조 시 사용되는 난황의 역할은?

① 발포제
② 유화제
③ 응고제
④ 팽창제

50

농축 토마토에 식염, 식초, 당류, 마늘 및 향신료 등을 첨가하여 조미한 것으로 전체 고형분이 24% 이상인 제품의 명칭은?

① 토마토 페이스트   ② 토마토 주스

③ 토마토 퓌레   ④ 토마토 케첩

51

수산물의 특징으로 옳지 않은 것은?

① 사후강직 현상은 8시간 이후에 이루어진다.

② 생선은 자기소화 과정 중 글루타민산(Glutamic Acid)과 IMP 가 생성되어 맛이 좋아진다.

③ 콜라겐(Collagen)의 함량이 적어 식육류보다 살이 연하다.

④ 갑각류를 가열하면 회색의 아스타잔틴(Astaxanthin)이 적색 의 아스타신(Astacin)으로 변한다.

52

식품을 냉장고에 올바르게 보관하는 방법으로 옳지 않은 것은?

① 식품이 건조되지 않도록 밀봉하여 보관한다.

② 문을 여닫는 횟수를 가능한 줄인다.

③ 온도가 낮으므로 식품을 장기간 보관해도 안전하다.

④ 뜨거운 음식은 식힌 후 냉장고에 보관한다.

53

일반적으로 폐기율이 가장 높은 식품은?

① 소우둔살   ② 달걀

③ 패류   ④ 곡류

54

중조를 넣어 콩을 삶을 때에 대한 설명으로 옳은 것은?

① 비타민 B_1의 파괴가 촉진된다.

② 콩이 잘 무르지 않는다.

③ 조리수가 많이 필요하다.

④ 조리시간이 길어진다.

55

원슬로우(C.E.A Winslow)가 주장한 공중보건의 3대 목적에 해당되지 않는 것은?

① 질병 예방   ② 수명 연장

③ 신체적·정신적 효율 증진   ④ 보건교육

56

샌드위치를 완성하여 썰고 담을 때의 주의 사항이 아닌 것은?

① 재료 자체가 가지고 있는 고유의 색감과 질감을 잘 표현할 것

② 식재료의 조합으로 다양한 맛과 향이 공존하도록 플레이팅을 할 것

③ 음식과 접시 온도는 항상 뜨겁게 사용할 것

④ 알맞은 양을 균형감 있게 담을 것

57

건열 조리법을 사용한 요리가 아닌 것은?

① 햄버거 스테이크   ② 치즈케이크

③ 치킨 커틀렛   ④ 비프 스튜

58

팬케이크(Pancake)에 대한 설명으로 옳은 것은?

① 베이킹파우더를 넣어 반죽하고 설탕을 많이 넣어서 달게 먹는 것이 특징이다.

② 계핏가루, 설탕, 우유에 빵을 담가 버터를 두르고 팬에 구워 잼과 시럽을 곁들여 먹는다.

③ 이스트를 넣어 발효시킨 반죽에 머랭을 넣고 반죽해서 구운 것이다.

④ 밀가루, 달걀, 물 등으로 만들어 팬에 구워 버터와 메이플 시럽을 뿌려 먹는다.

59

차가운 시리얼에 해당하지 않는 것은?

① 콘플레이크   ② 오트밀

③ 버처 뮤슬리   ④ 라이스 크리스피

60

육류에 마리네이드를 하는 이유로 옳지 않은 것은?

① 조리 전에 간이 배이도록 한다.

② 육류의 누린내를 제거한다.

③ 향미와 수분을 주어 맛을 좋게 한다.

④ 육질을 단단하게 한다.

01

만성 중독의 경우 반상치, 골경화증, 체중 감소, 빈혈 등이 나타나는 물질은?

① 붕산
② 불소
③ 승홍
④ 포르말린

02

음료수 소독에 가장 적합한 것은?

① 생석회
② 알코올
③ 염소
④ 승홍수

03

역성비누에 대한 설명으로 옳지 않은 것은?

① 양이온 계면활성제이다.
② 과일과 야채, 식기 소독에 사용된다.
③ 보통비누와 동시에 사용하면 살균 효과가 감소된다.
④ 자극성 및 독성이 없지만, 침투력이 약하다.

04

비례사망지수를 계산할 때 분모에 해당되는 것은?

① 평균 인구
② 연간 총 사망자 수
③ 발병자 수
④ 일정 기간 인구

05

바다에서 잡히는 어류(생선)를 먹고 기생충증에 걸렸을 때 이와 관련 있는 기생충은?

① 아니사키스충
② 유구조충
③ 동양모양선충
④ 선모충

06

유제품 및 달걀 섭취 시 발생할 수 있는 식중독은?

① 살모넬라 식중독
② 포도상구균 식중독
③ 대장균 식중독
④ 곰팡이독 식중독

07

세균의 생육에 대한 설명으로 옳은 것은?

① 발육을 위해 수분은 16% 이상이 필요하다.
② pH 6.5~7.5의 중성에서 잘 발육한다.
③ 곰팡이보다 생육의 속도가 느리다.
④ 온도와는 관련이 없다.

08

인수공통감염병에 해당되며 동물에게는 유산, 사람에게는 열병을 일으키는 질환은?

① 큐열
② 결핵
③ 파상열
④ 탄저

09

쌀에 증식하여 황변미 중독을 일으키는 것은?

① 세균
② 바이러스
③ 효모
④ 곰팡이

10

재해 발생 상황을 파악할 때 사용하는 표준적 지표는?

① 도수율
② 건수율
③ 강도율
④ 중독률

11

일반적으로 실내 CO_2(이산화탄소)의 허용한도는?

① 0.01%
② 0.05%
③ 0.1%
④ 0.5%

12

「식품위생법」상 판매를 목적으로 하거나 영업상 사용하는 식품 및 영업시설 등 검사에 필요한 최소량의 식품 등을 무상으로 수거할 수 없는 자는?

① 식품의약품안전처장
② 시·도지사
③ 시장·군수·구청장
④ 국립의료원장

13

생후 4주 이내에 실시하는 예방접종은?

① 홍역
② 수두
③ 경구용 소아마비
④ 결핵

14

미생물학적으로 식품 1g당 세균수가 얼마일 때 초기 부패 단계로 판정하는가?

① $10^4 \sim 10^5$
② $10^5 \sim 10^6$
③ $10^6 \sim 10^7$
④ $10^7 \sim 10^8$

15

아이오딘가(요오드가)에 대한 설명으로 옳지 않은 것은?

① 유지 100g 중에 첨가되는 아이오딘의 g 수를 말한다.
② 아이오딘가가 130 이상인 경우 건성유로 분류된다.
③ 아이오딘가가 높을수록 포화지방산이 많다.
④ 참기름은 반건성유에 해당된다.

16

채소류를 통해서 매개되는 기생충이 아닌 것은?

① 동양모양선충
② 간디스토마
③ 요충
④ 편충

17

맛의 성분과 식품의 연결이 옳지 않은 것은?

① 후추 – 후물론
② 겨자 – 시니그린
③ 생강 – 진저론
④ 마늘 – 알리신

18

소포제로 사용되는 식품첨가물은?

① 규소수지
② 핵산
③ 염산
④ 황산구리

19

식물성 식품에 들어 있는 카로틴이 바뀐 비타민으로, 피부의 상피 세포를 보호하고 눈의 기능을 좋게 하는 것은?

① 비타민 A
② 비타민 C
③ 비타민 D
④ 비타민 E

20

조리사 면허취소에 해당하지 않는 것은?

① 식중독이나 그 밖의 위생과 관련한 중대한 사고 발생에 직무상의 책임이 있는 경우
② 면허를 타인에게 대여하여 사용하게 한 경우
③ 조리사가 마약이나 그 밖의 약물에 중독이 된 경우
④ 조리사 면허의 취소처분을 받고 그 취소된 날부터 2년이 지나지 아니한 경우

21

「식품위생법」상 조리사를 두어야 하는 영업소가 아닌 것은?

① 국가 및 지방자치단체가 운영하는 집단급식소
② 식품첨가물 제조업소
③ 복어 조리 판매업소
④ 병원 및 사회복지시설이 운영하는 집단급식소

22

안전장비류의 취급관리 및 안전점검으로 옳은 것은?

① 도구 및 장비 등은 날짜를 정해 한 번에 정리 정돈한다.
② 도구 및 장비 등의 이상 여부는 사고 발생 시만 철저히 점검한다.
③ 도구 및 장비의 정기점검은 매년 1회만 실시한다.
④ 도구 및 장비 등은 일상점검, 정기점검, 특별안전점검을 시행한다.

23

주요 작업별 기기, 기구의 연결이 옳은 것은?

① 세척 – 손소독기, 냉장고
② 전처리 – 저울, 절단기
③ 검수 – 운반차, 탈피기
④ 조리 – 오븐, 가열기기

24

먹는 물의 색도 기준은?

① 5도를 넘지 않을 것
② 4도를 넘지 않을 것
③ 3도를 넘지 않을 것
④ 2도를 넘지 않을 것

25

빵을 만들 때 팽창제로 사용하는 것은?

① 명반
② D–소르비톨
③ 초산비닐수지
④ 안식향산

26

고기를 연하게 하기 위해 사용하는 과일에 들어 있는 단백질 분해 효소가 아닌 것은?

① 피신(Ficin)
② 브로멜린(Bromelin)
③ 파파인(Papain)
④ 아밀레이스(Amylase)

27

아미노산, 단백질 등이 당류와 반응하여 갈색 물질을 생성하는 반응은?

① 폴리페놀 옥시다아제(Polyphenol Oxidase) 반응
② 마이야르(Maillard) 반응
③ 캐러멜화(Caramelization) 반응
④ 티로시나아제(Tyrosinase) 반응

28

안토시아닌의 화학적 성질에 대한 설명 중 빈칸에 들어갈 말을 순서대로 나열한 것은?

> 안토시아닌은 산성에서는 (   ), 중성에서는 (   ), 알칼리성에서는 (   )을 나타낸다.

① 청색 – 적색 – 노란색
② 검정색 – 파란색 – 노란색
③ 적색 – 자색 – 청색
④ 청색 – 노란색 – 파란색

29

유지를 가열할 때 생기는 변화에 대한 설명으로 옳지 않은 것은?

① 유리 지방산의 함량이 높아지므로 발연점이 낮아진다.
② 연기 성분으로 알데히드(Aldehyde), 케톤(Ketone) 등이 생성된다.
③ 아이오딘가가 높아진다.
④ 중합반응에 의해 점도가 증가된다.

30

황함유 아미노산이 아닌 것은?

① 트레오닌
② 시스틴
③ 메티오닌
④ 시스테인

31

달걀 100g 중에 당질 5g, 단백질 8g, 지질 4.4g이 함유되어 있다면 달걀 5개의 열량은 얼마인가? (단, 달걀 1개의 무게는 50g이다.)

① 91.6kcal
② 229kcal
③ 274kcal
④ 458kcal

32

카세인(Casein)이 해당하는 단백질은?

① 당단백질
② 지단백질
③ 유도 단백질
④ 인단백질

33

전분 식품의 노화를 억제하는 방법으로 적절하지 않은 것은?

① 설탕을 첨가한다.
② 식품을 냉장 보관한다.
③ 식품의 수분 함량을 15% 이하로 한다.
④ 유화제를 사용한다.

34

과실 저장고의 온도, 습도, 기체 조성 등을 조절하여 장기간 동안 과실을 저장하는 방법은?

① 산 저장
② 자외선 저장
③ 무균포장 저장
④ CA 저장

35

독버섯의 독성분이 아닌 것은?

① 무스카린
② 팔린
③ 콜린
④ 솔라닌

36

신선한 어류의 감별 방법으로 옳지 않은 것은?

① 선홍색의 아가미
② 투명한 눈
③ 탄력 있는 육질
④ 광택이 없는 비늘

37

위생동물의 예방 대책으로 옳지 않은 것은?

① 유독동물을 보관한다.
② 발생원 및 서식처를 제거하여 환경을 청결히 한다.
③ 발생 초기에 구충, 구서하여 개체의 확산을 방지한다.
④ 위생동물과 해충의 서식 습성에 따라 동시에 광범위하게 구제법을 실시한다.

38

빈칸에 들어갈 말은?

산패란 주로 ( )이 변질된 것을 말한다.

① 무기질
② 지방
③ 단백질
④ 탄수화물

39

식재료 검수 시 유의 사항으로 옳지 않은 것은?

① 식품이 도착하자마자 검수를 진행한다.
② 진공포장된 식품은 두 팩 사이에 온도계를 넣고 온도를 측정한다.
③ 박스 안에 들어 있는 야채는 박스째 검수를 한다.
④ 김치류는 관능검사(맛, 냄새)를 실시하고, 배추의 원산지 증명서를 함께 받아 보관한다.

40

쌀의 품질을 감별할 때 감별 항목이 아닌 것은?

① 건조 상태
② 낟알의 모양
③ 이물질 혼합 여부
④ 탄력 상태

41

계량 방법으로 옳은 것은?

① 흑설탕을 계량할 때에는 체로 친 뒤 눌러 담고 직선으로 깎아 계량한다.
② 마가린을 잴 때에는 실온에서 계량컵에 눌러 담은 후 깎아 계량한다.
③ 쇼트닝을 계량할 때에는 냉장 온도에서 계량컵에 꼭 눌러 담은 뒤 깎아 계량한다.
④ 우유는 넘치지 않을 정도로 담은 후 표면 위에서 눈금을 읽는다.

42

원가 계산의 목적으로 적절하지 않은 것은?

① 원가 관리
② 예산 편성
③ 검수일지 작성
④ 가격 결정

43

육류 조리에 대한 설명으로 옳은 것은?

① 육류를 오래 끓이면 질긴 지방 조직인 콜라겐이 젤라틴화되어 국물이 맛있게 된다.
② 목심, 양지, 사태는 건열 조리에 적당하다.
③ 편육을 만들 때 고기는 처음부터 찬물에서 끓인다.
④ 육류를 찬물에 넣어 끓이면 맛 성분의 용출이 용이해져 국물 맛이 좋아진다.

44

보존제에 대한 설명으로 옳은 것은?

① 미생물의 증식을 억제하여 식품의 영양가와 신선도를 보존하기 위해 사용한다.
② 식품 제조 중 식품의 갈변, 착색의 변화를 억제하기 위해 사용한다.
③ 식품 본래의 맛을 더욱 강화하거나 개인의 기호도에 맞게 조절하기 위해 사용한다.
④ 식품 내 부패 원인균을 단시간에 사멸시키기 위해 사용한다.

45

대기오염 예방법이 아닌 것은?

① 공장 입지 대책
② 진개의 소각 처리
③ 공해방지 기술 개발
④ 법적 규제와 방지

46

채소류의 감별법으로 옳지 않은 것은?

① 오이는 굵기가 고르며 만졌을 때 가시가 있고 무거운 느낌이 나는 것이 좋다.
② 당근은 일정한 굵기로 통통하고 마디나 뿔이 없는 것이 좋다.
③ 양배추는 가볍고 잎이 얇으며 신선하고 광택이 있는 것이 좋다.
④ 우엉은 껍질이 매끈하고 수염뿌리가 없는 것으로 굵기가 일정한 것이 좋다.

47

전분의 가수분해에 대한 설명으로 옳지 않은 것은?

① 식혜, 엿 등은 전분의 가수분해 결과이다.
② 전분의 당화이다.
③ 효소를 넣어 최적 온도를 유지시키면 탈수축합 반응에 의해 당이 된다.
④ 전분을 산과 함께 가열하면 가수분해되어 당이 된다.

48

유지를 가열할 때 유지 표면에서 엷은 푸른 연기가 나기 시작할 때의 온도를 무엇이라 하는가?

① 팽창점
② 연화점
③ 용해점
④ 발연점

49

밀가루 반죽 시 넣는 첨가물에 관한 설명으로 옳은 것은?

① 유지는 글루텐 구조 형성을 방해하여 반죽을 부드럽게 한다.
② 소금은 글루텐 단백질을 연화시켜 밀가루 반죽의 점탄성을 떨어뜨린다.
③ 설탕은 글루텐 망상 구조를 치밀하게 하여 반죽을 질기고 단단하게 한다.
④ 지방은 글루텐 형성을 도와 연화 작용을 한다.

50

조미료의 첨가 순서로 옳은 것은?

① 설탕 → 소금 → 식초 → 간장
② 설탕 → 식초 → 간장 → 소금
③ 소금 → 식초 → 간장 → 설탕
④ 간장 → 설탕 → 식초 → 소금

51

버터 대용품으로 생산되고 있는 식물성 유지는?

① 쇼트닝
② 마요네즈
③ 마가린
④ 땅콩버터

52

세계 3대 진미에 해당하지 않는 것은?

① 샥스핀
② 푸아그라
③ 캐비아
④ 트러플

53

식혜를 만들 때 엿기름을 당화시키는 데 가장 적절한 온도는?

① 10~20℃
② 30~40℃
③ 50~60℃
④ 70~80℃

54

우유에 함유된 단백질이 아닌 것은?

① 락토오스
② 카세인
③ 락트알부민
④ 락토글로불린

55

펙틴에 대한 설명으로 옳지 않은 것은?

① 소화되지 않는 전분이다.
② 과실의 뿌리, 줄기, 잎 등에서 세포벽과 세포벽을 결합시켜 준다.
③ 겔화하는 성질 때문에 잼이나 젤리를 만드는 데 이용된다.
④ 과실류와 감귤류의 껍질에 다량 함유되어 있다.

56

식품에 오염된 미생물이 증식하여 생성한 독소에 의해 유발되는 대표적인 식중독은?

① 황색포도상구균 식중독
② 살모넬라균 식중독
③ 장염비브리오 식중독
④ 리스테리아 식중독

57

서양의 각 나라별 대표 음식의 연결이 옳지 않은 것은?

① 프랑스 - 바게트, 브리오슈, 마카롱, 치즈
② 이탈리아 - 피자, 파스타, 젤라또
③ 독일 - 사워크라우트
④ 영국 - 햄버거, 핫도그

58

우유를 데울 때 가장 좋은 방법은?

① 냄비에 담고 끓기 시작할 때까지 강한 불로 데운다.
② 이중 냄비에 넣고 젓지 않고 데운다.
③ 냄비에 담고 약한 불에서 젓지 않고 데운다.
④ 이중 냄비에 넣고 저으면서 데운다.

59

파스타(Pasta)에 대한 설명으로 옳지 않은 것은?

① 이탈리아식 국수로 물, 밀가루와 달걀을 넣어 반죽한 것이다.
② 파스타 면을 삶을 때 약간의 소금과 올리브 오일을 넣어 준다.
③ 생면 파스타는 강력분과 달걀을 이용하여 만든다.
④ 파스타면을 알덴테(Al dente)로 삶는 것은 오래 삶아 푹 익힌 것이다.

60

콩디망의 종류가 아닌 것은?

① 토마토 살사
② 발사믹 소스
③ 오일 비네그레트
④ 미르포아

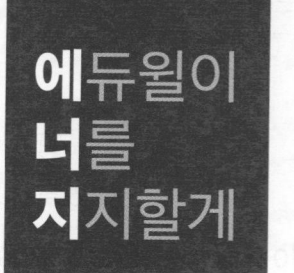

성공은 우리가 생각하는
자신의 모습을 끌어올리는 것에서
시작한다.

– 덱스터 예거(Dexter Yager)

01

물에 녹는 비타민은?

① 레티놀(Retinol)　　　　② 토코페롤(Tocopherol)
③ 티아민(Thiamin)　　　　④ 칼시페롤(Calciferol)

02

모기가 매개하는 감염병이 아닌 것은?

① 황열　　　　　　　　　② 일본뇌염
③ 장티푸스　　　　　　　④ 사상충증

03

무구조충(민촌충) 감염에 대한 예방 대책으로 옳은 것은?

① 게나 가재의 가열 섭취
② 음료수의 소독
③ 채소류의 가열 섭취
④ 소고기의 가열 섭취

04

음식의 온도와 맛의 관계에 대한 설명으로 옳지 않은 것은?

① 찌개는 식을수록 짜게 느껴진다.
② 차는 식을수록 쓴맛이 강해진다.
③ 차게 먹을수록 신맛이 강하게 느껴진다.
④ 초코과자를 얼렸을 때 단맛이 강해진다.

05

체내에서 흡수되면 신장의 재흡수장애를 일으켜 칼슘의 배설을 증가시키는 중금속은?

① 납　　　　　　　　　　② 수은
③ 비소　　　　　　　　　④ 카드뮴

06

비타민 E에 대한 설명으로 옳지 않은 것은?

① 물에 용해되지 않는다.
② 항산화 작용이 있어 비타민 A나 유지 등의 산화를 억제해 준다.
③ 버섯 등에 에르고스테롤(Ergosterol)로 존재한다.
④ α－토코페롤이 가장 효력이 강하다.

07

소독의 지표가 되며 변소, 하수도 등의 소독에 사용되는 것은?

① 석탄산　　　　　　　　② 과산화수소
③ 염소　　　　　　　　　④ 생석회

08

복어 중독을 일으키는 독성분은?

① 테트로도톡신(Tetrodotoxin)
② 고시폴(Gossypol)
③ 사포닌(Saponin)
④ 옥살산(Oxalic)

09

독미나리에 함유된 유독 성분은?

① 무스카린(Muscarine)　　② 솔라닌(Solanine)
③ 아트로핀(Atropine)　　　④ 시큐톡신(Cicutoxin)

10

곰팡이독(Mycotoxin)에 대한 설명으로 옳지 않은 것은?

① 곰팡이가 생산하는 유독대사산물로 사람이나 가축에 질병이나 이상 생리 작용을 유발하는 물질이다.
② 온도 24～35℃, 수분 7% 이상의 환경 조건에서는 발생하지 않는다.
③ 곡류, 견과류와 곰팡이가 번식하기 쉬운 식품에서 주로 발생한다.
④ 아플라톡신(Aflatoxin)은 간암을 유발하는 곰팡이 독소이다.

11

접촉감염 지수가 가장 높은 질병은?

① 유행성 이하선염　　　　② 홍역
③ 성홍열　　　　　　　　④ 디프테리아

12

중간숙주의 단계가 하나인 기생충은?

① 간디스토마　　　　　　② 폐디스토마
③ 무구조충　　　　　　　④ 광절열두조충

13

법정 제1급 감염병이 아닌 것은?

① 페스트　　　　　　　　② 야토병
③ 뎅기열　　　　　　　　④ 디프테리아

14

발육 최적 온도가 25~37℃인 균은?

① 저온균　　　　　　　　② 중온균
③ 고온균　　　　　　　　④ 내열균

15

영업허가를 받아야 하는 업종은?

① 유흥주점영업　　　　　② 식품운반업
③ 식품제조·가공업　　　　④ 식품소분·판매업

16

알칼로이드성 물질로 커피의 자극성을 나타내고 쓴맛에도 영향을 미치는 성분은?

① 주석산(Tartaric Acid)　　② 탄닌(Tannin)
③ 카페인(Caffeine)　　　　④ 개미산(Formic Acid)

17

소음에 있어서 음의 크기를 측정하는 단위는?

① 데시벨(dB)　　　　　　② 폰(Phon)
③ 실(SIL)　　　　　　　　④ 주파수(Hz)

18

식품의 부패 정도를 측정하는 지표로 가장 거리가 먼 것은?

① 휘발성 염기질소(VBN)　② 트리메틸아민(TMA)
③ 수소이온농도(pH)　　　④ 총질소(TN)

19

캐러멜화(Caramelization)가 식품에 주는 영향으로 옳은 것은?

① 영양가를 높여준다.
② 비타민의 함량을 증가시킨다.
③ 열량을 높여준다.
④ 식품의 조리 가공 시 색깔과 풍미를 준다.

20

영업을 하려는 자가 받아야 하는 식품위생에 관한 교육 시간으로 옳은 것은?

① 식품제조·가공업 – 36시간
② 식품운반업 – 12시간
③ 단란주점영업 – 6시간
④ 용기·포장류제조업 – 8시간

21

직업병과 관련 원인의 연결이 옳지 않은 것은?

① 미나마타병 – 수은
② 난청 – 소음
③ 진폐증 – 석면
④ 잠함병 – 자외선

22

주방 바닥에 대한 설명으로 옳지 않은 것은?

① 작업 도중 미끄러지지 않도록 한다.
② 항상 약간의 수분이 있는 상태로 유지한다.
③ 바닥은 항상 청결해야 한다.
④ 바닥은 건조한 상태로 유지한다.

23

작업 개선의 목표가 아닌 것은?

① 신속성　　　　　　② 경제성
③ 정확성　　　　　　④ 전문성

24

난황에 함유된 천연 유화제 성분은?

① 알부민(Albumin)　　② 스테롤(Sterol)
③ 레시틴(Lecithin)　　④ 라이소자임(Lysozyme)

25

지방의 소화 효소는?

① 아밀레이스(Amylase)　　② 라이페이스(Lipase)
③ 프로테이스(Protease)　　④ 펙티데이스(Pectidase)

26

젤 형성을 이용한 식품과 젤 형성 주체의 연결이 옳은 것은?

① 양갱 – 펙틴
② 도토리묵 – 한천
③ 과일잼 – 전분
④ 족편 – 젤라틴

27

육류의 색소 연결이 옳은 것은?

① 미오글로빈 – 회갈색
② 헤미크롬 – 적갈색
③ 옥시미오글로빈 – 선홍색
④ 메트미오글로빈 – 적자색

28

육류, 생선류, 알류 및 콩류에 함유된 주된 영양소는?

① 단백질　　　　　　② 탄수화물
③ 지방　　　　　　　④ 비타민

29

비타민과 그 생리 작용의 연결이 옳지 않은 것은?

① 비타민 A – 항야맹증 인자
② 비타민 B_{12} – 항악성빈혈 인자
③ 비타민 C – 항괴혈병 인자
④ 비타민 D – 항피부염 인자

30

육류나 어류의 감칠맛을 내는 성분은?

① 이노신산　　　　　② 호박산
③ 알리신　　　　　　④ 나린진

31

기름의 발연점이 낮아지는 경우는?

① 유리지방산의 함량이 많을수록
② 기름을 사용한 횟수가 적을수록
③ 기름 속에 이물질의 유입이 적을수록
④ 튀김용기의 표면적이 좁을수록

32

우유가 알칼리성 식품에 해당하는 이유와 관련 있는 영양소는?

① 지방　　　　　　　② 단백질
③ 칼슘　　　　　　　④ 비타민 A

33

토마토 적색 색소의 주성분은?

① 라이코펜(Lycopene)
② 베타-카로틴(β-carotene)
③ 아스타잔틴(Astaxanthin)
④ 안토시아닌(Anthocyanin)

34

완숙한 계란의 난황 주위가 변색되는 경우에 대한 설명으로 옳지 않은 것은?

① 난백의 유황과 난황의 철분이 결합하여 황화철(FeS)을 형성하기 때문이다.
② pH가 산성일 때 더 신속히 일어난다.
③ 신선한 계란에서는 변색이 거의 일어나지 않는다.
④ 오랫동안 가열하여 그대로 두었을 때 많이 일어난다.

35

혈액과 근육의 적색 색소인 헤모글로빈과 미오글로빈의 구성 성분인 무기질은?

① 철분   ② 아연
③ 나트륨   ④ 구리

36

효소에 의한 갈변 반응을 억제하는 방법으로 적절하지 않은 것은?

① 원료를 90℃에서 8초간 가열 처리한다.
② 산소와의 접촉을 피한다.
③ pH를 6~7로 유지해 준다.
④ 온도를 -10℃ 이하로 낮춘다.

37

옥수수에 함유된 주단백질은?

① 글루텐(Gluten)
② 호르데인(Hordein)
③ 제인(Zein)
④ 오르제닌(Oryzenin)

38

육류의 구매 검수 시 필요 사항으로 적절하지 않은 것은?

① 소고기는 선홍색을 띠며 윤기가 나는 것이어야 한다.
② 결이 곱고 윤기가 나며, 육질에 탄력이 있는 것이어야 한다.
③ 피를 많이 함유하고, 암갈색을 띠고 탄력성이 없는 것이어야 한다.
④ 돼지고기는 분홍색을 띠는 붉은색인 것이어야 한다.

39

하루 필요 열량이 2,700kcal이고 이 중 14%에 해당하는 열량을 지방에서 얻으려고 할 때 필요한 지방의 양은?

① 36g   ② 42g
③ 81g   ④ 94g

40

미숙한 매실이나 살구씨에 존재하는 독성분은?

① 라이코린
② 하이오사이어마인
③ 리신
④ 아미그달린

41

식재료 구매 시 시장조사를 하는 목적이 아닌 것은?

① 합리적인 구매 계획의 수립
② 구매 가격의 예산 결정
③ 판매 증진
④ 신제품의 설계

42

식품 검수 시 가장 많이 사용하며, 비접촉식으로 표면 온도만 측정이 가능한 온도계는?

① 적외선 온도계
② 탐침 심부 온도계
③ 서모컬러
④ 건습구 온도계

43

일반적으로 꽃 부분을 식용으로 하는 채소류에 해당하지 않는 것은?

① 브로콜리
② 콜리플라워
③ 비트
④ 아티초크

44

공중보건상 전염병 관리가 가장 어려운 것은?

① 건강보균자
② 환자
③ 동물 병원소
④ 토양 및 물

45

면역이 형성되지 않는 질병은?

① 말라리아
② 백일해
③ 폴리오
④ 천연두

46

병원체가 생활, 증식, 생존을 계속하여 인간에게 전파될 수 있는 상태로 저장되는 곳은?

① 환경
② 보균자
③ 숙주
④ 병원소

47

숫돌의 사용 방법으로 옳은 것은?

① 입도 숫자가 작을수록 입자가 미세하다는 뜻이다.
② 1000#은 칼날이 두껍고 이가 많이 빠진 칼을 가는 데 사용한다.
③ 400#은 고운 숫돌로, 굵은 숫돌로 간 다음 칼의 잘리는 면을 부드럽게 하기 위해 사용하며 일반적인 칼갈이에 많이 사용한다.
④ 칼날은 예리하고 날카롭게 관리해야 사고의 위험을 줄일 수 있다.

48

살모넬라에 오염되기 쉬운 대표적인 식품은?

① 과실류
② 해초류
③ 난류
④ 통조림

49

전분의 호화와 점성에 대한 설명으로 옳지 않은 것은?

① 곡류는 서류보다 호화 온도가 높다.
② 전분의 입자가 클수록 빨리 호화된다.
③ 소금은 전분의 호화와 점도를 억제한다.
④ 산 첨가는 가수분해를 일으켜 호화를 촉진시킨다.

50

과일이 성숙함에 따라 일어나는 성분 변화가 아닌 것은?

① 과육은 점차 연해진다.
② 엽록소가 분해되면서 푸른색이 옅어진다.
③ 비타민 C와 카로틴 함량이 증가한다.
④ 탄닌이 증가한다.

51

육류를 가열 조리할 때 일어나는 변화로 옳은 것은?

① 보수성이 증가한다.
② 단백질의 변패가 일어난다.
③ 단백질의 응고가 일어난다.
④ 미오글로빈이 옥시미오글로빈으로 변화한다.

52

부패된 어류에서 나타나는 현상으로 옳은 것은?

① 아가미의 색깔이 선홍색이다.
② 육질은 탄력성이 있다.
③ 눈알이 맑지 않다.
④ 비늘은 광택이 있고, 점액이 별로 없다.

53

우유의 균질화(Homogenization)에 대한 설명으로 옳은 것은?

① 우유의 성분을 일정하게 하는 과정이다.
② 우유의 색을 일정하게 하기 위한 과정이다.
③ 우유의 단백질 입자의 크기를 미세하게 하기 위한 과정이다.
④ 우유의 지방 입자의 크기를 미세하게 하기 위한 과정이다.

54

산미도가 가장 높은 것은?

① 주석산　　　　　② 사과산
③ 구연산　　　　　④ 아스코르브산

55

미르포아의 재료가 아닌 것은?

① 토마토　　　　　② 당근
③ 셀러리　　　　　④ 양파

56

생면 파스타에 대한 설명으로 옳지 않은 것은?

① 오레키에테(Orecchiette) – 중앙부가 깊고 오목하게 파인 타원형의 파스타이다.
② 탈리아텔레(Tagliatelle) – 길고 얇은 리본 파스타로 면의 모양이 칼국수처럼 길고 납작하다.
③ 토르텔리니(Tortellini) – 나비 모양의 파스타로 크기가 다양하다.
④ 라비올리(Ravioli) – 속을 채운 후 납작하게 빚어내는 파스타이다.

57

생선 스톡에 여러 가지 생선, 채소, 갑각류, 올리브유를 넣고 끓인 지중해식 생선 수프는?

① 부야베스　　　　　② 미네스트로네
③ 보르쉬　　　　　④ 굴라시

58

냄새 제거를 위해 사용하는 향신료가 아닌 것은?

① 육두구(Nutmeg)　　　　　② 월계수 잎(Bay Leaf)
③ 마늘(Garlic)　　　　　④ 세이지(Sage)

59

육류를 익힐 때 속까지 바싹 익힘을 나타내는 것은?

① 레어(Rare)
② 미디엄(Medium)
③ 미디엄 웰던(Medium Well-done)
④ 웰던(Well-done)

60

건열 조리 방법이 아닌 것은?

① 브로일링(Broilling)
② 그릴링(Grilling)
③ 시어링(Searing)
④ 보일링(Boiling)

01

소음의 측정 단위인 dB(Decibel)이 나타내는 것은?

① 음압   ② 음속
③ 음파   ④ 음역

02

직업병과 관련 원인의 연결이 틀린 것은?

① 이타이이타이병 – 카드뮴
② 백혈병 – 방사선
③ 난청 – 소음
④ 진폐증 – 진동

03

HACCP의 7원칙에 해당하지 않는 것은?

① 위해 요소 분석
② 중요관리점(CCP) 결정
③ 공정 흐름도 작성
④ 개선 조치 방법 수립

04

규폐증에 대한 설명으로 옳지 않은 것은?

① 먼지 입자의 크기가 0.5~5.0㎛일 때 잘 발생한다.
② 대표적인 진폐증이다.
③ 암석가공업, 도자기공업, 유리제조업의 근로자들에게서 주로 많이 발생한다.
④ 일반적으로 위험 요인에 노출된 근무 경력이 1년 이후인 때부터 자각 증상이 발생한다.

05

쓰레기 처리 방법 중 미생물까지 사멸할 수 있으나 대기오염의 원인이 되는 방법은?

① 소각법   ② 투기법
③ 매립법   ④ 재활용법

06

감염병 관리상 예방접종의 의미는?

① 병원소의 제거   ② 감수성 숙주의 관리
③ 환경의 관리   ④ 감염원의 제거

07

해산어류를 통해 많이 발생하는 식중독은?

① 살모넬라균 식중독
② 클로스트리디움 보툴리눔균 식중독
③ 황색포도상구균 식중독
④ 장염비브리오균 식중독

08

기생충과 중간숙주와의 연결이 틀린 것은?

① 고래회충 – 크릴새우, 오징어
② 요코가와흡충 – 다슬기, 은어
③ 유극악구충 – 물벼룩, 가물치
④ 광절열두조충 – 돼지고기, 쇠고기

09

환자나 보균자의 분뇨에 의해 감염될 수 있는 경구감염병은?

① 장티푸스   ② 결핵
③ 인플루엔자   ④ 디프테리아

10

보건복지부령이 정하는 위생등급 기준에 따라 위생관리 상태 등이 우수한 집단급식소를 우수업소 또는 모범업소로 지정할 수 없는 자는?

① 식품의약품안전처장   ② 보건환경연구원장
③ 시장   ④ 군수

11

다음 중 잠복기가 가장 긴 감염병은?

① 파라티푸스   ② 콜레라

③ 한센병   ④ 디프테리아

12

인구정지형으로 출생률과 사망률이 모두 낮은 인구형은?

① 피라미드형   ② 별형

③ 항아리형   ④ 종형

13

육류의 사후경직과 숙성에 대한 설명으로 옳지 않은 것은?

① 동물은 도살 직후 근육이 단단해지는 사후경직이 일어난다.

② 체내의 효소에 의해 자가소화 현상이 일어난다.

③ 숙성에 의해 육류의 품질이 저하된다.

④ 자가소화 현상이 일어나 육질이 연해지고 풍미가 향상되며 소화가 잘 된다.

14

「식품위생법」상 식품 등의 위생적 취급에 관한 기준으로 옳지 않은 것은?

① 식품 등의 보관·운반·진열 시에는 식품 등의 기준 및 규격이 정하고 있는 보존 및 유통 기준에 적합하도록 관리하여야 한다.

② 식품 등의 제조·가공·조리에 직접 사용되는 기계·기구 및 음식기는 세척·살균하는 등 항상 청결하게 유지·관리하여야 하며, 어류·육류·채소류를 취급하는 칼, 도마는 공통으로 사용한다.

③ 식품 등의 제조·가공·조리 또는 포장에 직접 종사하는 자는 위생모를 착용하는 등 개인위생관리를 철저히 하여야 한다.

④ 제조·가공(수입품 포함)하여 최소판매 단위로 포장된 식품 또는 식품첨가물을 영업허가 또는 신고하지 아니하고 판매의 목적으로 포장을 뜯어 분할하여 판매하여서는 안 된다.

15

쥐에 의해 옮겨지는 감염병은?

① 유행성 이하선염   ② 페스트

③ 파상풍   ④ 일본뇌염

16

전분당이 아닌 것은?

① 물엿   ② 설탕

③ 포도당   ④ 이성화당

17

조리장비 사용 시 안전수칙으로 옳지 않은 것은?

① 가스레인지 및 오븐은 사용 전에만 전원 상태를 확인한다.

② 전기장비 사용 시 조리작업자의 손에 물기가 없어야 한다.

③ 조리장비의 사용 방법을 철저히 익힌다.

④ 냉장, 냉동시설의 잠금장치를 확인한다.

18

안전관리에 대한 설명으로 옳은 것은?

① 난로는 불을 붙인 채 기름을 넣는 것이 좋다.

② 조리실 바닥의 음식 찌꺼기는 모아 둔 후 한꺼번에 치운다.

③ 캔 따개가 없을 경우 칼을 사용한다.

④ 칼은 물이 든 싱크대 등에 담가 놓지 않는다.

19

위험도 경감의 원칙 3가지 시스템 구성 요소에 해당하지 않는 것은?

① 절차   ② 사람

③ 장비   ④ 건강

20

음식물로 매개될 수 있는 감염병이 아닌 것은?

① 유행성 감염   ② 폴리오

③ 일본뇌염   ④ 콜레라

21

식품첨가물과 사용 목적의 연결이 옳지 않은 것은?

① 글리세린 – 용제
② 초산비닐수지 – 껌 기초제
③ 탄산암모늄 – 팽창제
④ 규소수지 – 이형제

22

향신료를 사용하는 목적이 아닌 것은?

① 냄새 제거
② 맛과 향 부여
③ 영양분 공급
④ 식욕 증진

23

체내에서 탄수화물의 주요 역할은?

① 골격을 형성한다.
② 혈액을 구성한다.
③ 체작용을 조절한다.
④ 열량을 공급한다.

24

환풍기와 후드의 수를 최소화할 수 있는 조리대 배치 형태는?

① 병렬형
② ㄴ자형
③ ㄷ자형
④ 아일랜드형

25

자유수에 대한 설명으로 옳지 않은 것은?

① 4℃에서 비중이 가장 크다.
② 미생물 번식에 이용이 가능하다.
③ 유기물로부터 분리가 불가능하다.
④ 식품 중에 유리 상태로 존재하는 물(보통의 물)이다.

26

비타민과 그 결핍 증상의 연결이 옳지 않은 것은?

① 비타민 B_1 – 각기병
② 비타민 C – 괴혈병
③ 비타민 B_2 – 야맹증
④ 나이아신 – 펠라그라

27

지방의 주요 기능이 아닌 것은?

① 비타민 A, D, E, K의 운반·흡수 작용
② 체온의 손실 방지
③ 티아민(Thiamine)의 절약 작용
④ 정상적인 삼투압 조절에 관여

28

염장법 중 생선에 사용하지 않는 방법은?

① 물간법
② 마른간법
③ 압착염장법
④ 염수주사법

29

우유의 단백질 중에서 열에 응고되기 쉬운 단백질은?

① 카세인
② 락트알부민
③ 리포프로테인
④ 글리아딘

30

성장기 어린이에게 특히 더 요구되는 필수아미노산은?

① 트립토판
② 메티오닌
③ 발린
④ 히스티딘

31

원가 계산의 원칙으로 틀린 것은?

① 진실성의 원칙
② 상호관리의 원칙
③ 객관성의 원칙
④ 수익기준의 원칙

32

일반음식점 중 모범업소를 지정할 수 있는 권한을 가진 사람은?

① 시장
② 경찰서장
③ 보건소장
④ 세무서장

33

수분 70g, 당질 40g, 섬유질 7g, 단백질 5g, 무기질 4g, 지방 3g이 들어 있는 식품의 열량은?

① 165kcal ② 178kcal
③ 198kcal ④ 207kcal

34

필수지방산이 아닌 것은?

① 아라키돈산 ② 리놀레산
③ 리놀렌산 ④ 올레인산

35

물품을 검수하고 저장하는 곳에서 꼭 필요한 집기류는?

① 칼과 도마 ② 대형그릇
③ 저울과 온도계 ④ 계량컵과 계량스푼

36

과자 한 박스를 만드는 데 소요되는 비용이 다음과 같을 때, 한 박스의 적정 판매가격은?

구분	금액
직접재료비	60,000원
간접재료비	19,000원
직접노무비	150,000원
간접노무비	25,000원
직접제조경비	20,000원
간접제조경비	15,000원
판매비와 관리비	제조원가의 20%
기대이익	총원가의 20%

① 59,000원 ② 230,000원
③ 346,800원 ④ 416,160원

37

일일 식자재 구매 요청서(Market List)에 해당하지 않는 식자재는?

① 달걀 ② 소고기
③ 생선류 ④ 주스류

38

식재료의 보관 기준에 대한 설명으로 틀린 것은?

① 냉장식품은 10℃ 이하에서 보관한다.
② 냉동식품은 언 상태를 유지하고 녹은 흔적이 없어야 한다.
③ 일반 채소는 상온에서 보관하며 신선도를 확인한다.
④ 육류, 어패류, 채소류는 한 달 사용분을 미리 구입하여 보관한다.

39

조리식품이나 반조리식품의 해동 방법으로 가장 적절한 것은?

① 상온에서의 자연해동
② 냉장고를 이용한 저온해동
③ 흐르는 물에 담그는 청수해동
④ 전자레인지를 이용한 해동

40

냉장했던 딸기의 색을 선명하게 보존할 수 있는 조리법은?

① 서서히 가열한다.
② 짧은 시간에 가열한다.
③ 높은 온도로 가열한다.
④ 전자레인지에서 가열한다.

41

계량 방법이 옳지 않은 것은?

① 저울은 수평으로 놓고 눈금은 정면에서 읽으며 바늘은 0에 고정시킨다.
② 가루 상태의 식품은 계량기에 꾹꾹 눌러 담은 다음 윗면이 수평이 되도록 스파튤러로 깎아서 잰다.
③ 액체 식품은 투명한 계량 용기를 사용하여 계량컵의 눈금과 눈높이를 맞추어서 계량한다.
④ 된장이나 다진 고기 등의 식품 재료는 계량 기구에 눌러 담아 빈 공간이 없도록 채워서 깎아 잰다.

42

육류의 사후경직에 대한 설명으로 옳지 않은 것은?

① 근육에서 해당 과정에 의해 인산이 감소한다.
② 해당 과정으로 생성된 산에 의해 pH가 낮아진다.
③ 경직 속도는 도살 전의 동물의 상태에 따라 다르다.
④ 근육의 글리코젠이 젖산이 된다.

43

어취의 성분인 트리메틸아민(TMA)에 대한 설명으로 옳지 않은 것은?

① 트리메틸아민의 함량이 많을수록 불쾌한 어취가 많이 난다.
② 해수어보다 담수어에서 더 많이 생성된다.
③ 물로 씻으면 없어지는 수용성이다.
④ 트리메틸아민 옥사이드가 환원되어 생성된다.

44

채소의 분류가 옳지 않은 것은?

① 엽채류 – 배추, 양배추
② 화채류 – 브로콜리, 콜리플라워
③ 경채류 – 무, 당근
④ 과채류 – 가지, 호박

45

편육을 할 때 가장 적합한 삶기 방법은?

① 끓는 물에 고기를 덩어리째 넣고 삶는다.
② 끓는 물에 고기를 잘게 썰어 넣고 삶는다.
③ 찬물에서부터 고기를 넣고 삶는다.
④ 찬물에서부터 고기와 생강을 넣고 삶는다.

46

조리 시 나타나는 현상과 그 원인 색소의 연결이 옳은 것은?

① 산성 성분이 많은 물로 지은 밥의 색이 누렇다. – 클로로필계
② 식초를 가한 양배추의 색이 짙은 갈색이다. – 플라보노이드계
③ 커피를 경수로 끓여 그 표면이 갈색이다. – 탄닌계
④ 데친 시금치 나물이 누렇게 되었다. – 안토시안계

47

재고자산 평가 방법으로 옳지 않은 것은?

① 선입선출법 – 먼저 구입한 재료부터 먼저 소비하는 것
② 단순평균법 – 일정 기간 동안 구입 단가를 구입 횟수로 나눈 구입 단가의 평균을 재료의 소비 단가로 하는 방법
③ 개별법 – 재료에 구입 단가별로 가격표를 붙여서 보관하다가 출고할 때 그 가격표에 붙어 있는 구입 단가를 재료의 소비 가격으로 하는 방법
④ 선입후출법 – 나중에 구입한 재료부터 먼저 사용하는 것

48

글루텐을 형성하는 단백질을 가장 많이 함유한 것은?

① 밀
② 쌀
③ 보리
④ 옥수수

49

훈연에 대한 설명으로 옳지 않은 것은?

① 훈연 제품에는 햄, 베이컨, 소시지가 있다.
② 훈연의 목적은 육제품의 풍미 유지와 외관 향상이다.
③ 훈연 재료는 침엽수인 소나무가 좋다.
④ 훈연하면 보존성이 좋아진다.

50

토마토 크림수프를 만들 때 일어나는 우유의 응고 현상은?

① 산에 의한 응고
② 당에 의한 응고
③ 효소에 의한 응고
④ 염에 의한 응고

51

식용유지 중 대표적인 경화유는?

① 올리브오일
② 옥수수유
③ 면실유
④ 쇼트닝

52

수산물의 조리 방법으로 옳지 않은 것은?

① 생선조림 시 물이나 양념장이 끓을 때 생선을 넣어야 그 모양을 유지하고 영양 손실을 줄일 수 있다.

② 생강 첨가 시 생선이 익기 전에 넣어야 탈취 효과가 있다.

③ 탕이나 국 조리 시 가열하는 처음 수 분간은 뚜껑을 열어야 비린내를 휘발시킬 수 있다.

④ 오징어와 같이 결체 조직이 치밀한 것은 모양을 살리고 소화가 용이할 수 있도록 안쪽에 칼집을 넣는 것이 좋다.

53

쌀의 품질 선별로 옳지 않은 것은?

① 색은 윤기가 나고 입자가 정리된 것이어야 한다.

② 잘 건조되어 있는 것이어야 한다.

③ 주식용 쌀 백미의 도정도는 7~9분 도미된 것이 좋다.

④ 일정량의 쌀로 직접 밥을 지어 품질 테스트를 하는 것이 좋다.

54

육류 조리에 대한 설명으로 옳은 것은?

① 목심, 양지, 사태는 건열 조리에 적당하다.

② 안심, 등심, 염통, 콩팥은 습열 조리에 적당하다.

③ 편육은 고기를 냉수에서 끓이기 시작한다.

④ 탕류는 고기를 찬물에 넣고 끓이며, 끓기 시작하면 약한 불에서 끓인다.

55

양식에서 요리가 제공되는 순서대로 나열한 것은?

㉠ 생선 요리	㉡ 디저트
㉢ 육류 요리	㉣ 애피타이저
㉤ 수프	

① ㉠ → ㉡ → ㉢ → ㉣ → ㉤

② ㉣ → ㉡ → ㉠ → ㉢ → ㉤

③ ㉢ → ㉠ → ㉤ → ㉣ → ㉡

④ ㉣ → ㉤ → ㉠ → ㉢ → ㉡

56

잎을 건조시켜 만든 향신료는?

① 계피   ② 넛맥

③ 메이스   ④ 오레가노

57

포칭(Poaching)에 대한 설명으로 옳은 것은?

① 물이나 스톡, 쿠르 부용에 넣고 냄비 뚜껑을 덮지 않은 채 삶는다.

② 오븐 안에서 건조열로 굽는 방법으로 육류나 채소 조리에 사용한다.

③ 끓는 물에 천천히 또는 단시간 내에 끓이고 찬물에 헹구는 조리법이다.

④ 식품을 찬물이나 끓는 물에 넣고 비등점 가까이에서 끓이는 조리법이다.

58

파스타 속에 심이 있는 상태로 삶아 내는 것을 의미하는 것은?

① 토르텔리니   ② 알덴테

③ 라비올리   ④ 파르팔레

59

육류 요리를 플레이팅할 때 구성 요소가 아닌 것은?

① 단백질 파트   ② 탄수화물 파트

③ 지방 파트   ④ 가니쉬 파트

60

파스타를 삶을 때 1L 물에 알맞은 파스타의 양은?

① 25g   ② 50g

③ 100g   ④ 200g

에듀윌이
너를
지지할게
ENERGY

인생에 있어서 가장 큰 기쁨은
'너는 그것을 할 수 없다'라고 세상 사람들이 말하는
그 일을 성취시키는 일이다.

– 월터 배젓(Walter Bagehot)

여러분의 작은 소리
에듀윌은 크게 듣겠습니다.

본 교재에 대한 여러분의 목소리를 들려주세요.
공부하시면서 어려웠던 점, 궁금한 점,
칭찬하고 싶은 점, 개선할 점, 어떤 것이라도 좋습니다.

에듀윌은 여러분께서 나누어 주신 의견을
통해 끊임없이 발전하고 있습니다.

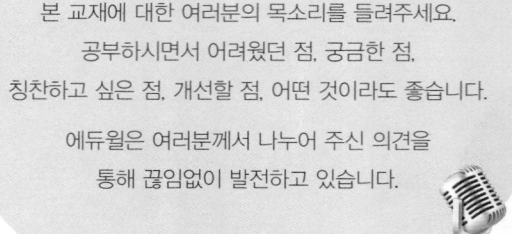

에듀윌 도서몰 book.eduwill.net
• 부가학습자료 및 정오표: 에듀윌 도서몰 → 도서자료실
• 교재 문의: 에듀윌 도서몰 → 문의하기 → 교재(내용,출간) / 주문 및 배송

2025 에듀윌 양식조리기능사 필기 총정리 문제집

발 행 일	2025년 1월 5일 초판
편 저 자	김선희 · 송은주 · 김자경
펴 낸 이	양형남
개 발	정상욱, 최승철
펴 낸 곳	(주)에듀윌
등록번호	제25100-2002-000052호
주 소	08378 서울특별시 구로구 디지털로34길 55 코오롱싸이언스밸리 2차 3층
I S B N	979-11-360-3523-3(13590)

www.eduwill.net
대표전화 1600-6700

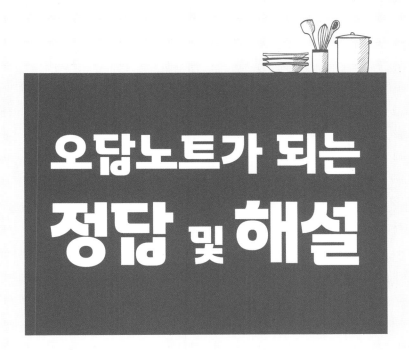

오답노트가 되는
정답 및 해설

기출복원 모의고사 · 정답 및 해설

01회									P.69
01	③	02	③	03	③	04	①	05	④
06	④	07	③	08	③	09	③	10	②
11	①	12	④	13	①	14	④	15	④
16	②	17	①	18	④	19	①	20	④
21	①	22	④	23	②	24	②	25	③
26	④	27	③	28	①	29	③	30	④
31	④	32	①	33	④	34	①	35	④
36	④	37	③	38	③	39	②	40	④
41	①	42	②	43	④	44	②	45	②
46	②	47	④	48	③	49	④	50	②
51	②	52	④	53	①	54	②	55	③
56	①	57	②	58	②	59	①	60	①

01 ③
조리장이 지하층에 위치하면 통풍, 채광 및 배수 등의 문제점이 발생할 수 있다.

02 ③
수인성 감염병은 오염수나 병원성 미생물이 생존 가능한 음식물을 통해 감염되는 질병으로 성별, 연령별로 큰 차이가 없다.

03 ③
아스타신은 적색 색소로 새우, 꽃게 등을 삶거나 가열 조리하면 청색의 아스타잔틴이 붉게 변한다.

04 ①
| 오답풀이 |
② 셉신: 부패한 감자의 독성분
③ 삭시톡신: 섭조개(홍합)의 독성분
④ 시큐톡신: 독미나리의 독성분

05 ④
행정처분을 받은 업소에 대한 출입·검사·수거 등은 그 처분일로부터 6개월 이내에 1회 이상 실시해야 한다. 다만, 행정처분을 받은 영업자가 그 처분의 이행 결과를 보고하는 경우에는 그러하지 아니하다.

06 ④
| 오답풀이 |
① 산이나 알칼리에 강할 뿐만 아니라 충분한 내구력을 갖추어야 한다.
② 물매는 100분의 1 이상이어야 한다.
③ 드라이 시스템화는 조리장의 바닥을 항상 건조한 상태로 유지하는 시스템을 말한다.

07 ③
방열복은 고열, 고온작업 시 필요하다.

08 ③
폐기종은 유해 입자와 가스 흡입에 의해 발생하며, 분진, 흡연 등에 의한 건강장애이다.

09 ③
영구면역성 질병에는 홍역, 백일해, 발진티푸스, 장티푸스, 페스트, 콜레라 등이 있다.

10 ②
사상충은 흡혈곤충인 모기 등으로부터 감염되는 기생충이다.

11 ①
클로스트리디움 보툴리늄균은 편성혐기성균으로 통조림, 병조림, 소시지 등 진공된 밀봉식품 속에서 생성되는 식중독균이다.

12 ④
| 오답풀이 |
① 저온살균법: 61~65℃에서 약 30분간 살균하는 방법
② 고압증기멸균법: 고압증기멸균기를 이용하여 121℃에서 15~20분간 살균하는 방법
③ 고온단시간살균법: 70~75℃에서 15~30초간 살균하는 방법

13 ①

| 오답풀이 |

② 포도상구균: 화농성 질환으로 구토, 설사, 발열을 일으키는 식중독균이다.

③ 병원성 대장균: 장관 내에서 설사 및 그 밖의 소화기 증상을 일으키는 세균이다.

④ 셀레우스균: 설사형 복통 등을 일으키는 세균성 식중독균이다.

14 ④

경구감염은 병원체가 입을 통해 소화기로 침입하여 일어나는 감염이다.

15 ④

이타이이타이병은 카드뮴 중독에 의해 발생하며 골연화증, 신장장애 등의 증상이 나타난다.

> **☑ PLUS 개념** 금속 중독 증상
>
> - 납(Pb): 연연, 권태, 체중 감소, 염기성 과립적혈구 수의 증가, 요독증 증세
> - 수은(Hg, 미나마타병의 원인 물질): 피로감, 언어장애, 기억력 감퇴, 지각 이상, 보행곤란 증세
> - 크롬(Cr): 비염, 인두염, 기관지염, 비중격천공
> - 카드뮴(Cd, 이타이이타이병의 원인 물질): 폐기종, 신장 기능장애, 골연화, 단백뇨의 증세

16 ②

대장균은 식품이나 수질의 분변오염지표균이다.

17 ①

집단급식소를 설치·운영하려는 자는 6시간의 식품위생교육을 받아야 한다.

> **☑ PLUS 개념** 식품위생교육 시간
>
> - 식품제조·가공업, 즉석판매제조·가공업, 식품첨가물제조업: 8시간
> - 식품운반업, 식품소분·판매업, 식품보존업, 용기·포장류제조업: 4시간
> - 식품접객업, 집단급식소를 설치·운영하려는 자: 6시간

18 ④

임신중독증, 출혈, 산욕열, 자궁 외 임신과 유산 등을 원인으로 하는 사망률을 나타내는 지표는 모성사망률이다.

19 ①

군집독이란 다수인이 밀집한 곳의 실내에서 공기가 화학적·물리적 조성의 변화로 인해 불쾌감, 두통, 권태, 현기증, 구토 등의 생리적 이상을 일으키는 것을 말한다. 군집독은 산소 부족, 이산화탄소 증가, 고온·고습 상태에서의 유해가스 및 구취 등에 의해 복합적으로 발생한다.

20 ④

물속에 존재하는 수소이온량을 나타내는 지수는 수소이온농도(pH)이다.

21 ①

| 오답풀이 |

② 제빙기: 얼음을 만드는 기계

③ 식기세척기: 각종 그릇을 짧은 시간에 대량 세척하는 기계

④ 튀김기: 식재료를 튀길 때 사용하는 기계

22 ④

규정을 제정하고 상벌을 위한 리더의 권한을 행사하는 것은 선임관리자의 역할이다.

23 ②

| 오답풀이 |

①은 일상점검, ③은 긴급점검, ④는 긴급점검 중 손상점검에 대한 설명이다.

24 ②

스테인리스로 된 작업 테이블 및 기계는 작업장 내 눈부심의 원인이 되므로 사용을 지양한다.

25 ③

미생물의 번식에 이용이 가능한 것은 자유수(유리수)이다.

26 ④

보통 곰팡이의 최저 수분활성도는 0.65~0.80이다.

27 ③

포도당은 단당류이다.

28 ①

단백질은 4kcal, 탄수화물은 4kcal, 지방은 9kcal의 에너지가 발생한다.

29 ②

| 오답풀이 |

① 필수지방산: 불포화지방산 중 체내의 대사과정에 중요한 역할을 하는 지방산

③ 불포화지방산: 탄소와 탄소 사이의 결합에 1개 이상의 이중결합이 있는 지방산

④ 포화지방산: 탄소와 탄소 사이의 결합에 이중결합이 없는 지방산

30 ①

| 오답풀이 |
② 빈혈: 철분 결핍증
③ 우치(충치): 불소 결핍증
④ 혈색소증: 철분 과잉증

31 ④

| 오답풀이 |
① 비타민 D: 칼슘의 흡수 및 골격과 치아의 발육을 촉진한다.
② 비타민 E: 활성산소의 작용을 억제하는 항산화 작용을 하며 비타민 A의 흡수를 촉진한다.
③ 비타민 F: 항산화 작용(노화 방지)을 하며 성장과 영양에 꼭 필요하다.

32 ①

| 오답풀이 |
② 헤모글로빈: 근육 중 혈관에 분포하는 혈액 색소
③ 아스타산틴: 피조개의 붉은살, 새우, 게, 가재 등에 포함되어 있는 흑색 또는 청록색 색소
④ 멜라닌: 오징어 먹물의 색소

33 ④

케르세틴은 양파 껍질의 성분이고, 맥주(호프)의 성분은 후물론이다.

34 ①

| 오답풀이 |
② 상쇄 현상: 서로 다른 맛 성분이 혼합되었을 때 각각의 고유한 맛을 내지 못하고 약해지거나 없어지는 현상
③ 변조 현상: 한 가지 맛 성분을 먹은 직후 다른 맛 성분을 먹으면 원래 식품의 맛이 다르게 느껴지는 현상
④ 억제 현상: 서로 다른 맛 성분이 혼합되었을 때 주된 맛 성분의 맛이 약화되는 현상

35 ④

면실유의 유독 성분은 고시폴이고, 무스카린은 독버섯의 유독 성분이다.

36 ①

| 오답풀이 |
②는 유통기한, ③은 포장일자, ④는 품질유지기한에 대한 설명이다.

37 ②

조사 탄력성의 원칙에 대한 설명이며, 이외 시장조사의 원칙에는 비용 경제성의 원칙, 조사 적시성의 원칙, 조사 계획성의 원칙, 조사 정확성의 원칙이 있다.

• 비용 경제성의 원칙: 시장조사에 소요되는 비용과 구매의 효율성이 조화를 이루어야 한다.
• 조사 적시성의 원칙: 필요 시기에 적절하게 이루어져야 한다. (시간 소요는 비용으로 이어짐)
• 조사 탄력성의 원칙: 식품은 구매 활동에 변동이 많으므로 시장 변동 상황에 능동적으로 대응할 수 있어야 한다.
• 조사 계획성의 원칙: 구체적인 계획을 수립해야 한다.
• 조사 정확성의 원칙: 시장의 실태에 대한 정확한 정보가 필요하다.

38 ③

원가와 품질을 동시에 고려해야 한다.

39 ②

'필요 비용 = 필요량 × 100 ÷ 가식부율 × 1kg당 단가'로 구할 수 있다. 따라서 알타리 구입에 필요한 비용은 50kg × 100 ÷ (100% − 5%) × 2,000원 = 105,263원이다.

40 ①

식재료 검수는 '냉장식품 → 냉동식품 → 신선식품(과일, 채소) → 공산품' 순으로 한다.

41 ①

폐기량은 조리 시 식품에 있어서 버려지는 부분의 양으로 껍질, 꼭지, 씨 등이 해당한다. 이는 식재료의 정확한 발주를 위해 반드시 필요한 정보이다.

42 ②

| 오답풀이 |
① 볶기(Sauteing, 소테): 유지를 사용하여 고온에서 단시간에 조리하는 방법
③ 지지기(Pan − frying, 팬 − 프라잉): 팬에 기름을 두르고 지져서 식품을 익히는 방법
④ 튀기기(Deep − frying, 딥 − 프라잉): 고온의 기름에 재료를 넣어 열이 전도되며 식품을 익히는 방법

43 ④

감각온도의 3요소는 기온, 기습, 기류이고, 감각온도의 4요소는 기온, 기습, 기류, 복사열이다.

44 ②

중간숙주 없이 감염이 가능한 기생충으로는 회충, 편충, 요충 등이 있다.

45 ②

계량컵은 부피를 측정하는 데 사용된다. 미국 등 외국에서는 1컵을 240mL로 하고 있으나, 우리나라의 경우 1컵을 200mL로 하고 있다.

46 ②

창 면적은 바닥의 20% 정도가 적당하며, 직사광선을 막을 수 있도록 한다.

47 ④

렙토스피라증은 쥐에 의해 감염되는 질병이다.

48 ③

무는 뿌리를 식용으로 하는 근채류에 해당한다.

49 ④

튀김에 적절한 부위는 목심, 등심 등이다.

50 ④

가열 시간이 긴 경우 녹변 현상이 일어난다.

51 ③

레시틴은 인지질의 한 종류로 달걀의 난황에 많이 함유되어 있다.

52 ④

동물성 유지는 포화지방산을, 식물성 유지는 불포화지방산을 많이 함유하고 있다.

53 ①

| 오답풀이 |
②는 화이트 루, ③, ④는 브라운 루에 대한 설명이다.

54 ②

서양에서는 조식의 식재료로 달걀, 시리얼류 또는 빵류를 사용한다.

55 ③

엑스트라버진 올리브유는 신선한 올리브 열매를 처음 추출한 오일로 품질이 최상급이다.

56 ①

| 오답풀이 |
② 퓌레(Puree): 야채를 잘게 분쇄한 것을 말하며, 부용(Bouillon)과 결합하여 만든 수프
③ 콩소메(Consomme): 고기와 채소를 푹 고아 진하게 우려낸 후 맑게 걸러낸 수프
④ 포타주(Potage): 리에종(Liaison)을 사용하지 않고 재료 자체의 녹말 성분을 이용하여 걸쭉하고 불투명하게 만든 수프

57 ②

육류 익힘의 정도는 '레어(Rare) – 미디엄 레어(Medium Rare) – 미디엄(Medium) – 미디엄 웰던(Medium Well – done) – 웰던(Well – done)' 순이다.

58 ②

| 오답풀이 |
① 브리오슈: 밀가루, 버터, 이스트, 설탕 등으로 달콤하게 만드는 프랑스의 전통 빵
③ 와플: 벌집 모양이고 식감이 바삭한 서양 과자의 한 종류
④ 프렌치토스트: 계핏가루, 설탕, 우유에 담근 빵을 버터를 두른 팬에 구워 잼과 시럽을 곁들여 먹음

59 ①

샌드위치는 '빵 종류 선택 → 스프레드 선택 → 속재료 선택 → 맛과 모양에 어울리는 곁들임 세팅' 순으로 조리한다.

60 ①

마리네이드는 육질이 질긴 고기를 부드럽게 하기 위해 향미를 낸 액체나 고체를 이용하여 재워두는 것이다. 주로 식초나 레몬주스를 사용한다.

01	①	02	④	03	①	04	②	05	④
06	①	07	④	08	①	09	③	10	④
11	②	12	③	13	④	14	①	15	③
16	③	17	③	18	④	19	④	20	②
21	④	22	①	23	②	24	①	25	③
26	④	27	②	28	④	29	④	30	②
31	①	32	②	33	④	34	④	35	①
36	④	37	④	38	②	39	④	40	④
41	③	42	④	43	③	44	④	45	①
46	④	47	⑤	48	④	49	④	50	④
51	④	52	①	53	①	54	④	55	③
56	②	57	④	58	④	59	①	60	②

01 ①

비감염성 결핵인 경우 조리작업을 해도 무관하다.

02 ④

보툴리누스균은 독소형 세균성 식중독의 원인균이다.

03 ①

간흡충의 제1중간숙주는 우렁이, 제2중간숙주는 잉어, 참붕어 등의 민물고기, 종말숙주는 사람, 개, 고양이이다.

04 ②

황색포도상구균은 장독소인 엔테로톡신을 생성한다. 엔테로톡신은 열에 강해 120℃에서 20분간 처리해도 파괴되지 않는다.

05 ④

영아사망률이란 출생 후 1년 이내 사망한 영아의 비율을 나타낸 지표이다. 영아의 사망률은 모성의 건강 상태와 주변 환경의 영향을 받으므로 국가 보건 수준의 평가를 위해 가장 많이 사용되고 있다.

06 ①

「식품위생법」 제40조 총리령에 따라 식품영업자 및 그 종업원은 매 1년마다 건강진단을 받아야 한다.

07 ④

은행의 독성분은 아미그달린, 부르니민, 메틸피리독신이다. 말토리진은 곡류에서 검출되는 페니실륨속 곰팡이에 의한 독성분이다.

08 ①

중간숙주가 없는 기생충에는 회충, 구충(십이지장충), 요충, 편충, 이질아메바, 트리코모나스가 있다.

09 ③

공중보건사업을 위한 최소 단위는 개인이 아닌 집단으로, 우리나라는 1956년 「보건소법」 제정 이후 보건소 조직망을 통해 예방 사업을 진행하면서 시·군·구, 각 도마다 식품위생 행정기구를 두고 있다.

10 ④

| 오답풀이 |
① 결핵: 세균에 의한 감염병이다.
② 회충: 기생충에 의한 감염병이다.
③ 발진티푸스: 리케차에 의한 감염병이다.

11 ②

「식품위생법」은 식품으로 인하여 생기는 위생상의 위해를 방지하고 식품영양의 질적 향상을 도모하며, 식품에 관한 올바른 정보를 제공함으로써 국민보건의 증진에 이바지함을 목적으로 한다.

12 ③

엔 – 니트로사민은 육가공품의 발색제 사용으로 인한 아질산과 아민의 결합 반응으로 생성된 발암성 물질이다.

13 ④

콜레라, 세균성 이질, 장티푸스는 수인성 감염병이다.

14 ①

COD는 화학적 산소요구량을 말하며, COD가 높을수록 오염된 물질이다.

15 ③

복어의 살코기, 껍질 등의 부위는 먹을 수 있다.

16 ③

D. P. T. 예방접종은 디프테리아, 백일해, 파상풍 예방을 위한 접종이다. 페스트는 쥐가 전파하는 감염병이다.

17 ③

사이클라메이트, 둘신, 페릴라틴, 에틸렌글리콜은 유해 감미료에 해당한다.

18 ④

과산화벤조일, 과황산암모늄, 이산화염소는 밀가루 개량제이고, 아질산나트륨은 발색제이다.

19 ④

HACCP(식품안전관리인증기준) 7가지 원칙에서 1단계는 위해 요소 분석이다.

> ☑ PLUS 개념　HACCP의 7원칙
> - 원칙 1: 위해 요소 분석
> - 원칙 2: 중요관리점(CCP) 결정
> - 원칙 3: 중요관리점에 대한 한계 기준 설정
> - 원칙 4: 중요관리점 모니터링 체계 확립
> - 원칙 5: 개선 조치 방법 수립
> - 원칙 6: 검증 절차 및 방법 수립
> - 원칙 7: 문서화, 기록 유지 방법 설정

20 ②

세계보건기구(WHO)에 따른 식품위생이란 식품의 생육, 생산 및 제조로부터 유통 과정을 거쳐 최종적으로 사람이 섭취하기까지의 모든 수단에 대한 위생을 말한다.

21 ④

재난의 원인인 4M은 인간(Man), 기계(Machine), 매체(Media), 관리(Management)이다.

22 ①

| 오답풀이 |
② 귀마개: 귀 보호구
③ 안전화: 발 보호구
④ 보안경: 눈과 안면 보호구

23 ②

| 오답풀이 |
① 육류 다짐기: 고기나 기타 식재료를 곱게 으깰 때 사용
③ 띠 톱 기계(골절기): 큰 덩어리의 고기나 뼈를 자를 때 사용
④ 가루 반죽 혼합기(믹싱기): 훅이나 휘퍼가 회전하여 가루 반죽을 혼합할 때 사용

24 ①

작업장의 적정 온도는 겨울 18.3~21.2℃, 여름 20.6~22.8℃이다.

25 ③

수분이 20% 이상 손실되면 생명이 위험하다.

26 ④

포도당은 단당류(육탄당)이다.

27 ②

파인애플에는 브로멜린이라는 단백질 분해 효소가 함유되어 있다.

> ☑ PLUS 개념　식품에 함유된 단백질 분해 효소
> - 프로테이스(Protease, 프로테아제): 배즙, 생강
> - 피신(Ficin): 무화과
> - 브로멜린(Bromelin): 파인애플
> - 파파인(Papain): 파파야

28 ④

찹쌀은 아밀로펙틴 100%이다.

29 ④

지질은 1g당 9kcal의 에너지를 발생시킨다.

30 ②

단백질은 1g당 4kcal의 에너지를 발생한다.

31 ①

칼슘과 인의 섭취 비율은 성인의 경우 1:1, 어린이의 경우 2:1이 적절하다.

32 ②

| 오답풀이 |
① 비타민 A: 피부의 상피 세포를 보호하고, 눈의 기능을 좋게 한다.
③ 비타민 E: 항산화 작용(노화 방지), 비타민 A의 흡수를 촉진하고 산화를 예방한다.
④ 비타민 P: 비타민 C와 비슷하고, 모세혈관을 튼튼하게 한다.

33 ④

동물성 색소에는 미오글로빈, 헤모글로빈, 아스타산틴, 헤모시아닌, 멜라닌이 있다. 클로로필은 식물성 색소이다.

34 ④

변질의 주원인으로 미생물의 번식, 식품 자체의 효소 작용, 공기 중의 산화로 인한 비타민 파괴 및 지방 산패를 들 수 있다.

35 ①

| 오답풀이 |
②는 평균 필요량. ③은 충분 섭취량. ④는 상한 섭취량에 대한 설명이다.

36 ④

조개류는 껍질이 깨지지 않고 윤기가 있는 것을 골라야 한다. 또한 입이 닫혀 있고 속이 보이지 않아야 한다.

37 ④

구매자의 성향 파악은 시장조사의 목적으로 적절하지 않다.

38 ①

| 오답풀이 |
② 구매 거래처별 시장조사에 대한 설명이다.
③ 유통 체계별 시장조사에 대한 설명이다.
④ 품목별 시장조사에 대한 설명이다.

39 ④

발주량은 '정미중량 × 100 ÷ (100 − 폐기율) × 인원수'로 구할 수 있다. 따라서 닭고기 요리의 1인당 발주량은 100g × 100 ÷ (100 − 20) × 1 = 125g이다.

40 ④

공수병은 광견병에 감염된 개. 고양이 등의 포유동물이 병원소인 것으로, 공수병 바이러스에 감염된 동물에 물려 전파된다.

41 ③

포도상구균 식중독의 원인 독소인 엔테로톡신은 열에 강해 120℃에서 20분간 가열해도 파괴되지 않아 일반 가열 조리법으로 예방하기 어렵다.

42 ④

검지 펴서 잡기에 대한 설명으로, 일식 조리 시 많이 사용하는 칼질법이다.

43 ③

조리장의 3원칙은 위생성. 능률성. 경제성이다.

44 ①

작업(동선) 순서에 따른 기기 배치는 '준비대 → 개수대 → 조리대 → 가열대 → 배선대' 순이다.

45 ①

결막염의 원인은 세균. 바이러스. 자외선. 먼지 등이다.

46 ②

전분의 호화(전분의 α화)란 전분에 물을 넣고 가열하면 점성이 생기고 부풀어 오르는 현상을 말한다.

47 ①

박력분의 글루텐 함량은 10% 이하로, 케이크, 과자, 튀김옷 등에 사용된다.

☑ PLUS 개념   밀가루의 분류 및 용도

구분	글루텐 함량	용도
강력분	13% 이상	식빵, 하드롤, 파스타, 피자, 마카로니
중력분	10% 초과 13% 미만	소면 · 우동 등의 면류, 크래커
박력분	10% 이하	케이크, 과자, 튀김옷

48 ④

| 오답풀이 |
① 고추장: 질게 지은 밥이나 되게 쑨 죽 또는 쌀가루에 고춧가루, 메주가루, 엿기름, 소금을 넣어 만든다.
② 낫토: 삶은 콩을 납두균을 이용하여 발효시켜 만든 일본 전통 식품이다.
③ 식초: 곡물이나 과실을 발효시켜 초산을 생성하는 양조식초, 초산을 물로 희석하여 식초산이 3~4%가 되도록 한 합성식초, 이 둘을 혼합한 혼성식초가 있다.

49 ④

키위의 단백질 분해 효소는 액티니딘(Actinidin)이며, 프로테이스(Protease)는 배의 단백질 분해 효소이다.

50 ④

등심. 안심. 갈비는 구이에 적절하다.

51 ④

난황계수는 난황의 높이(mm) ÷ 난황의 지름(mm)으로 계산하며. 0.36 이상이면 신선한 것이다. 난백계수는 난백의 높이(mm) ÷ 난백의 평균지름(mm)으로 계산하며. 0.14 이상이면 신선한 것이다.

52 ①

채소의 색과 조미료의 침투 속도를 고려한 조미료의 사용 순서는 '설탕 → 소금 → 식초'이다.

53 ①

양식 코스 요리는 '애피타이저 → 수프 → 생선 요리 → 앙트레 → 육류 요리 → 샐러드 → 디저트 → 음료' 순으로 제공된다.

54 ④

밀가루와 버터는 루를 만들 때 사용한다.

| 오답풀이 |
① 미르포아: 스톡의 향을 강화할 때 사용하는 양파, 당근, 셀러리의 혼합물
② 부케가르니: 통후추, 월계수 잎, 타임, 파슬리 줄기, 마늘, 셀러리로 향을 낼 때 사용
③ 뼈: 소뼈, 송아지뼈, 닭뼈, 생선뼈, 기타 잡뼈를 사용

55 ③

콩디망은 요리에 사용되는 양념을 섞은 혼합물로, 전채 요리에 뿌리거나 작은 접시에 따로 제공된다.

56 ②

| 오답풀이 |
① 핑거볼에 있는 물은 식수가 아니다.
③ 핑거볼은 식탁의 왼쪽에 놓는다.
④ 작은 그릇에 꽃잎이나 레몬 조각을 띄운다.

57 ④

샌드위치는 온도에 따라 핫 샌드위치와 콜드 샌드위치로 구분된다.

☑ PLUS 개념　샌드위치의 분류
- 형태에 따른 분류: 오픈 샌드위치, 롤 샌드위치, 클로우즈드 샌드위치, 핑거 샌드위치
- 온도에 따른 분류: 핫 샌드위치, 콜드 샌드위치

58 ④

샐러드의 기본 구성 요소는 바탕, 본체, 드레싱, 가니쉬이다.

59 ①

| 오답풀이 |
② 달걀 프라이: 프라이팬을 이용하여 조리한 달걀 요리
③ 오믈렛: 스크램블 에그를 만들다가 프라이팬을 이용하여 럭비공 모양으로 만든 달걀 요리
④ 에그 베네딕트: 구운 잉글리시 머핀에 햄과 포치드 에그를 얹고 홀랜다이즈 소스를 올린 달걀 요리

60 ②

리에종(Liaison)은 소스나 수프를 진하게 하는 것으로, 루(Roux), 달걀 노른자, 밀가루, 전분 등을 사용한다.

03회									P.81
01	③	02	②	03	②	04	④	05	①
06	①	07	③	08	④	09	④	10	②
11	④	12	①	13	③	14	①	15	②
16	②	17	①	18	①	19	④	20	②
21	④	22	①	23	②	24	①	25	④
26	②	27	④	28	③	29	③	30	②
31	③	32	④	33	②	34	③	35	①
36	③	37	④	38	①	39	①	40	③
41	④	42	②	43	①	44	③	45	①
46	③	47	③	48	③	49	③	50	③
51	③	52	③	53	②	54	①	55	④
56	②	57	②	58	①	59	①	60	②

01 ③

결합수는 수용성 물질을 녹일 수 없어 용매로 작용이 불가능하다.

02 ②

관계 공무원은 영업상 사용하는 식품 등을 검사하기 위하여 필요한 최소량의 식품 등의 무상 수거를 할 수 있다.

03 ②

디프테리아는 인간이 병원소이며 환자나 보균자의 콧물, 인후 분비물, 기침에 의해 직접 전파된다.

04 ④

식품의약품안전처는 식품위생 행정업무를 관장한다.

05 ①

| 오답풀이 |
② 솔라닌(Solanine): 감자의 독성분
③ 무스카린(Muscarine): 독버섯
④ 아마니타톡신(Amanitatoxin): 독버섯

06 ①

미생물 증식에 필요한 조건은 영양소, 수분, 온도, 산소이다. 산이 많은 식품은 세균 번식이 어렵다.

07 ③

아스파탐은 감미료에 해당한다.

> ☑ PLUS 개념 주요 식품첨가물
>
> - 착색료: 클로로필린나트륨, 철클로로필린나트륨, 이산화티타늄
> - 발색제: 질산나트륨, 아질산나트륨, 질산칼륨
> - 감미료: 아스파탐, 스테비오사이드(스테비아 추출물), 사카린나트륨
> - 보존료: 소르빈산, 안식향산, 프로피온산, 데히드로초산

08 ④

사용이 허가된 발색제로 아질산나트륨, 질산나트륨, 질산칼륨, 황산제1
철 등이 있다.

| 오답풀이 |
① 폴리아크릴산나트륨, ② 알긴산프로필렌글리콜은 식품의 점착성을
증가시키고 유화 안정성을 증진시킨다.
③ 카르복시메틸스타치나트륨은 주로 아이스크림의 증점제로 사용한다.

09 ④

조리사 또는 영양사 면허의 취소처분을 받고 그 취소된 날부터 1년이
지나야 면허를 받을 자격이 있다.

10 ②

어패류를 생식하지 않는 것이 어패류 매개 기생충 질환을 예방할 수 있
는 가장 확실한 방법이다.

11 ④

벼룩과 관련된 질병은 페스트, 발진열, 재귀열이다.

> ☑ PLUS 개념 위생해충에 의한 감염
>
> - 벼룩: 페스트, 발진열, 재귀열
> - 모기: 말라리아, 일본뇌염, 황열, 사상충증(토고숲모기), 뎅기열
> - 파리: 콜레라, 파라티푸스, 이질, 장티푸스, 결핵, 디프테리아
> - 바퀴벌레: 이질, 콜레라, 장티푸스, 폴리오, 살모넬라
> - 쥐: 페스트, 와일씨병, 서교증, 살모넬라, 발진열, 바이러스 질병
> - 개: 광견병
> - 진드기: 쯔쯔가무시증(양충병)

12 ①

돼지고기의 잘못된 섭취로 감염되는 기생충은 유구조충이다.

> ☑ PLUS 개념 중간숙주에 의한 기생충의 분류
>
> - 무구조충: 소
> - 유구조충: 돼지
> - 광절열두조충: 제1중간숙주(물벼룩) → 제2중간숙주(연어, 송어)
> - 간디스토마: 제1중간숙주(왜우렁이) → 제2중간숙주(붕어, 잉어)

13 ③

제조 방법에 관하여 연구하거나 발견한 사실에 대한 식품학, 영양학 등
의 문헌을 인용하여 문헌의 내용을 정확히 표시하는 것은 허위표시, 과
대광고의 범위에 해당하지 않는다.

14 ①

매실(청매)의 독성분은 아미그달린이며 베네루핀은 모시조개, 굴, 바지
락, 고둥 등의 독성분이다.

15 ②

병원체가 세균인 질병에는 한센병, 결핵, 백일해, 폐렴, 성홍열, 장티푸
스, 콜레라, 세균성 이질, 파라티푸스 등이 있다.

16 ②

B형간염은 제3급 법정감염병에 해당한다.

> ☑ PLUS 개념 제2급 법정감염병
>
> - 결핵
> - 홍역
> - 장티푸스
> - 세균성 이질
> - A형간염
> - 유행성 이하선염
> - 폴리오
> - b형헤모필루스인플루엔자
> - 한센병
> - 반코마이신내성황색포도알균(VRSA)감염증
> - 카바페넴내성장내세균속균종(CRE)감염증
> - E형간염
> - 코로나바이러스감염증-19
> - 엠폭스(원숭이두창)
> - 수두
> - 콜레라
> - 파라티푸스
> - 장출혈성 대장균감염증
> - 백일해
> - 풍진
> - 수막구균감염증
> - 폐렴구균감염증
> - 성홍열

17 ①

홍역은 제2급 감염병으로 호흡기계 감염병이다.

18 ①

출고계수 = 100 ÷ (100 − 폐기율 20) = 1.25

19 ④

「식품위생법」상 식품위생의 대상은 식품, 식품첨가물, 기구 또는 용기·
포장 등 음식에 관한 전반적인 것을 말한다.

20 ①

안전교육은 불의의 사고가 발생하지 않도록 예방하는 것이다.

21 ④

응급상황 시 행동 단계에는 현장 조사, 의료기관에 신고, 처치 및 도움이 있다.

응급상황 시 행동 단계

- 현장 조사: 행동하기 전에 무엇을 해야 할지에 대한 행동 계획을 세운다.
- 의료기관에 신고: 현장 상황을 파악한 후 전문 의료기관(119)에 전화로 응급상황을 알린다.
- 처치 및 도움: 신고 후 응급환자에게 필요한 응급처치를 시행하고 전문 의료진이 도착할 때까지 환자를 돌본다.

22 ①

응급조치는 전문 의료진이 도착할 때까지의 행동으로, 원칙적으로 의약품을 사용하지 않는다.

23 ②

안전화, 절연화, 정전화는 발 보호구이다.

24 ①

축산물과 수산물은 높은 온도에서 해동하면 조직이 상해 드립(Drip)이 많이 나오므로 냉장고나 흐르는 냉수에서 밀폐한 채 해동하는 것이 좋다.

25 ④

맥아당은 전분이 아밀레이스에 의해 가수분해된 중간 생성물로, 포도당 두 분자가 결합된 당이다.

이당류

- 맥아당: 포도당+포도당
- 자당: 포도당+과당
- 유당: 포도당+갈락토오스

26 ②

조리 과정 중에 비타민 C는 50%, 비타민 B_2는 30%, 비타민 B_1은 5%, 비타민 A는 3% 정도의 손실률이 있다.

비타민 C(Ascorbic Acid, 아스코르브산)

- 대사 작용에 관여한다.
- 물에 잘 녹고 열에 의해 쉽게 파괴되므로 조리 시 가장 많이 손실된다.
- 결핍증: 괴혈병, 출혈, 해독 기능 저하
- 공급원: 신선한 채소, 콩나물, 과일

27 ④

당질의 감미도는 '과당(120~180) > 전화당(85~130) > 설탕(서당)(100) > 포도당(70~74) > 맥아당(엿당)(60) > 갈락토오스(33) > 젖당(유당)(16)' 순으로 높다.

28 ③

중조(식소다)는 밀가루 반죽 시 사용한다.

29 ④

세계식량계획의 설립은 유엔세계식량계획(WFP)의 기능이다.

30 ③

1g당 지방은 9kcal, 탄수화물과 단백질은 4kcal, 알코올은 7kcal의 열량이 발생한다.

31 ③

닭뼈가 짙은 갈색으로 변색된 것은 냉동과 해동의 과정에서 닭뼈 골수의 적혈구가 파괴되어 변색된 것으로, 변질된 것이 아니다.

32 ④

김치는 적정 숙성 단계가 지나면 점차 산도가 올라간다. 이러한 신김치를 오래 끓이면 김치에 존재하는 산에 의해 섬유소가 단단해져 쉽게 연화되지 않는다.

33 ②

질산나트륨, 아질산나트륨, 질산칼륨은 식품의 색을 안정시키는 육류 발색제이다.

34 ③

비타민 B_{12}는 코발트(Co)를 함유한 비타민이다.

35 ①

쌀의 도정도가 증가할수록 조리시간이 단축되고, 소화율이 높아지며, 영양분이 적어진다.

36 ①

사후경직은 동물이 도살된 후 산소 공급이 중지되어 당질의 호기적 분해가 일어나지 않아 근육 중 젖산의 증가로 인해 근육 수축이 일어나 경직되는 현상을 말한다.

37 ④

적외선은 7,800Å(=780nm) 이상의 파장 범위를 가지며, 열선이라고도 한다. 적외선이 닿는 곳에는 열이 생기므로 지상에 복사열을 주어 기온을 좌우한다.

38 ①

발주량 = 정미중량(1인분 순사용량) × 100 ÷ 가식률 × 인원수(식수)

39 ①

대체 식품량은 '원래 식품의 양 × 원래 식품의 해당 성분의 수치 ÷ 대체하고자 하는 식품의 해당 성분의 수치'로 구할 수 있다. 고구마 대치 쌀의 식품량 = 180g × 29.2g ÷ 31.7g ≒ 165.8g이다. 즉, 고구마 180g을 쌀로 대치하려면 165.8g의 쌀이 필요하다.

40 ④

| 오답풀이 |
① 마카로니 제조에 쓰이는 밀가루는 강력분이다.
② 우동 제조에 쓰이는 밀가루는 중력분이다.
③ 박력분은 글루텐의 탄력성과 점성이 약하다.

✔ PLUS 개념 밀가루의 분류 및 용도

구분	글루텐 함량	용도
강력분	13% 이상	식빵, 하드롤, 파스타, 피자, 마카로니
중력분	10% 초과 13% 미만	소면·우동 등의 면류, 크래커
박력분	10% 이하	케이크, 과자, 튀김옷

41 ②

수중유적형(O/W)은 물 중에 기름이 분산되어 있는 형태로 우유, 아이스크림, 생크림, 마요네즈 등이 해당한다. 마가린은 기름에 물이 분산되어 있는 형태인 유중수적형(W/O)에 해당한다.

42 ②

이산화탄소는 무색, 무취의 비독성 가스로 이를 통해 전반적인 공기의 조성 상태를 알 수 있어 실내공기의 오염지표로 사용된다.

43 ①

주요 폐기율은 곡류 0%, 패류 75~83%, 서류 5%, 생선류 28~35%, 채소류 13~18%, 버섯류 10%, 난류 12%, 과일류 22~25%이다.

44 ③

조림이나 탕 조리 시, 가열하는 처음 수 분간은 뚜껑을 열어야 비린내를 휘발시킬 수 있다.

45 ①

우리나라의 경우 1컵(C)은 미터법 200cc(mL)이다.

46 ③

작업(동선) 순서에 따른 기기 배치는 '준비대 → 개수대 → 조리대 → 가열대 → 배선대' 순이다.

47 ③

감자는 싹이 나지 않도록 검은색 종이나 천으로 빛을 차단하여 서늘한 곳에 보관한다.

48 ③

가지, 호박, 오이, 토마토, 고추 등은 과채류에 해당하며 엽채류에는 배추, 양배추, 상추, 시금치, 깻잎, 쑥갓 등이 해당한다.

49 ③

양지(업진살)는 편육, 탕, 조림에 적합하다.

50 ④

채소류를 냉동 보관하는 경우 데친 후 동결시킨다.

51 ③

옥수수유의 발연점은 240℃이다.

52 ③

푸드 차퍼(Food Chopper)는 식품을 다지는 기구이다.

53 ②

미르포아(Mirepoix)는 스톡에 향을 강화할 때 사용하는 양파, 당근, 셀러리의 혼합물을 말한다.

54 ①

클로브(정향)는 고기의 누린내를 감소시키고 소화를 촉진시키며, 식욕증진에 도움을 주는 향신료로 양고기, 피클, 청어 절임, 마리네이드 절임 등에 사용된다.

55 ④

브레이징(Braising)은 건열 조리와 습열 조리를 모두 사용하는 조리법으로, 결합 조직이 많은 고기에 이용할 수 있는 조리법이다.

56 ②

호스래디시는 뿌리를 사용하는 향신료이다.

57 ②

쿠르 부용(Court Bouillon)은 야채, 부케가르니, 식초나 와인 등의 산성 액체를 넣어 은근히 끓여서 만든 것으로, 야채나 해산물을 포칭(Poaching)하기 위해 만든 액체이다.

58 ①

| 오답풀이 |

② 샤토(Chateau): 가운데가 굵고 양끝이 가는 타원형의 5cm 길이로 써는 방법

③ 파리지엔(Parisienne): 둥글게 모양을 내어 파내는 방법

④ 민스(Mince): 야채나 고기를 잘게 다지는 방법

59 ①

찹은 칼이나 차퍼(Chopper)로 재료를 잘게 써는 것을 말한다.

| 오답풀이 |

② 다이스: 주사위 모양으로 써는 방법. 스몰 다이스는 0.6×0.6×0.6cm, 미디엄 다이스는 1.2×1.2×1.2cm이다.

③ 쥘리엔느: 막대 모양으로 써는 방법이다. (0.3×0.3×2.5~5cm)

④ 파리지엔: 둥글게 모양을 내어 파내는 방법이다.

60 ②

포칭(Poaching)은 끓는 물이나 다른 액체를 약한 불로 고정시켜 놓고 위에서 살짝 익히는 방법으로 보통 달걀이나 생선 등의 조리에 사용한다.

04회									P.87
01	③	02	①	03	①	04	④	05	②
06	①	07	④	08	③	09	①	10	③
11	②	12	②	13	①	14	①	15	①
16	①	17	④	18	②	19	①	20	③
21	②	22	②	23	④	24	④	25	②
26	②	27	①	28	②	29	②	30	④
31	②	32	③	33	①	34	①	35	②
36	②	37	③	38	④	39	②	40	①
41	②	42	④	43	④	44	②	45	④
46	②	47	④	48	①	49	②	50	②
51	①	52	②	53	④	54	③	55	②
56	④	57	③	58	③	59	④	60	①

01 ③

위생관리는 식중독 위생사고 예방, 「식품위생법」 및 행정처분 강화, 안전한 먹거리로 상품의 가치 상승, 점포의 이미지 개선, 고객 만족과 대외적 브랜드 이미지 관리, 매출 증진 등을 위해 필요하다.

02 ①

비감염성 결핵인 경우 조리작업을 해도 무관하다.

03 ①

역성비누를 보통비누와 함께 사용하면 살균 효과가 감소한다.

04 ④

말라리아는 제3급 감염병에 해당한다.

05 ②

이산화탄소는 실내공기의 오염지표로 이용되며, 위생학적 허용 한계는 0.1%(= 1,000ppm)이다.

06 ①

소화기계 감염병은 병원체가 환자, 보균자의 분변으로 배설되어 음식물이나 식수에 오염되어 경구 침입하는 감염병으로 장티푸스, 파라티푸스, 콜레라, 세균성 이질, 아메바성 이질, 소아마비(폴리오)가 있다. 유행성 이하선염은 호흡기를 통해 감염되는 호흡기계 감염병이다.

07 ④

휘발성 염기류인 암모니아나 트리메틸아민은 어육의 선도 저하로 증가하므로 선도를 판정하는 방법으로 쓰인다. 아크롤레인은 식용유 등의 유지를 발연점 이상으로 가열할 때 발생하는 발암성 물질이다.

08 ③

기초생활보장, 의료급여는 사회보장제도 중 공공부조에 해당한다.

| 오답풀이 |
① 고용보험, ② 건강보험, ④ 국민연금은 모두 사회보험에 해당한다.

09 ①

수은 중독은 미나마타병과 관련 있으며, 구토, 지각이상, 언어장애 등의 증상이 나타난다.

☑ PLUS 개념 　금속 중독 증상

- 납(Pb): 연연, 빈혈, 안면창백, 구토, 복통, 사지마비, 지각상실, 시력장애, 말초신경염 등
- 수은(Hg, 미나마타병의 원인 물질): 피로감, 언어장애, 기억력 감퇴, 지각이상, 보행곤란 증세
- 크로뮴(Cr, 크롬): 비염, 궤양, 피부염, 알레르기성 습진
- 카드뮴(Cd, 이타이이타이병의 원인 물질): 골연화증, 골다공증

10 ③

일반음식점의 모범업소 지정 기준에 따라 1회용 물컵, 1회용 숟가락, 1회용 젓가락 등을 사용하지 않아야 한다.

11 ②

사카린나트륨은 김치류, 음료류 등에 사용이 가능하도록 허가된 인공감미료이다.

12 ②

돈단독은 세균성 인축공통감염병으로 돼지를 비롯하여 소, 양, 말, 닭 등에 단독양의 피부염과 패혈증을 일으키는 질병이다.

☑ PLUS 개념 　바이러스성 전염병

- 소화기계: 폴리오(소아마비, 급성회백수염이라고도 함), 유행성 간염
- 호흡기계: 두창, 인플루엔자, 홍역, 유행성 이하선염
- 피부점막 침입: 일본뇌염, 광견병, 후천성면역결핍증

13 ①

간디스토마의 제1중간숙주는 왜우렁이, 제2중간숙주는 민물고기, 종말숙주는 사람, 개, 고양이이다. 제1중간숙주에게 섭취되면서 유충으로 자라고, 제2중간숙주에게 섭취되면서 피낭유충이 된다.

14 ③

인수공통감염병은 동물과 사람 간에 서로 전파되는 병원체에 의해 발생되는 감염병으로, 탄저, 결핵, 돈단독, 구제역, 조류인플루엔자, 광우병, 광견병 등이 있다.

15 ①

고온환경(이상고온)에 의한 질병 중 열허탈증(열피로)은 말초혈관의 운동신경 조절 장애와 심박출량의 부족으로 발생한다.

16 ①

조리사가 그 면허의 취소처분을 받은 경우에는 지체 없이 면허증을 특별자치도지사·(특별)시장·군수·구청장에게 반납하여야 한다.

17 ④

잠복기란 병원미생물이 사람 또는 동물의 체내에 침입하여 발병할 때까지의 기간을 의미한다. 포도상구균의 잠복기는 1~6시간(평균 3시간)으로 잠복기가 가장 짧다.

| 오답풀이 |
① 장구균 식중독: 10~30시간(평균 13시간)
② 살모넬라균 식중독: 12~24시간(평균 18시간)
③ 장염비브리오 식중독: 식후 13~18시간(평균 12시간)

18 ②

테트로도톡신은 복어 중독의 원인 독소로, 동물성 자연독 성분이다.

| 오답풀이 |
① 무스카린: 독버섯
③ 솔라닌: 감자
④ 고시폴: 목화씨

19 ①

안식향산, 안식향산나트륨은 과실, 채소류, 청량음료, 간장, 알로에즙 등에 사용한다.

20 ③

제시된 내용은 매체(Media)와 관련 있는 점검 내용이다.

21 ②

주방 내 안전사고 요인 중 행동적 요인에는 독단적 행동, 불완전한 동작과 자세, 미숙한 작업 방법, 안전장치 등의 소홀한 점검, 결함이 있는 기계 및 기구의 사용이 있다.

22 ②

안전관리자는 정보 수집 방법을 제시하고 조사 방법을 개선한다.

23 ④

절단, 찔림과 베임은 주방에서 가장 많이 일어나는 사고이다.

24 ④

난황을 둘러싸고 있는 농후난백이 많은 달걀이 신선한 달걀이다.

25 ①

일반식품에는 수분 외에 탄수화물, 단백질 등 가용성 영양소들이 포함되어 있으므로 수분활성도가 항상 1보다 작다.

26 ③

육류는 가열 조리 시 단백질이 응고되고, 고기가 수축·분해된다. 중량과 보수성은 감소하며, 결합 조직의 콜라겐이 젤라틴화되면서 조직이 부드러워진다.

27 ①

탄닌은 혀의 점막 단백질이 일시적으로 응고되어 미각신경이 마비되면서 생기는 수렴성의 불쾌한 맛으로, 차 제조의 중요 성분이다.

28 ②

탄수화물은 탄소, 산소, 수소의 복합체이다.

29 ②

우유의 단백질은 산과 응유효소(레닌)에 의해 응고되는 카세인과 응고되지 않는 락토글로불린과 락트알부민으로 구성되어 있다. 치즈는 카세인을 레닌으로 응고시킨 것이다.

30 ④

당근, 단호박 등에는 비타민 A의 전구물질인 카로틴이 함유되어 있는데, 이는 지용성 비타민으로 기름을 활용한 조리 방법을 사용하면 영양 흡수가 더 잘 된다.

31 ②

생선묵에는 점탄성을 부여하기 위해 전분을 첨가한다.

32 ③

기름을 여러 번 재가열할 시 점차 점성이 생기고, 색이 진해지며 맛이 나빠진다. 또한 공기 중의 산소와 결합하여 산화함으로써 거품이 생긴다.

33 ①

식품의 단백질이 변성되었을 때에는 폴리펩티드 사슬이 풀어져 소화 효소의 작용 공간이 증가하여 소화 효소의 작용을 받기 쉬워진다.

34 ①

② 당근의 카로티노이드 색소는 산, 알칼리, 열에 변화되지 않는다.
③ 양파의 플라보노이드 색소는 알칼리성에서 황색으로, 산성에서 백색으로 변한다.
④ 가지의 안토시아닌 색소는 산성에서 적색으로, 알칼리성에서 청색으로 변한다.

35 ②

① 칼로 캔을 따지 말고 기타 본래 목적 이외에는 사용하지 않는다.
③ 칼을 떨어뜨렸을 경우 잡으려 하지 말고 한 걸음 물러서서 피한다.
④ 칼을 사용하지 않을 때에는 안전함에 넣어서 보관한다.

36 ②

10kg(10,000g) 구매 시 표준수율(버려지는 부분을 뺀 가용 부분)이 86%이므로, 당근의 실제 수량은 8,600g이다. 구입 원가는 kg당 1,300원이므로 10kg 구매 시 13,000원이다. 80g당 원가를 a라 하면
8,600 : 13,000 = 80 : a → 8,600 × a = 13,000 × 80
a = (13,000 × 80) ÷ 8,600 = 1,040,000 ÷ 8,600 = 120.93 ≒ 121원
따라서 당근 1인분의 원가는 약 121원이다.

37 ④

원가 계산의 목적으로 가격 결정, 원가 관리, 예산 편성, 재무제표 작성이 있다.

38 ④

- 직접재료비 170,000원 + 직접노무비 80,000원 + 직접경비 5,000원 = 직접원가 255,000원
- 간접재료비 55,000원 + 간접노무비 50,000원 + 간접경비 65,000원 = 제조간접비 170,000원
- 직접원가 255,000원 + 제조간접비 170,000원 = 제조원가 425,000원
∴ 총원가 : 제조원가 425,000원 + 판매관리비 15,500원(= 판매경비 5,500원 + 일반관리비 10,000원) = 440,500원

39 ②

흑설탕이나 황설탕은 모양이 유지될 정도로 계량컵에 꾹꾹 눌러 담아 컵의 위를 평면으로 깎아 계량한다.

40 ①

숫돌 입자의 크기를 측정하는 단위를 입도라고 하며, 기호 #으로 나타낸다. 숫자가 클수록 입자가 미세하다는 뜻이다.

② 1000#: 고운 숫돌로 일반적인 칼갈이에 사용
③ 4000#, 6000#: 마무리 숫돌로 칼을 갈고 마지막으로 날을 세우기 위해 사용

41 ②

물리학적 방법이란 식품의 비중, 경도, 점도, 빙점 등을 측정하는 방법이다.

42 ④

우둔살은 조림, 육포, 구이, 산적 등의 조리에 적합하다.

43 ④

간섭제는 결정체 형성을 방해하여 매끈하고 부드러운 질감을 만드는 역할을 하며, 셔벗이나 캔디 제조 시 이용한다.

44 ②

효율적인 작업대의 높이는 신장의 52% 가량인 80~85cm이다.

45 ④

| 오답풀이 |
① 일렬형: 작업 동선이 길고 비능률적이지만 조리장이 굽은 경우 사용한다.
② 병렬형: 작업할 때 180° 회전하게 되므로 에너지 소모가 크며 쉽게 피로해진다.
③ 아일랜드형: 공간 활용이 자유로우며, 동선을 단축시킬 수 있다.

46 ③

불쾌지수(DI)는 날씨에 따라 불쾌감을 느끼는 정도를 수치화한 것이다.

47 ④

불포화지방산의 함량이 높을수록 유지의 산패가 촉진된다.

48 ①

식기세척기는 식기류를 자동으로 세척 및 건조시키는 기기이다.

| 오답풀이 |
② 제빙기: 얼음을 만드는 기계이다.
③ 튀김기: 튀김요리에 이용하는 기계이다.
④ 음식절단기: 각종 식재료를 필요한 형태로 얇게 써는 기계이다.

49 ②

| 오답풀이 |
①은 다당류, ③, ④는 단당류에 속하는 포도당에 대한 설명이다.

50 ②

물에 담그거나 진공포장을 하여 산소를 제거하면 갈변 억제가 가능하다.

51 ①

아세틸가는 유지 속에 존재하는 수산기(−OH)를 가진 지방산의 함량을 나타내는 수단으로 사용된다.

52 ②

용기의 표면적이 넓은 경우 발연점이 낮아진다. (1인치 넓을수록 발연점은 2℃씩 저하)

53 ④

자유수는 0℃ 이하에서 얼음으로 동결되고, 100℃ 이상에서 증발한다.

54 ③

세계 3대 수프는 프랑스의 부야베스, 중국의 샥스핀, 태국의 똠양꿍이다.

55 ②

고기나 생선의 국물을 맑게 끓인 것은 콩소메(Consomme)이다.

56 ④

| 오답풀이 |
① 아이스크림은 주로 후식으로 제공된다.
② 훈제 연어롤과 ③ 쉬림프 카나페는 주로 에피타이저로 제공된다.

57 ③

베샤멜 소스는 버터와 밀가루를 하얗게 볶다가 우유로 농도를 조절하며 만든 소스이다.

58 ③

농후제로 사용하는 루의 종류에는 화이트 루, 브론드 루, 브라운 루가 있다.

59 ④

스프레드는 빵과 속재료, 가니쉬 사이에 바르는 소스로, 샌드위치의 외관과는 관련이 없다.

60 ①

| 오답풀이 |
② 파르팔레(Farfalle): 나비 모양의 파스타로 크기가 다양하다.
③ 토르텔리니(Tortellini): 속을 채운 뒤 반달 모양으로 접어 양끝을 이어 붙인 만두형 파스타이다.
④ 라비올리(Ravioli): 속을 채운 후 납작하게 빚어내는 파스타이다.

에듀윌이
너를
지지할게
ENERGY

걸음마를 시작하기 전에
규칙을 먼저 공부하는 사람은 없다.
직접 걸어 보고 계속 넘어지면서
배우는 것이다.

– 리처드 브랜슨(Richard Branson)

01	②	02	③	03	③	04	②	05	④
06	②	07	③	08	②	09	④	10	②
11	①	12	③	13	②	14	②	15	④
16	④	17	②	18	④	19	③	20	①
21	④	22	③	23	②	24	②	25	①
26	③	27	①	28	②	29	②	30	②
31	④	32	①	33	①	34	①	35	②
36	③	37	①	38	③	39	②	40	②
41	①	42	②	43	②	44	③	45	③
46	③	47	④	48	①	49	③	50	④
51	④	52	③	53	④	54	①	55	②
56	②	57	③	58	①	59	④	60	②

01 ②

장염비브리오균은 어패류, 해조류를 생으로 섭취할 경우 식중독을 일으키는 세균이다.

| 오답풀이 |
① 살모넬라균은 동물의 장내에 기생하며 급성 위장염을 일으키는 병원성 세균이다.
③ 포도상구균은 화농성 질환으로, 세균성 식중독을 일으키는 세균이다.
④ 클로스트리디움 보툴리눔균은 신경마비 독소이며 시력장애, 근육마비의 증상을 일으킨다.

02 ③

식품의약품안전처장은 식품위생 수준 및 자질 향상을 위하여 조리사 및 영양사에게 교육을 받을 것을 명할 수 있다.

03 ③

탄수화물은 1g당 4kcal의 에너지를 발생시킨다. 1g당 9kcal의 에너지를 발생시키는 것은 지방이다.

04 ②

| 오답풀이 |
① 피마자의 종자에는 리신(Ricin)이라는 독성분이 함유되어 있다.
③ 미숙한 매실의 종자에는 아미그달린(Amygdalin)이라는 청산배당체가 함유되어 있다.
④ 모시조개에 존재하는 독성분은 베네루핀(Venerupin)이다.

05 ④

호박산은 산도조절제로, 무색, 백색의 결정 또는 결정성 분말로 특이한 신맛이 난다.

| 오답풀이 |
① 명반은 팽창제로, 빵, 과자 등을 부풀려 모양을 갖추게 할 목적으로 사용한다.
② 이산화티타늄은 비타르계 색소로, 설탕, 시럽의 착색제로 사용하며 청량음료에도 일부 사용한다.
③ 삼이산화철은 합성착색제로, 인공적으로 착색시켜 천연색을 유지하는 물질이다.

06 ②

| 오답풀이 |
① 식품: 의약으로 섭취하는 것을 제외한 모든 음식물을 말한다.
③ 화학적 합성품: 화학적 수단으로 원소 또는 화합물에 분해 반응 외의 화학 반응을 일으켜서 얻은 물질을 말한다.
④ 기구: 음식을 먹을 때 사용하거나 담는 것, 식품 또는 식품첨가물을 채취·제조·가공·조리·저장·소분·운반·진열할 때 사용하는 것을 말한다.

07 ③

식품의 부패 및 변질의 원인에는 미생물의 번식(수분, 온도, 영양분), 식품 자체의 효소 작용, 공기 중의 산화로 인한 비타민 파괴 및 지방 산패 등이 있다.

08 ②

통조림의 주원료인 주석은 금속을 보호하기 위한 코팅에 사용된다. 이때 철판에 코팅을 너무 얇게 하거나 내용물의 산성이 강해 캔의 부식을 일으키게 되면 통조림 캔으로부터 주석이 용출될 가능성이 높다.

09 ④

장염비브리오 식중독균은 그람음성균으로 아포를 형성하지 않는다.

10 ②

무구조충(민촌충)은 소를 통해 사람에게 감염된다.

11 ①

폴리오는 소화기계 감염병으로 물, 식품의 섭취를 통해 감염된다.

12 ③

인플루엔자는 기침이나 재채기 등으로 감염되는 비말감염이다.

13 ②

아플라톡신은 아스퍼질러스 플라버스 곰팡이가 탄수화물을 많이 함유한 식품에 증식하여 생성된 독소로 간장독이다.

14 ②

안식향산은 식품의 변질 및 부패를 방지하는 보존료로, 미생물 증식을 억제하여 식품의 영양가와 신선도를 단시간·장시간 보존하는 것을 목적으로 한다.

| 오답풀이 |
①은 산미료, ③은 항산화제, ④는 착향료에 대한 설명이다.

15 ④

발진티푸스는 제3급 감염병이다.

16 ④

콜레라는 병원균에 의한 수인성 감염병으로, 즉각적으로 질병이 나타나거나 일정 기간의 잠복기를 거쳐 발병하기 때문에 축적 독성을 나타내지 않는다.

17 ②

어패류를 생식하지 않는 것이 어패류 매개 기생충 질환을 예방할 수 있는 가장 확실한 방법이다.

18 ④

재귀열은 이가 매개하는 질병이고, 페스트는 벼룩을 매개로 하여 설치동물(쥐)을 통해 감염되는 질병이다.

19 ④

헤테로고리아민은 육류나 생선을 고온으로 조리할 때 육류나 생선에 존재하는 아미노산과 크레아틴이라는 물질이 반응하여 고리 형태로 생성되는 물질이다.

20 ①

조리장의 위생해충은 영구적 박멸이 어려우므로 정기적으로 약제를 사용하여 구제해야 한다.

21 ④

| 오답풀이 |
① 믹서: 여러 가지 재료를 혼합할 때 사용한다.
② 휘퍼: 달걀, 생크림을 혼합하거나 거품을 생성할 때 사용한다.
③ 필러: 감자, 당근, 무 등의 껍질을 벗길 때 사용한다.

22 ③

안전교육은 안전한 생활을 위한 습관을 형성시키는 것을 목적으로 한다.

23 ②

가식부는 식품 중에서 식용이 가능한 부분을 말하며, 가식량이라고도 한다. 곡류의 가식부율은 100으로 높다.

24 ④

작업장의 낮은 조도는 미끄럼 사고의 원인이 된다.

25 ①

육류 조직 내의 미오글로빈은 공기 중에 노출되면 산소와 결합하여 옥시미오글로빈이 되어 선명한 붉은색을 띠고, 산화되면 메트미오글로빈이 되어 갈색을 띤다.

26 ③

호박산은 조개류, 김치류 등의 신맛 성분으로, 특유의 감칠맛을 내는 유기산이다.

☑ PLUS 개념 | **유기산이 포함된 식품**

- 젖산: 요구르트, 김치류
- 사과산: 사과, 배
- 초산: 식초, 김치류
- 구연산: 감귤류, 딸기, 살구
- 호박산: 청주, 조개류, 김치류
- 주석산: 포도

27 ①

비타민 A는 지용성으로, 지방음식과 함께 섭취하면 흡수율이 높아진다.

| 오답풀이 |
② 비타민 D는 자외선과 접하는 부분이 클수록 파괴율이 낮아진다.
③ 색소 고정 효과로 구리(Cu) 또는 철(Fe)이 많이 사용된다.
④ 과일을 깎을 때 쇠칼을 사용하면 금속 성분으로 효소 활성이 활발해져 효소적 갈변이 촉진된다.

28 ②

생선 조리 시 처음 수 분간은 뚜껑을 열고 조리해야 비린내가 휘발되어 감소한다.

29 ②

유지 조리는 고온으로 단시간 조리하므로 영양가 손실을 최소화시킬 수 있다.

30 ③

닭 튀김 시 근육 성분의 화학적 반응(미오글로빈이 산소, 열과 만나서 반응하는 것)으로 살코기가 분홍색을 띠며 어린 닭일수록 분홍색이 잘 나타난다.

31 ④

버터의 주성분은 지방으로, 지방 함량이 80% 정도이다.

32 ①

붉은빛을 띠는 채소(붉은 양배추, 가지, 비트 등)에 있는 안토시아닌은 산에 안정하여 pH 4 이하에서는 색이 더 선명하게 유지된다.

| 오답풀이 |
② 카로티노이드계 색소는 식물성·동물성 식품에 널리 분포하는 황색, 주황색, 적색의 색소로 빛에 민감하다.
③ 클로로필계 색소는 산성에서는 녹갈색, 알칼리성에서는 진한 녹색을 띤다.
④ 안토잔틴계 색소는 산성에서는 백색, 알칼리성에서는 황색, 철(Fe)에서는 암갈색을 띠며 가열 시에는 노란색을 띤다.

33 ①

알리신은 마늘에 함유된 휘발성의 황화합물로 특유의 매운 성분을 가지고 있다.

34 ①

달걀 흰자의 주성분인 오브알부민의 등전점(양이온의 농도와 음이온의 농도가 같아지는 상태)은 pH 4.6∼4.7이다. 즉, 소량의 산을 첨가하여 pH를 난백의 등전점 부근으로 해 주면 기포성이 높아진다.

35 ③

반조리식품 또는 냉동피자와 같이 조리된 상태의 냉동식품은 가열하거나 전자레인지를 이용한다.

| 오답풀이 |
① 생선, ② 소고기, ④ 닭고기 등 육류나 어류는 높은 온도에서 해동하면 조직이 상해 드립(Drip)이 많이 나오므로 냉장고나 흐르는 물에서 밀폐한 채 해동하는 것이 좋다.

36 ③

클로로필은 식물체의 녹색색소로, 산으로 처리하면 녹갈색의 페오피틴이 생성된다.

37 ①

소시지는 담홍색이며 탄력성이 있는 것이 선도가 좋은 것이다.

38 ③

총발주량 = 정미중량 × 100 ÷ (100 − 폐기율) × 인원수
= 40g × 100 ÷ (100 − 5) × 1,200명 = 50.5kg ≒ 51kg
따라서 식수 인원 1,200명에 적합한 시금치 발주량은 51kg이다.

39 ②

| 오답풀이 |
① 판매가격 = 이익 + 총원가
③ 총원가 = 제조간접비 + 직접원가 + 판매관리비
④ 제조원가 = 직접경비 + 직접노무비 + 직접재료비 + 제조간접비

40 ②

1인당 재료비는 (60g × 380원 ÷ 100g) + (150g × 400원 ÷ 100g) = 828원이므로 200인분 재료비는 828원 × 200명 = 165,600원 이다.

41 ①

무에 들어 있는 색소는 플라보노이드계 색소인 안토잔틴으로, 산에는 안정하여 흰색을 유지하지만 알칼리에는 진한 황색으로 변한다.

42 ②

플라보노이드계 색소는 식물에 넓게 분포하는 황색 계통의 수용성 색소로, 밀가루나 양파 등에 함유되어 있는데 산성에서는 백색을 띤다. 따라서 약간의 식초를 넣어 삶으면 흰색 야채 본래의 색을 그대로 유지할 수 있다.

43 ②

생선은 결체 조직의 함량이 낮으므로 주로 건열 조리법을 사용한다.

44 ①

브로일링은 재료를 직화로 굽는 방법으로 건열 조리에 해당한다.

| 오답풀이 |
② 스티밍은 찌기, ③ 보일링은 끓이기, ④ 시머링은 은근히 끓이기로 모두 습열 조리에 해당한다.

✔ PLUS 개념 습열 조리 방법
• 데치기(Blanching, 블랜칭)
• 끓이기(Boiling, 보일링)
• 은근히 끓이기(Simmering, 시머링)
• 찌기(Steaming, 스티밍)
• 삶기(Poaching, 포칭)

45 ③

| 오답풀이 |
① 채소를 잘게 썰어 국을 끓이면 수용성 영양소의 손실이 커진다.
② 전자레인지는 초단파(전자파)에 의해 음식이 조리된다.
④ 푸른색을 유지하며 채소를 데치기 위해서는 다량의 물에 채소를 넣고 데쳐야 한다.

46 ③

육류의 사후강직이란 동물 도살 후 산소 공급이 중지되어 당질의 호기적 분해가 일어나지 않아 근육 중 젖산의 증가로 인해 근육 수축이 일어나 경직되는 것을 말한다. 이는 미오신과 액틴이 결합된 액토미오신에 의해 발생한다.

47 ④

| 오답풀이 |
① 선도가 낮은 생선은 뚜껑을 열고 조리하여 휘발성의 비린내 성분이 날아갈 수 있도록 한다.
② 구이는 생선 자체의 맛을 살리는 조리법으로, 지방 함량이 높은 생선에 더욱 적합하다.
③ 생선조림의 경우 조리 시간이 짧아야 생선이 잘 부스러지지 않는다.

48 ①

적은 양의 기름으로 많은 양의 식품을 한 번에 튀길 경우 기름의 온도가 낮아지며 흡유량이 높아지므로 식감이 안 좋아진다. 식품 양은 기름 양의 1/3 정도가 적당하다.

49 ③

마요네즈는 수중유적형 식품으로, 약간 데운 기름을 사용하면 안정된 마요네즈를 형성할 수 있다.

50 ④

자연수동면역은 태아가 태반을 통해 모체로부터 항체를 받거나 생후 모유를 통해 항체를 받는 방법이다.

51 ④

국수의 전분을 헹구어 낸 다음, 식감을 유지시키기 위해 많은 양의 냉수에서 빠르게 여러 번 식힌다.

52 ③

생선류(튀김옷 입힌 어패류)는 180℃ 전후로 2~3분간 튀기는 것이 좋다.

53 ④

셀러리와 죽순은 줄기를 섭취하는 경채류에 해당한다.

☑ PLUS 개념　채소류의 분류

- 엽채류: 배추, 양배추, 상추, 시금치, 깻잎, 쑥갓 등
- 경채류: 인경채류(양파, 마늘), 셀러리, 아스파라거스, 죽순, 두릅 등
- 근채류: 무, 당근, 우엉, 연근, 생강 등
- 과채류: 가지, 호박, 오이, 토마토, 고추 등
- 화채류: 브로콜리, 콜리플라워, 아티초크 등

---

54 ①

가니쉬(Garnish)는 음식의 외형을 돋보이게 하기 위해 음식에 곁들이는 것을 말한다.

55 ②

가츠파쵸(Gazpacho)는 차가운 토마토 수프이다.

56 ②

주요리에 사용되는 재료와 반복된 조리법을 사용하지 않는다.

57 ③

핑거 샌드위치는 일반 식빵을 클로우즈드 샌드위치로 만들고 손가락 모양으로 길게 3~6등분으로 썰어 제공하는 형태이다. 카나페(Canape), 브루스케타(Bruschetta)는 오픈 샌드위치의 종류이다.

58 ①

콩포트는 살사의 종류로 여러 과일을 섞어 물, 설탕, 향신료를 넣고 약하게 끓인 것을 말한다.

59 ④

드레싱의 양이 샐러드보다 많지 않게 담는다.

60 ②

부케가르니는 프랑스어로 향초다발이라는 뜻이며 통후추, 월계수 잎, 타임, 파슬리 줄기, 마늘, 셀러리로 향을 낼 때 사용한다.

01	③	02	③	03	④	04	③	05	④
06	②	07	②	08	③	09	②	10	②
11	③	12	③	13	④	14	②	15	③
16	④	17	③	18	①	19	②	20	②
21	③	22	②	23	①	24	②	25	③
26	②	27	③	28	②	29	①	30	①
31	①	32	④	33	④	34	③	35	④
36	④	37	①	38	③	39	③	40	③
41	③	42	②	43	①	44	②	45	④
46	②	47	①	48	④	49	①	50	①
51	②	52	②	53	①	54	②	55	④
56	②	57	①	58	②	59	①	60	③

01 ③

아플라톡신은 열에 안정적이므로 가열 조리 후에도 남아 있을 수 있다. (200~300℃로 가열 시 분해)

02 ③

식품의 저온 보존은 식중독 예방 대책에 해당한다.

03 ④

| 오답풀이 |
① 선천적 면역은 특정 병원체에 대해 태어날 때부터 갖게 된 면역으로 종속면역, 인종면역, 개인면역 등이 있다.
② 자연수동면역은 모체로부터 항체를 받은 면역이다.
③ 자연능동면역은 질병 감염 후 획득한 면역이다.

04 ③

레이노드병은 굴착이나 바위를 뚫는 착암 작업 등으로 인한 진동에 노출된 근로자에게 발생하는 직업병이다.

05 ④

영아사망률이란 출생 후 1년 이내 사망한 영아의 비율을 나타낸 지표이다. 영아의 사망률은 모성의 건강 상태와 주변 환경의 영향을 많이 받으며 한 국가의 보건 수준을 나타내는 대표적인 지표이다.

06 ②

세균성 식중독은 살모넬라균 외에는 2차 감염이 없고, 병원성 소화기계 감염병은 독성이 강하며 감염원에 의해 2차 감염이 된다.

07 ②

보존료는 미생물의 발육을 억제하고 부패를 방지하여 신선도를 유지하는 데 목적이 있다.

| 오답풀이 |
①은 산미료, ③은 산화방지제, ④는 강화제의 목적이다.

☑ **PLUS 개념** | 식품의 변질 및 부패를 방지하는 식품첨가물

• 보존료(방부제): 미생물 증식을 억제하여 식품의 영양가와 신선도를 보존하기 위한 목적으로 사용한다.
• 살균제(소독제): 식품 내 부패 원인균을 단시간에 사멸시키기 위한 목적으로 사용한다.
• 산화방지제(항산화제): 식품 속의 지방 성분은 산소와 결합하면 산화하고 변패하므로 이로 인한 품질 저하를 방지하기 위해 사용한다. (변색, 이미, 이취, 퇴색의 방지와 지연의 목적으로 사용)

08 ③

식품접객업을 하려는 자는 6시간의 교육을 받아야 한다.

09 ②

생육에 필요한 최저 수분활성도는 '세균(0.90~0.95) > 효모(0.88) > 곰팡이(0.65~0.80)' 순이다.

10 ②

생화학적 산소요구량(BOD)은 미생물이 수중의 유기물을 산화·분해할 때 필요한 산소 소비량을 측정한다.

11 ③

HACCP(식품안전관리인증기준)의 의무 적용 대상 식품은 총 13종으로 빙과류 중 빙과, 음료류(다류 및 커피류는 제외), 레토르트식품, 특수용도식품 등이 있으며 껌류는 이에 해당하지 않는다.

12 ③

영양사의 직무에는 종업원에 대한 영양 지도 및 식품위생교육, 식단 작성, 검식 및 배식 관리, 급식시설의 위생적 관리, 집단급식소의 운영일지 작성, 구매 식품의 검수 및 관리 등이 있다.

13 ④

모기에 의해 전파되는 감염병에는 말라리아, 사상충증, 일본뇌염, 황열, 뎅기열이 있다. 디프테리아는 제1급 법정감염병이다.

14 ②

기온역전현상은 고도가 상승할수록 기온도 상승하여 상부기온이 하부기온보다 높을 때 발생한다.

15 ③

병원체가 인체에 침입한 후 자각적·타각적 임상 증상이 발생할 때까지의 기간을 잠복기라고 한다.

16 ④

자외선살균법은 단백질이 공존하는 경우 살균 효과가 감소한다.

17 ③

1회용 위생장갑은 교차오염을 방지하기 위해 교체하여 사용한다.

18 ①

지하에 조리작업장이 위치하면 통풍과 채광이 좋지 않기 때문에 적절하지 않다.

19 ④

표백분 소독법은 우물 소독에 사용되는 것으로 화학적 소독법에 해당한다.

20 ②

| 오답풀이 |
① β-아밀레이스 : 덱스트린을 분해하여 맥아당을 형성한다.
③ 말테이스 : 맥아당 분해 효소이다.
④ 치마아제 : 단당류 발효 효소이다.

21 ③

선모충은 돼지고기를 덜 익히고 섭취했을 때 감염될 수 있는 기생충이다.

| 오답풀이 |
① 만손열두조충 : 뱀, 개구리
② 무구조충 : 소
④ 톡소플라즈마 : 돼지, 개, 고양이

22 ②

옷에 불이 붙었을 경우 옷을 재빨리 제거하거나 바닥에 구른다.

23 ①

| 오답풀이 |
② 안전화는 미끄러운 주방 바닥으로 인한 낙상, 찰과상, 주방기구로 인한 부상 등 잠재되어 있는 위험으로부터 발을 보호한다.

③ 머플러는 위생복장을 착용할 때 얼굴에서 내려오는 땀을 막아 주는 역할을 하며, 주방에서 발생하는 상해의 응급조치를 할 수 있다.
④ 위생모는 머리카락과 머리의 분비물들로 인한 음식 오염을 방지한다.

24 ④

응급상황 시에는 응급조치 후 원인을 파악하고 후속조치한다.

25 ③

안전관리책임자는 매년 1회 이상 정기적으로 점검하며, 주방 내 조리기구, 전기, 가스 등의 성능 유지 여부를 확인하고 그 결과를 기록·유지한다.

26 ②

| 오답풀이 |
① 테트로도톡신은 복어 중독의 원인 독소이다.
③ 베네루핀은 모시조개, 바지락, 굴 등의 독소이며, 치사율은 40~50%이다.
④ 삭시톡신은 섭조개나 대합에서 발견되는 마비성 패독으로, 열을 가해도 쉽게 파괴되지 않는다.

27 ③

혈당에 관여하는 것은 탄수화물이다.

28 ②

발효란 미생물이 지니고 있는 효소의 작용으로 유기물이 분해되어 알코올류, 유기산류, 탄산가스 따위가 발생하는 작용이다.

29 ①

전분에 물을 넣고 가열하면 점성이 생기고 부풀어 오르는 현상인 전분의 호화가 나타난다.

30 ①

결합수는 식품의 구성 성분인 단백질, 탄수화물 등과 수소 결합을 하고 있는 물로, 수용성 물질을 녹일 수 없어 용매로 작용할 수 없다.

31 ①

치즈는 카세인이 응유효소(우유를 응고하는 작용을 하는 효소)에 의해 응고되어 만들어진 유제품이다.

32 ④

트리메틸아민은 생선 조직에 함유되어 있던 트리메틸아민 옥사이드(Trimethylamine oxide)가 세균에 의해 환원된 것이다. 생선이 세균에 의해 부패되기 시작하면 트리메틸아민의 생성량이 많아지고 비린내가 강해져 생선의 신선도를 평가하는 데 이용된다.

33 ①

마이야르 반응은 아마노산과 당이 반응하여 갈변되는 현상이다.

34 ④

훈연의 목적은 저장성과 풍미를 증진시키고 산화를 방지하며 훈연 향을 부여하는 데 있다.

35 ④

소금은 짠맛을 내는 조미료로, 수분 제거, 효소 작용의 억제, 글루텐(단백질)의 강화, 살균 등의 효과가 있다.

36 ④

곡류에는 트립토판과 리신이 특히 부족하다.

37 ①

황은 피부, 손톱, 모발 등에 풍부하고 체내에서 해독 작용을 하며, 산화·환원 작용에도 관여한다. 당질(탄수화물) 대사에 관여하는 것은 마그네슘이다.

38 ①

재고회전율이 표준치보다 낮다는 것은 재고가 많다는 것을 의미한다. 따라서 과다 재고 보유 시 물품의 손실을 초래하거나 투자비가 재고에 묶여 자금 운용상 불리(현금화가 안 됨)하게 되는 등의 문제점이 발생할 수 있다.

39 ③

단체급식은 영양 개선을 통한 피급식자의 건강 증진, 급식을 통한 영양 교육, 연대감을 통한 사회성 함양, 식비 절감 등을 목적으로 한다.

40 ③

아밀레이스는 탄수화물의 일종인 전분의 분해 효소이다.

41 ③

• 식품의 출고계수 = 필요량 1개 ÷ 가식부율
• 가식부율이 60%(= 0.6)이므로 식품의 출고계수는 1 ÷ 0.6 ≒ 1.670이다.

42 ②

후입선출법은 최근에 구입한 재료부터 먼저 사용하는 방법이다.

43 ①

담즙은 지방을 유화시키고, 비타민 K를 합성하며, 지용성 비타민의 흡수를 돕는다.

44 ②

| 오답풀이 |
① 온도가 높을수록 반응 속도가 증가한다.
③ 수분이 많으면 촉매 작용이 강해진다.
④ 금속류는 유지의 산화를 촉진시킨다.

45 ④

밀가루는 글루텐의 함량에 따라 분류한다.

46 ②

설도는 주로 스테이크, 육회, 육포 조리에 적절하다.

47 ①

노로바이러스는 위와 장에 염증을 일으키는 식중독이다. 주요 증상으로 메스꺼움, 구토, 설사, 복통 등이 나타나고 두통, 오한 및 근육통을 유발하기도 한다.

48 ④

전자레인지는 초단파를 원리로 하는 조리기구이다.

49 ①

섬유소는 소화되지 않는 전분으로, 식물의 줄기에 포함되어 있는 당이다.

| 오답풀이 |
② 포도당: 전분이 소화되어서 가장 작은 형태가 된 것으로, 동물체에 글리코젠 형태로 저장된다.
③ 자일로스: 식물에 존재하며, 설탕의 60% 정도의 단맛을 내는 성분이다.
④ 과당: 당류 중 가장 단맛이 강하며 과일, 벌꿀, 꽃에 유리 상태로 존재하고 물에 잘 녹는다.

50 ①

전분의 호정화(덱스트린화)는 전분을 160∼170℃의 건열로(물을 가하지 않고) 가열하면 가용성 전분을 거쳐 덱스트린으로 분해되는 반응을 말한다.

51 ②

설탕은 젤라틴 분자의 망상 구조 형성을 약화시켜 천천히 응고되게 한다. 설탕의 첨가량이 많으면 겔 강도를 감소시키므로 농도가 증가할수록 응고력이 감소된다.

52 ④

유지의 산패도를 나타내는 값에는 산가, 과산화물가, 카르보닐가, TBA 등이 있다.

53 ①

| 오답풀이 |
② 인은 세포의 분열과 재생·대사 과정에 작용하고 세포내액에서 완충 작용을 한다.
③ 황은 조직의 호흡 작용, 생리적 산화 과정에 관여한다.
④ 마그네슘은 효소 반응의 촉매, 신경의 자극 전달 작용을 한다.

54 ②

총원가는 판매관리비와 제조원가의 합이다.

55 ④

달걀의 응고 온도는 난백이 60~65℃, 난황이 65~70℃이다.

56 ②

생선의 비린내 성분인 트리메틸아민은 수용성이므로 물에 씻으면 비린 내를 줄일 수 있다.

57 ①

| 오답풀이 |
②는 쿠르 부용, ③은 브로스, ④는 콩소메에 대한 설명이다.

58 ②

스톡 조리 시 찬물로 재료가 충분히 잠길 정도까지 붓는다.

59 ①

애피타이저에는 소금, 식초, 올리브 오일을 주로 사용한다.

60 ③

리에종(Liaison)은 수프의 농도를 조절하는 농후제이다.

01	③	02	①	03	③	04	①	05	③
06	①	07	④	08	③	09	④	10	②
11	③	12	③	13	②	14	④	15	①
16	④	17	①	18	②	19	①	20	④
21	②	22	④	23	②	24	①	25	①
26	①	27	①	28	①	29	③	30	②
31	②	32	③	33	②	34	③	35	②
36	②	37	④	38	④	39	④	40	①
41	②	42	①	43	①	44	②	45	①
46	④	47	①	48	③	49	②	50	④
51	①	52	③	53	③	54	①	55	④
56	③	57	④	58	④	59	②	60	④

01 ③

이산화탄소(CO_2)는 실내공기의 오염도를 화학적으로 측정하는 지표로 활용되며, 위생학적 허용 한계는 0.1%(= 1,000ppm)이다.

02 ①

산패를 촉진시키는 요소에는 산소, 이중결합 수, 자외선, 금속(철, 동, 니켈, 주석 등), 온도, 생물학적 촉매(효소)가 있다.

03 ③

| 오답풀이 |
① 사람은 호흡 시 이산화탄소를 체외로 배출하고, 산소를 체내로 흡입한다.
② 수중에서 작업하는 사람은 이상고기압으로 인해 잠함병에 노출되기 쉽다.
④ 정상 공기는 주로 질소와 산소로 구성되어 있다.

04 ①

난황계수는 달걀을 깨뜨렸을 때 '난황의 높이 ÷ 난황의 지름'으로 계산하며, 수치가 낮을수록 신선도가 떨어진 달걀이다.

05 ③

레이노드병은 진동이 심한 작업을 하는 사람에게 국소진동 장애로 생기거나 추위나 스트레스에 의한 말초혈관의 혈액순환 장애로 생긴다.

06 ①

미생물의 생육에 필요한 최저 수분활성도(Aw)는 세균(0.90~0.95) > 효모(0.88) > 곰팡이(0.65~0.80)의 순으로 높다.

07 ④

식품첨가물은 식품의 종류, 사용량, 사용 방법 등에 제한을 두어 건강상의 위해를 방지한다. 사용 장소에 대한 제한은 없다.

08 ③

클로스트리디움속은 감염을 유발하는 세균으로 파상풍균, 보툴리누스균 등이 해당한다.

09 ④

황색포도상구균은 독소형 식중독이다.

10 ②

| 오답풀이 |
① 밀가루의 표백: 과산화벤조일
③ 버터의 보존제: 디히드로초산
④ 육류의 발색제: 아질산나트륨

11 ③

도르노선(생명선, 건강선)의 파장은 2,800~3,200Å이다.

> **☑ PLUS 개념** 　자외선의 파장에 따른 작용
> • 2,000~3,100Å: 미생물을 3~4시간 내에 사멸시킴
> • 2,800Å: 비타민 D를 형성하고 구루병을 예방함
> • 2,800~3,200Å: 가장 강력한 반응을 일으킴(생명선, 건강선)
> • 3,300Å: 혈액의 재생 기능을 촉진시키고 신진대사를 촉진시킴
> • 3,000~4,000Å: 스모그를 발생시켜 대기오염을 발생시킴

12 ③

일산화탄소는 탄소 성분의 불완전 연소로 인해 발생하며, 중독 시 중추신경계 장애를 일으킨다.

13 ②

웰치균은 산소를 필요로 하지 않는 균인 혐기성 세균으로, 산소를 절대적으로 기피하는 편성 혐기성 세균이다. 웰치균에는 A, B, C, D, E, F의 유형이 있으며 A, C는 감염형, B, D, E, F는 독소형으로 분류되므로 중간형이라 구분되기도 한다.

| 오답풀이 |
① 100℃에서 1~4시간 가열해도 사멸하지 않는다.
③ 급속 냉동하여 저온에서 보존하거나 60℃ 이상에서 보존할 수 있다.
④ 육류, 어패류 등의 동물성 단백질 식품이 원인 식품이다.

14 ④

고압환경에서 발생할 수 있는 직업병은 잠함병이다. 참호족염은 저온환경에서 나타날 수 있는 직업병이다.

> **☑ PLUS 개념** 　원인별 직업병
> • 고열환경(이상고온): 열중증(열경련, 열허탈증, 열사병)
> • 저온환경(이상저온): 참호족염, 동상, 동창
> • 고압환경(이상고기압): 잠함병(잠수병)
> • 저압환경(이상저기압): 고산병
> • 분진: 진폐증(먼지), 규폐증(유리규산), 석면폐증(석면), 활석폐증(활석)
> • 소음: 직업성 난청, 두통, 불면증
> • 조명 불량: 안정피로, 근시, 안구진탕증
> • 진동: 레이노드병(손가락의 말초혈관 운동장애)
> • 방사선: 조혈기능 장애, 백혈병, 피부 점막의 궤양과 암 형성, 생식기 장애, 백내장

15 ①

쓰레기 소각은 가장 위생적이지만 대기가 오염되고 환경호르몬인 다이옥신이 발생하여 사회적으로 문제가 된다.

16 ④

HACCP 12절차의 첫 번째 단계는 HACCP팀 구성이다. 위해 요소 분석은 HACCP의 7원칙 중 1원칙이다.

> **☑ PLUS 개념** 　HACCP의 7원칙
> • 원칙 1: 위해 요소 분석
> • 원칙 2: 중요관리점(CCP) 결정
> • 원칙 3: 중요관리점에 대한 한계 기준 설정
> • 원칙 4: 중요관리점 모니터링 체계 확립
> • 원칙 5: 개선 조치 방법 수립
> • 원칙 6: 검증 절차 및 방법 수립
> • 원칙 7: 문서화, 기록 유지 방법 설정

17 ①

빵류는 실내에서 서서히 해동시켜야 표면이 마르지 않으며 모양을 유지할 수 있고, 오븐을 사용하여 해동시킬 수도 있다.

18 ②

| 오답풀이 |
① 시큐톡신: 독미나리의 독성물질
③ 테트라민: 소라, 고둥의 독성물질
④ 테무린: 독보리의 독성물질

19 ①

「식품위생법」 제56조 제1항에 따라 식품의약품안전처장은 식품위생 수준 및 자질의 향상을 위하여 필요한 경우 조리사와 영양사에게 교육(조리사의 경우 보수교육을 포함)을 받을 것을 명할 수 있다. 다만, 집단급식소에 종사하는 조리사와 영양사는 1년마다 교육을 받아야 한다.

20 ④

세계보건기구(WHO)의 3대 종합건강지표에는 평균수명, 조사망률, 비례사망지수가 해당되며, 그 외에도 영아사망률, 모성사망률, 사인별사망률 등을 지표로 삼는다.

| 오답풀이 |
① 평균수명: 인간의 생존 기대 기간
② 조사망률(보통사망률): 연간 사망자 수 ÷ 그 해 인구 수 × 1,000
③ 비례사망지수: 50세 이상의 사망자 수 ÷ 연간 총사망자 수 × 100

21 ②

칼날 부분은 손으로 만지지 않도록 한다.

22 ④

응급상황 시에는 응급조치 후 원인을 파악하고 후속조치한다.

23 ②

도구 및 장비 등의 이상 여부는 상시 점검해야 한다.

24 ①

주방 내 사고 발생 시 작업을 중단하고 즉시 관리자에게 보고한다.

25 ①

군집독이란 많은 사람이 밀집된 실내에서 공기가 물리적·화학적 조성의 변화를 일으켜 현기증, 구토, 권태감, 불쾌감, 두통 등의 증상을 일으키는 것을 말한다.

26 ①

변조 현상은 한 가지 맛 성분을 먹은 직후 다른 맛 성분을 먹으면 원래 식품의 맛이 다르게 느껴지는 현상을 말한다.

✔ PLUS 개념   맛의 변화

- 대비 현상: 주된 맛 성분에 소량의 다른 맛 성분을 넣어 주된 맛이 강해지는 현상
- 상승 현상: 같은 맛 성분을 혼합하여 원래의 맛보다 더 강한 맛이 나게 되는 현상
- 억제 현상: 서로 다른 맛 성분이 혼합되었을 때 주된 맛 성분의 맛이 약화되는 현상
- 변조 현상: 한 가지 맛 성분을 먹은 직후 다른 맛 성분을 먹으면 원래 식품의 맛이 다르게 느껴지는 현상
- 상쇄 현상: 서로 다른 맛 성분이 혼합되었을 때 각각의 고유한 맛을 내지 못하고 약해지거나 없어지는 현상
- 피로 현상: 같은 맛을 계속 섭취하면 미각이 둔해져 그 맛을 알 수 없게 되거나 다르게 느끼는 현상

27 ①

| 오답풀이 |
② 브로멜린(Bromelin): 파인애플
③ 파파인(Papain): 파파야
④ 프로테이스(Protease): 배즙

✔ PLUS 개념   식품에 함유된 단백질의 분해 효소

- 파파야: 파파인(Papain)
- 파인애플: 브로멜린(Bromelin)
- 무화과: 피신(Ficin)
- 배즙: 프로테이스(Protease)
- 키위: 액티니딘(Actinidin)

28 ①

팽창제는 빵, 과자, 비스킷 등을 만들 때 가스를 발생시켜 부풀게 함으로써 조직을 연하게 하고 맛이 좋고 소화가 잘 되게 한다.

29 ③

엔테로톡신은 곰팡이 중독이 아닌 독소형 식중독인 포도상구균 식중독의 원인 독소이다.

30 ②

리큐어는 알코올이 들어간 달콤한 음료수로 과일, 향신료, 씨앗, 꽃 등을 위스키, 브랜디, 럼 등에 섞어 만든다.

31 ②

신선한 생육은 환원형의 미오글로빈에 의해 암적색을 띠나, 고기의 표면이 공기와 접촉하면 분자상의 산소와 결합하여 선명한 적색의 옥시미오글로빈이 된다.

32 ③

헤모글로빈은 동물의 혈액 색소이다.

| 오답풀이 |
① 클로로필: 식물세포의 녹색 색소
② 플라보노이드: 식물세포의 담황색에서 황색의 색소
④ 안토잔틴: 과실이나 야채류에 선명한 적색, 자색, 담황색, 황색의 색소

33 ②

천연 산화방지제에는 아스코르브산, 토코페롤, 세사몰, 고시폴, 레시틴, 폴리페놀성 화합물, 플라보노이드화합물 등이 있다.

34 ①

채소류나 과일류를 파쇄하거나 껍질을 벗길 때 일어나는 갈변은 효소적 갈변으로 물에 담가 산소와의 접촉을 막아주면 갈변을 방지할 수 있다.

- 열처리: 효소의 활성을 억제한다.
- 진공 처리: 산소와의 접촉을 차단한다.
- 산 처리: pH 3 이하에서 효소 작용이 억제된다.

35 ②

대두에는 곡류에 부족한 라이신과 트립토판의 함량이 높으므로 콩밥을 섭취하면 단백가를 보완하는 데 효과적이다. 반면에 메티오닌이나 시스테인과 같은 함황아미노산의 함량은 약간 부족하다.

36 ②

혐기성 처리 방법은 호기성 처리 방법에 비하여 소화 속도가 느리다.

37 ④

필요 비용은 '필요량 × 100 ÷ 가식부율 × 1kg당 단가'이다. 따라서 배추 구입 비용은 30kg × 100 ÷ 90 × 2,500원 = 83,333 ≒ 83,400원이다.

38 ④

직접원가는 직접재료비, 직접경비, 직접노무비의 합이다.

39 ④

식품구매 계획 수립 시에는 식품 수급 현황, 가격 변화, 경기 변동, 물가 동향, 저장 수명 등이 필요하다.

40 ①

외관이 녹슬었거나 찌그러졌다면 내용물의 변질 우려가 있으므로 좋지 않다.

41 ②

음식을 운반하기 쉬운 곳이어야 하고, 급수와 배수가 용이한 곳이어야 한다.

42 ①

기온역전이란 지표의 열이 식어 지표 근처의 공기 온도가 낮아지고 그 위의 공기가 지표면의 공기 온도보다 높아지는 현상을 말한다. 즉, 상층부로 올라갈수록 기온이 상승하는 현상이다.

43 ①

지방 분해 효소에는 라이페이스, 스테압신이 있다.

| 오답풀이 |
② 프티알린: 탄수화물 분해 효소
③ 트립신: 단백질 분해 효소
④ 펩신: 단백질 분해 효소

44 ②

전분을 160～170℃의 건열로 가열하면 덱스트린이 되는 호정화가 일어나 용해성이 생기고 점성이 낮아지며 맛이 구수해지고 색이 갈색으로 변한다. 그 예로 미숫가루, 누룽지, 빵 등이 있다.

45 ①

신선한 달걀은 흔들었을 때 소리가 나지 않는다.

46 ④

멥쌀은 아밀로오스와 아밀로펙틴의 함량 비율이 20:80인 반면, 찹쌀은 거의 대부분 아밀로펙틴으로 구성되어 있다. 전분의 노화는 아밀로오스의 함량 비율이 높을수록 빠르다.

47 ①

젓갈은 어패류에 20% 내외의 소금을 넣어 부패를 억제하면서 미생물의 작용으로 분해, 발효, 숙성시켜 만든다.

48 ③

복합 지질은 단순 지질에 다른 화합물이 더 결합된 지질이다. 유도 지질은 단순 지질과 복합 지질을 가수분해하여 얻은 물질이다.

49 ②

난황의 레시틴(Lecithin)이 유화제 역할을 한다.

- 물과 기름이 잘 혼합되게 한다.
- 빵이나 케이크를 부드럽게 한다.
- 빵이나 케이크가 노화되는 것을 지연시킬 수 있다.

50 ④

토마토 케첩은 껍질과 씨를 제거한 후 농축하여 전체 고형분의 함량이 24% 이상인 것을 말한다.

51 ①

사후 1～4시간에서 최대 강직 현상을 보인다.

52 ③

냉장고에 보관 가능한 식품의 시간은 달걀 3～5주, 조리된 식육 및 어패류 3～5일, 햄버거나 익히지 않은 식육 및 어패류 1～2일, 버터 1～3개월 정도이며, 냉장고 온도가 낮다고 해서 식품을 장기간 보관하는 것은 안전하지 않다.

53 ③

패류는 폐기율이 75~83%이다.

| 오답풀이 |
① 소우둔살(살코기)은 폐기율이 0%이다.
② 달걀은 폐기율이 12%이다.
④ 곡류는 폐기율이 0%이다.

54 ①

콩을 삶을 때 중조를 넣으면 콩이 잘 무르고 조리시간이 단축되지만, 비타민 B_1(티아민)의 손실이 크다.

55 ④

윈슬로우가 주장한 공중보건의 3대 목적은 질병 예방, 수명 연장, 신체적·정신적 효율 증진이다.

56 ③

요리에 맞게 음식과 접시 온도를 조절한다.

57 ④

비프 스튜는 습열 조리법을 사용한다.

☑ PLUS 개념   습열 조리와 건열 조리

- 습열 조리: 보일링(Boiling), 스티밍(Steaming), 블랜칭(Blanching), 스튜(Stew)
- 건열 조리: 그릴링(Grilling), 로스팅(Roasting), 브로일링(Broiling), 프라잉(Frying), 베이킹(Baking)

58 ④

| 오답풀이 |
①은 미국식 와플, ②는 프렌치토스트, ③은 벨기에식 와플에 대한 설명이다.

59 ②

오트밀은 더운 시리얼로, 육수나 우유를 넣고 죽처럼 조리한다.

60 ④

마리네이드는 질긴 고기를 연하게 하기 위해 사용한다.

01	②	02	③	03	④	04	②	05	①
06	①	07	②	08	③	09	④	10	①
11	③	12	④	13	④	14	④	15	③
16	②	17	①	18	①	19	①	20	④
21	②	22	④	23	④	24	①	25	①
26	③	27	②	28	③	29	③	30	①
31	②	32	④	33	②	34	③	35	③
36	③	37	③	38	②	39	③	40	③
41	②	42	③	43	④	44	①	45	②
46	③	47	③	48	①	49	①	50	①
51	②	52	①	53	③	54	①	55	①
56	①	57	④	58	④	59	④	60	④

01 ②

불소의 과잉증으로 반상치, 골경화증, 체중 감소, 빈혈 등이 나타난다.

| 오답풀이 |
① 붕산: 살균과 방부성이 있어 상처 소독에 사용한다. 체내에 축적되면 소화 작용 방해, 설사, 위통을 유발할 수 있다.
③ 승홍: 유해 보존료이다.
④ 포르말린: 중추신경 장애, 쇼크, 혼수 상태를 일으키며, 단백질 응고 작용으로 피부, 점막을 침해한다.

02 ③

일반적으로 음료수 소독에는 염소 소독법을 사용한다. 염소 소독은 소독력이 강하고 간편하며, 상수, 하수, 공업폐수 등의 처리에도 사용한다.

03 ④

역성비누는 양이온의 계면활성제이며, 자극성 및 독성이 없고 무색, 무미, 무취하나 침투력이 강하여 과일, 야채, 식기, 손의 소독에 사용한다.

04 ②

비례사망지수(PMI)는 전체 사망자 중 50세 이상의 사망자가 차지하는 점유율을 백분율로 표시한 것이다. 즉, '비례사망지수 = 1년간 50세 이상 사망자 수 ÷ 1년간 총 사망자 수 × 100'이다.

05 ①

고래회충인 아니사키스충은 어패류에서 감염되는 기생충으로 바다갑각류(크릴새우), 해산어류, 오징어, 문어, 고래를 통해 감염된다.

06 ①

살모넬라 식중독은 유제품, 달걀, 어육 제품 등을 섭취했을 때 발생한다.

07 ②

| 오답풀이 |
① 발육을 위해 수분은 50% 이상이 필요하다.
③ 세균의 번식 속도는 곰팡이보다 빠르다.
④ 0℃ 이하, 70℃ 이상에서는 생육이 불가능하다.

08 ③

파상열은 브루셀라증이라고도 하며, 가축에게는 유산과 불임증을, 사람에게는 피로, 권태감, 두통, 열병 등을 일으킨다.

09 ④

곰팡이 식중독에는 황변미, 아플라톡신, 맥각 등이 있다. 황변미 중독을 일으키는 곰팡이는 페니실리움속 곰팡이이다.

10 ①

도수율이란 산업재해의 지표 중 하나로 노동 시간에 대한 재해의 발생 빈도를 나타낸다.

11 ③

이산화탄소의 허용량은 0.1%(= 1,000ppm) 이하이다.

12 ④

식품의약품안전처장, 시·도지사 또는 시장·군수·구청장은 식품 등의 관리와 영업질서 유지를 위해 출입·검사·수거 등의 조치를 취할 수 있다.

13 ④

결핵 예방접종(B.C.G)은 생후 4주 이내에 실시한다.

14 ④

초기 부패 단계로 판정하는 일반 세균수는 식품 1g당 $10^7 \sim 10^8$일 때이다.

15 ③

아이오딘가가 높다는 것은 지방산 중 불포화지방산이 많다는 것을 의미한다.

16 ②

간디스토마는 왜우렁이를 제1중간숙주로, 붕어나 잉어를 제2중간숙주로 하는 기생충이다.

17 ①

후추의 맛 성분은 차비신과 피페린이다. 후물론은 맥주의 맛 성분이다.

☑ PLUS 개념	매운맛 성분의 종류
• 캡사이신: 고추	• 피페린, 차비신: 후추
• 쇼가올, 진저론: 생강	• 시니그린: 겨자
• 알리신: 마늘, 양파	• 커큐민: 강황
• 신남알데히드: 계피	• 유황화합물: 양파

18 ①

우리나라에서 소포제로 허가된 것은 규소수지뿐이다.

19 ①

비타민 A는 피부의 상피 세포를 보호하고, 눈의 기능을 좋게 한다.

20 ④

조리사 면허의 취소처분을 받고 그 취소된 날부터 1년이 지나지 아니한 자는 조리사 면허를 받을 수 없다.

21 ②

집단급식소(국가 및 지방자치단체, 학교, 병원 및 사회복지시설 등) 운영자와 복어를 조리·판매하는 영업을 하는 식품접객업자는 조리사를 두어야 한다.

22 ④

| 오답풀이 |
① 도구 및 장비 등은 수시로 정리 정돈한다.
② 도구 및 장비 등의 이상 여부는 상시 철저히 점검한다.
③ 도구 및 장비의 정기점검은 매년 1회 이상 실시한다.

23 ④

| 오답풀이 |
① 세척: 손소독기, 식기세척기
② 전처리: 탈피기, 절단기, 싱크대
③ 검수: 운반차, 온도계

24 ①

먹는 물의 색도 기준은 5도를 넘지 않아야 한다.

25 ①

| 오답풀이 |

② D – 소르비톨: 감미료

③ 초산비닐수지: 피막제

④ 안식향산: 방부제

26 ④

아밀레이스는 타액에 있는 다당류를 이당류로 분해하는 탄수화물 분해 효소이다.

27 ②

마이야르 반응은 비효소적 갈변 반응으로 단백질과 당이 결합하여 갈색 색소인 멜라노이딘(Melanoidin) 색소가 형성되며 열에 의해 촉진된다.

28 ③

안토시아닌은 산성에서는 적색, 중성에서는 자색, 알칼리성에서는 청색을 나타낸다.

29 ③

• 유지를 오래 가열하면 아이오딘가(Iodine value)는 낮아지고 산가와 과산화물가는 높아진다.

• 아이오딘가(Iodine value)는 유지 100g 중에 흡수되는 아이오딘의 g 수로, 지방산 중에 이중결합이 많을수록 아이오딘가가 높아진다.

30 ①

황함유 아미노산에는 시스틴, 메티오닌, 시스테인 등이 있다. 트레오닌은 중성 지방족 아미노산이다.

31 ②

• 식품은 당질 1g당 4kcal, 단백질 1g당 4kcal, 지방 1g당 9kcal의 열량이 발생한다.

• 달걀 100g 중 식품의 열량은 (5g × 4kcal) + (8g × 4kcal) + (4.4g × 9kcal) = 91.6kcal이다. 달걀 1개의 무게가 50g이므로 달걀 5개의 열량은 91.6 × 0.5 × 5 = 229kcal이다.

32 ④

인단백질이란 단백질과 인산이 결합한 복합 단백질을 통틀어 일컫는 말이다. 카세인은 우유 단백질의 80%를 차지하며 칼슘과 결합된 형태로 존재하는 인단백질이다.

33 ②

전분 식품의 노화를 방지하기 위해서는 온도를 0℃ 이하로 두거나 60℃ 이상으로 유지해야 한다.

☑ **PLUS 개념** 전분의 노화 방지법

• 수분 함량: 15% 이하 또는 60% 이상으로 유지

• 온도: 0℃ 이하 또는 60℃ 이상으로 유지

• 설탕, 지방, 유화제의 첨가

34 ④

가스치환법(CA 저장)은 과일의 후숙을 억제하기 위해 이산화탄소와 질소를 증가시키고 산소를 줄여 효소를 불활성화하고 호흡 속도를 줄여 미생물의 생육과 번식을 억제시켜 최적의 환경을 만들어 저장하는 방법이다.

35 ④

솔라닌은 감자의 녹색 부위와 발아 부위에 있는 독성분이다.

36 ④

신선한 어류는 비늘에 광택이 난다.

37 ①

유독한 동물 및 식물은 감별에 유의하고 유독한 부위를 제거한다.

38 ②

산패란 식용유지나 지방질 식품을 장기간 저장할 때 산소, 광선, 빛, 효소, 물, 미생물 등의 작용을 받아 색이 암색으로 짙어지고 불쾌한 냄새와 맛, 점성, 독성물질이 발생하며 거품이 생기는 등의 품질 저하 현상을 말한다.

39 ③

박스 안에 들어 있는 야채는 박스를 제거하고 검수한다.

40 ④

쌀의 품질 감별 시 감별 항목으로 낟알의 모양, 건조 상태, 이물질 혼합 여부, 산지, 수확 시기 등이 있다.

41 ②

| 오답풀이 |

① 흑설탕을 계량할 때에는 손으로 꾹꾹 눌러 담은 후 수평으로 깎아 계량한다.

③ 쇼트닝을 계량할 때에는 실온 상태의 반고체 상태에서 계량컵에 눌러 담은 후 깎아 계량한다.

④ 우유는 넘치지 않을 정도로 담은 후 눈금과 눈높이를 맞춘 후 눈금을 읽는다.

42 ③

원가 계산의 목적으로 가격 결정, 원가 관리, 예산 편성, 재무제표 작성이 있다.

43 ④

| 오답풀이 |
① 육류를 오래 끓이면 결합 조직인 콜라겐이 젤라틴으로 용해되어 고기가 연해진다.
② 목심, 양지, 사태처럼 질긴 부위는 습열 조리에 적당하며, 건열 조리에는 안심, 등심이 적당하다.
③ 편육을 삶을 때에는 물이 끓은 후에 고기를 넣어야 맛 성분이 많이 유출되지 않는다.

44 ①

| 오답풀이 |
②는 표백제, ③은 조미료, ④는 살균제에 대한 설명이다.

45 ②

진개를 소각 처리하는 방법은 다이옥신이 발생하여 대기오염의 원인이 된다.

46 ③

양배추는 바깥쪽 잎이 신선한 녹색이며 단단하고 무거운 것이 속이 꽉 찬 것이다.

47 ③

전분에 효소를 넣어 최적 온도를 유지시키면 가수분해되어 당이 된다.

48 ④

기름을 가열하면 일정한 온도에서 열분해가 일어나 지방산과 글리세롤로 분리되고 연기가 나기 시작하는데, 이때의 온도를 발연점이라고 한다.

49 ①

| 오답풀이 |
② 소금은 글루텐 구조를 단단하게 하여 밀가루 반죽의 점탄성을 높인다.
③ 설탕은 글루텐 형성을 방해한다.
④ 지방은 글루텐 형성을 방해하여 연화 작용을 한다.

50 ①

조미료는 분자량이 작을수록 빨리 침투하므로 분자량이 큰 것을 먼저 넣어야 한다. 따라서 조미료는 '설탕 → 술 → 소금 → 식초 → 간장 → 된장 → 고추장 → 화학 조미료' 순으로 첨가한다.

51 ③

마가린은 식물성 유지의 불포화지방산에 Ni(니켈), Pt(백금) 등의 촉매를 사용하여 분자상의 H₂(수소)를 첨가하여 불포화결합을 포화결합으로 바꾸어 만들어진 버터 대용품이다.

52 ①

세계 3대 진미는 푸아그라, 캐비아, 트러플이다.

53 ③

엿기름에는 전분분해 효소인 β－아밀레이스가 함유되어 있어 전분을 당화시켜 맥아당을 만들어 단맛을 낸다. β－아밀레이스의 최적 활성 온도는 55～60℃로, 전기밥솥의 보온 상태를 이용하여 식혜를 만들 수 있다.

54 ①

락토오스(유당)는 탄수화물에 해당한다.

55 ①

소화되지 않는 전분은 섬유소이다.

56 ①

독소형 식중독은 식품 내에 병원체가 증식하여 생성한 독소에 의해 생기는 식중독으로, 황색포도상구균 식중독과 클로스트리디움 보툴리늄 식중독이 해당된다.

57 ④

햄버거, 핫도그 등 인스턴트 식품은 미국에서 발달한 음식이다. 영국의 대표 음식에는 로스트 비프, 피시 앤 칩스 등이 있다.

58 ④

우유를 60～65℃로 가열하면 표면에 엷은 피막이 생기는데, 이는 우유 중의 단백질과 지질, 무기질이 흡착되어 열변성이 일어나는 현상이다. 우유를 데울 때에는 이중 냄비를 사용하여 가볍게 저어가면서 데우거나 중탕을 하거나, 뚜껑을 닫고 데우는 것이 좋다.

59 ④

알덴테는 면 가운데 심이 남아 있는 상태로 오래 삶으면 안 된다.

60 ④

미르포아는 스톡에 향을 강화할 때 사용하는 양파, 당근과 셀러리의 혼합물이다.

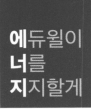

에듀윌이
너를
지지할게

ENERGY

목표가 있는 사람은 성공한다.
어디로 가고 있는지 알기 때문이다.

– 얼 나이팅게일(Earl Nightingale)

01	③	02	③	03	④	04	③	05	④
06	③	07	①	08	①	09	④	10	②
11	②	12	③	13	③	14	②	15	①
16	③	17	②	18	④	19	③	20	③
21	④	22	②	23	④	24	③	25	②
26	④	27	③	28	①	29	④	30	③
31	①	32	③	33	①	34	②	35	①
36	③	37	③	38	③	39	③	40	④
41	④	42	①	43	③	44	①	45	①
46	④	47	④	48	③	49	④	50	④
51	④	52	③	53	③	54	①	55	③
56	③	57	①	58	①	59	④	60	④

01 ③

물에 녹는 수용성 비타민에는 비타민 B_1(티아민), B_2, B_3, B_6, B_9, B_{12}, 비타민 C, 비타민 P가 있다.

| 오답풀이 |
① 레티놀(비타민 A), ② 토코페롤(비타민 E), ④ 칼시페롤(비타민 D)은 기름에 녹는 지용성 비타민이다.

02 ③

모기가 매개하는 감염병에는 말라리아, 일본뇌염, 황열, 사상충증, 뎅기열 등이 있다. 장티푸스는 바퀴벌레가 매개하는 감염병이다.

03 ④

무구조충은 중간숙주인 소를 통해 사람에게 감염된다. 무구조충을 예방하기 위해서는 소고기를 충분히 익혀서 먹고 소가 먹는 사료의 분뇨오염을 방지해야 한다.

04 ③

신맛은 온도에 영향을 받지 않는다.

05 ④

체내에서 흡수되면 신장의 재흡수장애를 일으켜 칼슘의 배설을 증가시키는 중금속은 카드뮴이다. 카드뮴은 공장폐수의 오염으로 인해 중독된 어패류 및 농작물의 섭취로 발생할 수 있다.

06 ③

에르고스테롤은 프로비타민 D로, 자외선에 의해 비타민 D_2로 변환된다.

07 ①

석탄산은 살균력이 안정되어 있고 다른 유기물이 존재할 때에도 소독력이 약화되지 않으므로 석탄산 계수가 소독력을 나타내는 기준이 된다.

08 ①

복어 중독은 테트로도톡신에 의해 일어난다.

| 오답풀이 |
② 고시폴: 목화씨의 독성분
③ 사포닌: 대두의 독성분
④ 옥살산: 시금치의 독성분

09 ④

| 오답풀이 |
① 무스카린(Muscarine): 독버섯
② 솔라닌(Solanine): 감자
③ 아트로핀(Atropine): 미치광이풀

10 ②

곰팡이류의 생육 최적 온도는 30℃ 정도이며, 곰팡이 발생을 막기 위한 수분량은 13% 이하이다.

11 ②

접촉감염 지수는 '홍역 · 천연두(95%) > 백일해(60~80%) > 성홍열(40%) > 디프테리아(10%) > 소아마비(0.1%)' 순으로 높다.

12 ③

무구조충은 소를 중간숙주로 하며 중간숙주의 단계가 하나이다.

13 ③

뎅기열은 제3급 감염병에 해당한다.

14 ②

중온균의 대부분은 병원균으로 식품의 부패를 발생시키며 발육 최적 온도는 25~37℃이다.

| 오답풀이 |
① 저온균은 저온에서 보존 식품에 부패를 일으키는 세균으로, 발육 최적 온도는 15~20℃이다.
③ 고온균은 온천수에서 서식하는 세균으로, 발육 최적 온도는 50~60℃이다.

15 ①

단란주점영업, 유흥주점영업, 식품조사처리업은 영업허가를 받아야 하는 업종이다.

16 ③

카페인은 알칼로이드성 물질로 커피의 자극성을 나타내며, 쓴맛에도 영향을 준다.

17 ②

| 오답풀이 |
① 데시벨은 사람이 들을 수 있는 음(소리)의 강도(음압) 수준을 나타내는 단위이다.
③ 실은 소음의 강약이 회화를 방해하는 정도를 말한다.
④ 주파수는 단위 시간 내에 몇 개의 주기나 파형이 반복되는가를 나타내는 수이다.

18 ④

총질소는 하천오염을 측정하는 지표 중 하나로, 우리나라의 수질오염 측정 지표이다.

| 오답풀이 |
① 휘발성 염기질소(VBN): 식육의 신선도 검사를 측정하는 지표로, 100g당 5~10mg%이면 신선하고, 15~25mg%이면 보통, 30~40mg%이면 초기부패로 판정한다.
② 트리메틸아민(TMA): 어류의 신선도 검사를 측정하는 지표로, 100g당 3~4mg%이면 초기부패로 판정한다.
③ 수소이온농도(pH): 6.0~6.2일 때 초기부패로 판정한다.

19 ④

캐러멜화(Caramelization)는 식품 조리 가공 시 색깔과 풍미를 준다.

20 ③

식품접객업(휴게음식점영업, 일반음식점영업, 단란주점영업, 유흥주점영업, 위탁급식영업)을 하려는 자는 6시간의 교육을 받아야 한다.

| 오답풀이 |
① 식품제조·가공업의 경우 8시간의 교육을 받아야 한다.
② 식품운반업, ④ 용기·포장류제조업의 경우 4시간의 교육을 받아야 한다.

21 ④

잠함병(잠수병)은 고압환경(이상고기압)이 원인이 되어 나타나는 직업병이다.

22 ②

주방 바닥에 수분이 있는 경우 미끄럼 사고가 발생할 수 있다.

23 ④

작업장 작업 개선의 목표에는 신속성, 경제성, 정확성, 용이성이 있다.

24 ③

난황의 레시틴은 천연 유화제이다.

25 ②

지방 분해 효소에는 라이페이스, 스테압신이 있다. 중성 지방은 라이페이스(Lipase)의 작용으로 글리세롤과 지방산으로 분해된다.

26 ④

젤라틴은 동물의 가죽, 힘줄, 연골 등에서 추출하는 유도 단백질로, 젤리, 마시멜로, 족편 등을 만들 때 사용된다.

| 오답풀이 |
① 양갱은 한천, ② 도토리묵은 전분, ③ 과일잼은 펙틴이 젤 형성의 주체이다.

27 ③

신선한 생육은 환원형의 미오글로빈에 의해 암적색을 띠나 고기의 표면이 공기와 접촉하면 분자상의 산소와 결합하여 선명한 적색의 옥시미오글로빈이 된다.

28 ①

육류, 생선류, 알류 및 콩류는 단백질 급원식품이다. 단백질은 근육과 피를 구성하며, 성장 발달에 관여하고 호르몬 및 효소의 기능을 조절한다.

29 ④

비타민 D는 구루병, 골다공증 인자이다.

30 ①

이노신산, 아미노산, 글루타민산은 육류나 어류의 감칠맛 성분으로, 음식물이 입에 당기는 맛을 낸다.

| 오답풀이 |
② 호박산: 패류의 감칠맛
③ 알리신: 마늘의 매운맛
④ 나린진: 자몽의 쓴맛

31 ①

유지가 분해되어 유리지방산의 함량이 많을수록 기름의 발연점이 낮아진다.

| 오답풀이 |
② 기름을 1회 사용할 때마다 발연점이 10~15℃씩 저하되므로 사용 횟수가 많을수록 발연점이 낮아진다.
③ 기름에 이물질이 많을수록 발연점이 낮아진다.

④ 용기가 1인치 넓을수록 발연점은 2℃씩 저하되므로 표면적이 넓을수록 발연점이 낮아진다.

32 ③

우유는 칼슘의 가장 좋은 급원식품이고, 마그네슘, 나트륨, 칼륨 등의 무기질이 비교적 풍부하다.

33 ①

토마토, 수박, 자몽에 들어 있는 라이코펜은 베타 – 카로틴보다 붉은 적색을 나타낸다.

34 ②

pH가 낮을수록(산성일수록) 변색이 일어나지 않는다.

35 ①

혈액과 근육의 적색 색소인 헤모글로빈과 미오글로빈의 구성 성분은 철분이다.

36 ③

✔ PLUS 개념　**갈변 방지법**

- 효소의 불활성화: 가열 처리, 산 처리(pH 3 이하)
- 산소의 제거: 물에 담그거나 진공포장
- 항산화제의 사용: 아스코르브산, 아황산
- 온도 조절: −10℃ 이하

37 ③

| 오답풀이 |
① 글루텐(Gluten): 밀가루
② 호르데인(Hordein): 보리
④ 오르제닌(Oryzenin): 쌀

38 ③

병든 육류는 피를 많이 함유하여 냄새가 나며, 오래된 것은 암갈색을 띠고 탄력성이 없다.

39 ②

하루 필요 열량 2,700kcal 중 14%의 열량을 지방에서 얻으려고 하므로 2,700kcal × 0.14 = 378kcal를 지방에서 얻어야 한다. 지방은 1g당 9kcal의 열량을 내므로, 378 ÷ 9 = 42, 즉 42g의 지방이 필요하다.

40 ④

미숙한 매실, 살구씨에 존재하는 독성분은 아미그달린(Amygdalin)이다.

41 ③

시장조사에서는 판매 증진이 아닌 기존 상품의 새로운 판로 개척이나 원가 절감을 목적으로 한다.

42 ①

적외선 온도계는 비접촉식이므로 제품이 손상되지 않는다는 장점이 있지만, 표면 온도만 측정이 가능하다.

43 ③

화채류는 주로 꽃 부분을 식용하는 채소류로 브로콜리, 콜리플라워, 아티초크 등이 해당한다. 비트는 뿌리 부분을 식용으로 하는 근채류에 해당한다.

44 ①

건강보균자는 병원체를 가지고 있으나 뚜렷한 임상증상 없이 병원체를 전파하므로 전염병 관리가 가장 어렵다.

45 ①

말라리아, 매독, 이질은 면역이 되지 않는 질병이다.

| 오답풀이 |
② 백일해, ③ 폴리오, ④ 천연두는 영구면역이 잘 되는 질병이다.

46 ④

감염원은 병을 일으키는 병원체와 병원체가 증식하면서 다른 숙주에게 전파시킬 수 있는 상태로 저장되어 있는 병원소를 포함한다.

47 ④

| 오답풀이 |
① 입도 숫자가 클수록 입자가 미세하다는 뜻이다.
② 칼날이 두껍고 이가 많이 빠진 칼을 가는 데 사용하는 것은 400#이다.
③ 고운 숫돌로, 굵은 숫돌로 간 다음 칼의 잘리는 면을 부드럽게 하기 위해 사용하며 일반적인 칼갈이에 많이 사용하는 것은 1000#이다.

48 ③

살모넬라(Salmonella)에 오염되기 쉬운 대표적인 식품에는 육류, 난류, 어패류 및 그 가공품, 우유 및 유제품, 채소 샐러드 등이 있다.

49 ④

전분에 산을 가하면 전분이 가수분해되어 호화가 잘 일어나지 않으며 점도도 낮아진다.

50 ④

떫은맛을 내는 탄닌은 미숙한 과일에 많이 함유되어 있으며 과일이 성숙할수록 감소한다.

51 ③

| 오답풀이 |
① 보수성은 감소한다.
② 단백질의 변성이 일어난다.
④ 미오글로빈이 메트미오글로빈이 된다.

52 ③

신선한 어류의 눈은 외부로 돌출되어 있고 투명하다.

53 ④

우유의 균질화는 원유에 압력을 가해 우유의 지방 입자의 크기를 작게 하는 과정이다. 이를 통해 소화 및 흡수가 용이해지고, 크림층이 형성되는 것을 방지해 준다.

54 ①

주석산은 포도에 들어 있는 산으로, 산미도가 가장 높으며 구연산의 1.2~1.3배이다.

55 ①

미르포아는 스톡에 향을 강화할 때 사용하는 양파, 당근과 셀러리의 혼합물이다.

56 ③

토르텔리니(Tortellini)는 속을 채운 뒤 반달 모양으로 접어 양끝을 이어 붙인 만두형 파스타이다.

57 ①

| 오답풀이 |
② 미네스트로네: 이탈리아의 대표적인 야채 수프로 각종 야채, 베이컨, 파스타를 넣고 끓인 수프이다.
③ 보르쉬: 신선한 비트를 이용하여 만든 러시아와 폴란드식 수프이다.
④ 굴라시: 파프리카 고추로 진하게 양념하여 매콤한 맛이 특징인 헝가리식 소고기와 야채의 스튜이다.

58 ①

육두구(넛맥)는 말려서 방향성 건위제, 강장제 등으로 사용하며, 서양에서는 향미료로 사용한다.

59 ④

육류 익힘의 정도는 '레어(Rare) – 미디엄 레어(Medium Rare) – 미디엄(Medium) – 미디엄 웰던(Medium Well – done) – 웰던(Well – done)' 순이다.

60 ④

보일링(Boiling)은 습열 조리 방법이다.

01	①	02	④	03	③	04	④	05	①
06	②	07	④	08	④	09	①	10	②
11	③	12	③	13	③	14	②	15	②
16	②	17	①	18	④	19	④	20	③
21	④	22	③	23	④	24	④	25	②
26	③	27	④	28	④	29	③	30	④
31	④	32	①	33	④	34	④	35	③
36	④	37	④	38	④	39	④	40	①
41	②	42	①	43	②	44	③	45	①
46	③	47	④	48	①	49	③	50	②
51	④	52	②	53	③	54	④	55	④
56	④	57	①	58	②	59	③	60	③

01 ①

데시벨(dB)은 사람이 들을 수 있는 음(소리)의 강도(음압) 수준을 나타내는 단위이다.

02 ④

진폐증은 분진, 먼지가 원인이 되어 나타나는 직업병이다.

03 ③

공정 흐름도 작성은 HACCP의 준비단계 5절차 중 절차 4에 해당한다.

04 ④

규폐증은 규산이 많이 들어 있는 먼지를 오랫동안 들이마셔서 생기는 병으로 발병 증상 없이 진행되어 폐의 기능 장애를 가져온다.

05 ①

소각법은 고온의 열로 인해 미생물까지 사멸하는 것이 가능하나, 소각 과정 중 생성되는 여러 발암물질 등으로 인해 대기오염의 원인이 된다.

06 ②

감염병의 대책에는 감수성 숙주의 대책(예방접종 실시), 감염 경로의 대책(감염 경로 차단), 감염원의 대책(환자의 조기 발견, 격리)이 있다.

07 ④

장염비브리오균 식중독은 어패류가 주된 발생 원인인 식중독이다.

| 오답풀이 |
① 살모넬라균 식중독의 발생 원인은 육류 및 그 가공품 등이다.
② 클로스트리디움 보툴리눔균 식중독의 발생 원인은 살균이 불충분한 통조림, 병조림의 부패 등이다.
③ 황색포도상구균 식중독의 발생 원인은 균에 오염된 유가공품 등이다.

08 ④

광절열두조충(긴촌충)의 제1중간숙주는 물벼룩, 제2중간숙주는 송어, 연어 등이다.

09 ①

장티푸스는 환자나 보균자의 분뇨에 의해 감염될 수 있는 경구감염병이다. 경구감염병에는 장티푸스, 콜레라, 세균성 이질, 아메바성 이질, 폴리오(소아마비) 등이 있다.

10 ②

보건복지부령이 정하는 위생등급 기준에 따라 우수업소를 지정할 수 있는 자는 식품의약품안전처장 또는 특별자치도지사 · 시장 · 군수 · 구청장이며, 모범업소를 지정할 수 있는 자는 특별자치도지사 · (특별)시장 · 군수 · 구청장이다.

11 ③

한센병의 잠복기는 약 9개월~20년으로 긴 편이다.

| 오답풀이 |
① 파라티푸스, ② 콜레라, ④ 디프테리아는 잠복기가 1주일 이내로 짧은 감염병이다.

12 ④

종형(이상적 인구형)은 인구정지형으로 출생률과 사망률이 모두 낮은 가장 이상적인 유형이다.

| 오답풀이 |
① 피라미드형: 후진국형으로 출생률과 사망률이 모두 높다.
② 별형: 도시형으로 생산층 인구가 증가되는 유형이다.
③ 항아리형: 선진국형으로 출생률이 사망률보다 낮다.

13 ③

숙성에 의해 육류의 품질이 향상된다.

14 ②

칼, 도마 등 조리기구나 용기, 앞치마, 고무장갑 등은 교차오염 방지를 위해 식재료 특성이나 구역별로 구분하여 사용해야 한다.

15 ②

페스트는 쥐, 벼룩에 의해 전파되는 질병으로 임파선종, 폐렴과 같은 증상이 나타난다.

16 ②

전분당이란 전분을 가수분해하여 얻는 당을 말한다. 설탕은 사탕수수나 사탕무로부터 얻는 당이다.

17 ①

가스레인지 및 오븐은 사용 전후에 전원 상태를 확인해야 한다.

18 ④

| 오답풀이 |
① 난로는 기름을 넣은 뒤 불을 붙인다.
② 조리실 바닥의 음식물 찌꺼기는 발견 즉시 바로 처리한다.
③ 칼로 캔을 따는 등 기타 본래 목적 이외에는 사용하지 않는다.

19 ④

위험도 경감의 원칙 3가지 시스템 구성 요소는 절차, 사람, 장비이다.

20 ③

일본뇌염은 뇌에 염증을 일으키는 질환으로 모기에 의해 매개된다.

21 ④

규소수지는 식품 제조 시 거품의 생성을 방지하기 위한 소포제로 사용된다.

22 ③

향신료는 식욕을 증진시키고 맛과 향을 부여하며 소화 기관을 자극하여 소화를 증진시킨다. 하지만 영양분 공급과는 거리가 멀다.

23 ④

탄수화물은 열량 영양소로, 체내에서 열량을 공급하는 역할을 한다.

☑ PLUS 개념   **열량 영양소**
- 생명 유지와 활동에 필요한 에너지 공급
- 탄수화물(4kcal), 지질(9kcal), 단백질(4kcal)

24 ④

아일랜드형은 개수대나 가열대 또는 조리대가 독립되어 있는 형태로, 조리기구를 한곳으로 모아 놓았기 때문에 환풍기나 후드의 수를 최소한으로 줄일 수 있다.

| 오답풀이 |
① 병렬형: 작업할 때 180° 회전하게 되므로 쉽게 피로해진다.
② ㄴ자형: 조리장이 좁은 경우에 사용한다.
③ ㄷ자형: 면적이 같을 경우 동선이 짧으며 넓은 조리장에 가장 적합
하다.

25 ③

자유수는 유기물로부터 간단하게 분리된다. 유기물로부터 분리가 불가
능한 것은 결합수이다.

26 ③

비타민 B_2의 결핍증은 구순구각염, 설염, 피부병이다. 야맹증은 비타민
A의 결핍증이다.

27 ④

삼투압 조절에 관여하는 영양소는 단백질과 무기질이다.

28 ④

염수주사법은 햄이나 베이컨 등에 사용하는 염장법이다.

✅ PLUS 개념　염장법
• 물간법: 식품을 적당한 농도의 소금 용액에 담가 두는 방법(생선류)
• 마른간법: 생선의 표면에 소금을 직접 뿌려 간을 하는 방법(생선류)
• 압착염장법: 물간법에 돌같이 무거운 것을 얹어 가압하면서 염장하는
　방법(생선류)
• 염수주사법: 신속한 염장을 위해 어육에 염수를 주사한 후 일반 염장법
　으로 저장하는 방법(햄, 베이컨 등)

29 ②

락트알부민과 락토글로불린은 산에 의해 응고되지 않고 열에 의해 변성
되어 응고된다.

| 오답풀이 |
① 카세인: 우유의 단백질로, 산과 효소 레닌에 의해 응유된다.
③ 리포프로테인: 지방과 결합한 단백질로 수용성과 불용성이 있다.
④ 글리아딘: 밀단백질이다.

30 ④

성인에게 필요한 필수아미노산에는 아이소류신, 류신, 라이신, 메티오닌,
페닐알라닌, 트레오닌, 트립토판, 발린 8종류가 있고, 어린이와 회복기
환자의 경우에는 여기에 아르기닌, 히스티딘을 포함한 10종류가 있다.

31 ④

원가 계산은 모든 비용과 수익이 발생한 시점을 기준으로 해야 하며, 이
를 발생기준의 원칙이라고 한다.

32 ①

모범업소를 지정할 수 있는 권한은 특별자치시장, 특별자치도지사, 시장,
군수, 구청장에게 있고, 우수업소를 지정할 수 있는 권한은 식품의약품
안전처장, 특별자치시장, 특별자치도지사, 시장, 군수, 구청장에게 있다.

33 ④

수분, 섬유질, 무기질은 열량을 발생시키지 않으며, 당질은 1g당 4kcal,
단백질은 1g당 4kcal, 지방은 1g당 9kcal이 발생한다. 따라서 해당 식품
의 열량은 (40g × 4kcal) + (5g × 4kcal) + (3g × 9kcal) = 207kcal이다.

34 ④

필수지방산에는 리놀레산, 리놀렌산, 아라키돈산이 있다.

35 ③

물품의 검수 시 올바른 계량을 위한 저울과 저장을 위한 온도계가 필요
하다.

36 ④

• 직접원가: 60,000원 + 150,000원 + 20,000원 = 230,000원
• 제조간접비: 19,000원 + 25,000원 + 15,000원 = 59,000원
• 제조원가: 직접원가 230,000원 + 제조간접비 59,000원 = 289,000원
• 총원가: 제조원가 289,000원 + 판매비와 관리비 57,800원(289,000
　원 × 20%) = 346,800원
∴ 판매가격: 총원가 346,800원 + 기대이익 69,360원(346,800원 ×
　20%) = 416,160원

37 ④

일일 식자재 구매 식자재에는 신선 식품류가 해당된다.

38 ④

육류, 어패류, 채소류 등의 신선식품은 구입하여 당일에 사용하는 것을
원칙으로 한다.

39 ④

조리식품이나 반조리식품은 전자레인지를 이용하거나 가열하여 해동하
는 것이 가장 적합하다.

40 ①

딸기의 안토시아닌 색소는 서서히 가열하면 색을 선명하게 보존할 수 있다.

41 ②

밀가루와 같은 가루 식품은 체를 쳐서 누르지 않고 계량컵이나
계량스푼에 　　　　　　　　　　　　　계량한다.

42 ①

육류의 사후경직이란 동물 도살 후 산소 공급이 중지되어 당질의 호기적 분해가 일어나지 않기 때문에 근육 중의 젖산과 인산이 증가하고, 근육이 수축되어 경직되는 것을 말한다.

43 ②

트리메틸아민은 담수어보다 해수어에 많이 함유되어 있다. 담수어의 비린내 성분은 피페리딘이다.

44 ③

무와 당근은 뿌리를 섭취하는 근채류에 해당한다.

45 ①

편육은 고기를 먹을 목적으로 한 요리이므로 끓는 물에 고기를 덩어리째 넣고 삶아야 맛 성분이 많이 용출되지 않아 고기의 맛이 좋다.

46 ③

커피를 경수로 끓이게 되면 물의 칼슘과 마그네슘 성분 때문에 커피의 맛을 내는 카페인과 탄닌의 침출이 나빠져 맛이 좋지 않다.

47 ④

나중에 구입한 재료부터 먼저 사용하는 것은 후입선출법(Last – in, First – out)이다.

48 ①

밀에는 글리아딘과 글루테닌이라는 단백질이 포함되어 있어 물을 가하여 반죽하면 글루텐이 형성된다.

49 ③

훈연 시 수지가 적은 참나무. 벚나무. 떡갈나무 등을 사용한다.

50 ①

과일과 채소를 우유와 함께 조리할 때 과일과 채소의 유기산이 우유의 응고를 촉진시킨다. 토마토 크림수프를 조리할 때 토마토의 산도로 카세인이 응고되는 것이 이에 해당한다.

51 ④

경화란 불포화지방산의 액체유에 니켈. 백금 등 촉매로 수소를 첨가하여 포화지방산이 되어 고체가 되는 과정을 말한다. 경화유에는 마가린. 쇼트닝 등이 있다.

52 ②

생강은 생선이 익은 후 첨가해야 탈취 효과가 있다.

53 ③

주식용 쌀의 도정도는 10~11분 도미된 것이 좋다.

54 ④

| 오답풀이 |
① 목심. 양지. 사태처럼 질긴 부위는 습열 조리가 적당하다.
② 안심. 등심 등은 건열 조리가 적당하다.
③ 편육은 끓는 물에 고기를 넣어 삶아야 고기의 맛 성분이 많이 용출되지 않아 고기의 맛이 좋아진다.

55 ④

양식에서 요리가 제공되는 순서는 '애피타이저 → 수프 → 생선 요리 → 육류 요리 → 디저트'이다.

56 ④

잎을 건조시켜 만든 향신료는 오레가노이다. 오레가노는 토마토 요리와 피자 등에 많이 쓰인다.

57 ①

| 오답풀이 |
②는 굽기(Baking). ③은 데치기(Blanching). ④는 삶기(Boiling)에 대한 설명이다.

58 ②

알덴테(Al dente)는 파스타를 삶는 정도를 의미하며. 파스타 속에 심이 있는 상태이다. (덜 익은 상태)

59 ③

육류 요리 플레이팅의 5가지 구성 요소에는 단백질 파트. 탄수화물 파트. 비타민 파트. 소스 파트. 가니쉬 파트가 있다.

60 ③

1L 내외의 물에 파스타의 양은 100g 정도가 적당하다.